高歡歡 著

有機太陽能電池材料與裝置

Organic solar cell materials and devices

目　錄

第 1 章　緒論 ………………………………………………………（ 1 ）

第 2 章　有機太陽能電池概覽 ……………………………………（ 13 ）

第 3 章　有機太陽能電池：供體材料 ……………………………（ 21 ）

第 4 章　有機太陽能電池：受體材料 ……………………………（ 67 ）

第 5 章　有機太陽能電池：三元結構 ……………………………（111）

第 6 章　有機太陽能電池：疊層 …………………………………（143）

第 7 章　有機太陽能電池：形貌調控 ……………………………（155）

第 8 章　有機太陽能電池：穩定性 ………………………………（179）

第 1 章　緒論

隨著人類社會的發展，環境汙染問題日益嚴重。全球變暖導致海平面上升，使得許多沿海城市面臨被淹沒的風險。能源與環境問題是當今經濟社會快速發展面臨的一大挑戰。同時，在我們身邊的霧霾現象也嚴重威脅著人類社會的健康發展。因此，開發利用可替代化石能源的綠色新型能源勢在必行。太陽能作為一種綠色可持續發展的清潔能源，因其具有清潔無汙染且儲量豐富等優點引起研究人員的高度重視。太陽能電池作為一種將太陽能轉化為電能的高效裝置，是實現太陽能有效利用和國際範圍內提倡要求的「雙碳」目標的重要途徑之一。

目前發展快速的太陽電池主要包括有機太陽能電池、鈣鈦礦太陽能電池、矽太陽能電池、染料敏化太陽能電池等。有機太陽能電池（Organic Solar Cells，OSCs）因其成本低廉、可柔性大面積卷對卷印刷製備、可半透明、可溶液處理、材料結構及性能可調控、高遷移率等優點獲得快速發展，逐漸成為近幾年的研究焦點。有機太陽能（Organic Photovoltaics，OPV）電池近幾年來取得突飛猛進的發展。在有機太陽能電池的快速發展歷程中，活性層材料的發展起到至關重要的作用，是有機太陽能電池領域的研究基礎。有機太陽能電池的活性層材料從早期的基於富勒烯體系及聚合物供體材料到後來的供體（Donor，D）－受體（Acceptor，A）交替共聚物，到受體－供體－受體（Acceptor－Donor－Acceptor，A－D－A）型小分子供體材料，到近幾年的 A－D－A 型稠環小分子受體材料是有機太陽能電池性能不斷獲得突破的關鍵（其結構通式如圖 1.1 所示）。

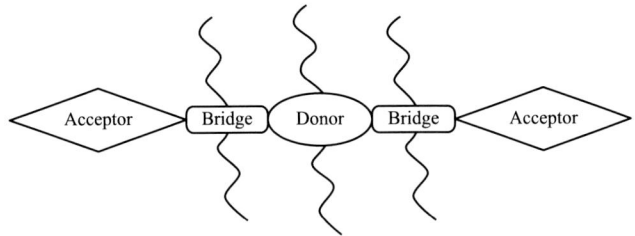

圖 1.1　A－D－A 型小分子材料的結構通式示意圖

這主要是由於透過分子內供體（D）單位與受體（A）單位之間的分子內電荷轉移作用，從而降低材料的能隙，使吸收光譜進一步發生紅移的結果。而裝置製備

有機太陽能電池材料與裝置

工藝從早期的真空蒸鍍到目前的可溶液處理的方式構築太陽能裝置，極大地推動了有機太陽能領域的快速發展。近年來，隨著稠環小分子受體材料的發展，尤其是明星受體分子 Y6 及其衍生物的出現，伴隨著裝置製備工藝的不斷提升，有機太陽能電池領域獲得巨大成功。本章將從有機太陽能電池活性層材料及裝置工藝進展的幾個關鍵發展節點出發，系統論述有機太陽能電池的研究進展。

1.1 有機太陽能電池活性層材料的發展

活性層材料在有機太陽能電池（OSCs）的發展歷程中起到至關重要的作用，是吸收太陽光完成光電轉換的核心部件。活性層材料主要包括供體材料、受體材料兩部分，透過在供受體材料共混介面形成 p−n 結產生光電效應。如 1986 年 Tang 等首次提出雙層平面異質結，以酞菁銅作為 p 型半導體、以四羧基苝的衍生物作為 n 型半導體製備的雙層平面異質結結構的太陽能裝置，並在當時的測試技術下獲得 0.95％ 的光電轉換效率。此後幾年裡，研究者發現了富勒烯及其衍生物受體材料，該類材料具有較深的最低未佔據軌道（LUMO）能階、較高的電子遷移率、強的拉電子能力和穩定的負電性等性質，使該類材料在很長的一段時間在受體材料領域佔據主導地位。隨著活性層材料的創新，聚合物供體材料由早期的聚噻吩體系，發展到具有 D−A 交替共聚再到小分子供體材料的發展。受體材料由早期的富勒烯及其衍生物材料到具有苝二醯亞胺類（PDI）類受體材料，再到目前發展最好的非富勒烯受體材料（NFAs）。活性層材料的持續發展使得有機太陽能電池的裝置效率由最初報導時的不到 1％，發展到今天的超過 18％。活性層材料的持續創新，是領域發展的關鍵。因此，筆者簡單總結了有機太陽能電池發展過程中幾個關鍵節點的發展情況，相關有機太陽能電池相關材料及裝置工藝優化發展歷程總結如圖 1.2 所示。

1.1.1 聚合物供體富勒烯受體材料體系的發展

1992 年，A.J.Heerger 研究組與 K.Yoshino 研究組幾乎同時報導了共軛聚合物與富勒烯（C_{60}）之間存在超快的光誘導電荷轉移現象，其激子的解離效率可獲得接近 100％ 的效率。在此後很長一段時間的研究中，富勒烯及其衍生物類受體材料長期佔據主導地位。在這一時期，有機太陽能電池的發展主要得益於聚合物供體材料的創新。如聚噻吩材料（P3HT），由於其具有較好的自組裝和電荷傳輸能力，使其成為供體材料研究的焦點，並且在有機太陽能電池的發展過程中扮演著重要的角色。目前，基於 P3HT 與富勒烯搭配的有機太陽能電池裝置效率最

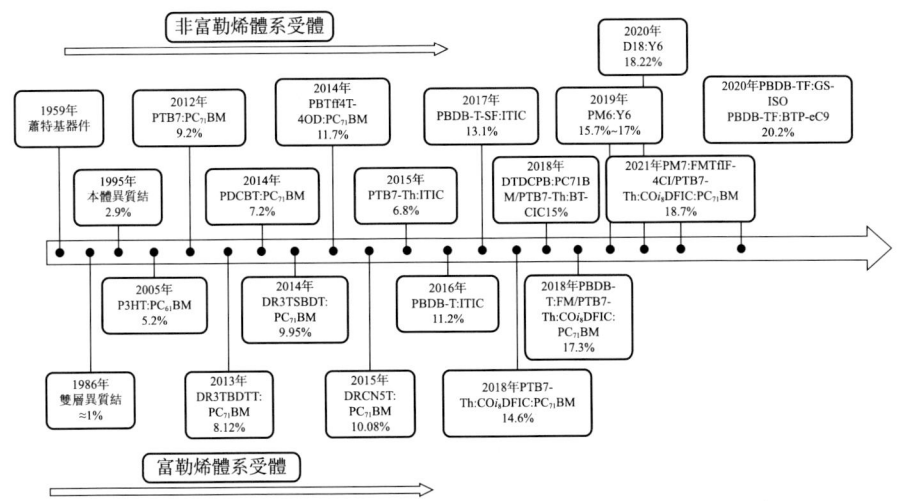

圖 1.2　有機太陽能電池材料與裝置優化工藝的簡單發展歷程圖

高已接近 5%。限制該類材料持續發展的最主要因素就是吸收光譜範圍窄，裝置短路電流密度（J_{sc}）低，富勒烯材料 LUMO 能階低，使得該類太陽能裝置開路電壓（V_{oc}）普遍偏低，從而發展受限。隨後，侯劍輝研究員等發展了 PDCBT 聚合物受體，將原 P3HT 材料中已基側鏈換為具有更強拉電子能力的酯基。相比於 P3HT，PDCBT 展現出降低的最高已佔據軌道（HOMO）能階（降低 0.36eV）和較強的 π-π 堆積相互作用，使得該材料與 $PC_{71}BM$ 受體搭配時獲得了高達 7.2% 的光電轉換效率。Yu 等報導的窄能隙 D-A 交替共聚物 PCE10 及其衍生物與富勒烯及其衍生物受體共混也已獲得超過 10% 的光電轉換效率；侯劍輝研究員等設計合成的基於苯並二噻吩（BDT）單位的 D-A 交替共聚物 PBDB-T 等，當與 $PC_{61}BM$ 搭配時獲得 6.67% 的光電轉換效率；顏河教授報導的具有溫度聚集效應的 D-A 交替共聚物 $PffBT4T-C_9C_{13}$，當與 $PC_{71}BM$ 共混製備裝置時獲得高達 11.7% 的光電轉換效率，也是目前基於富勒烯體系獲得的最高裝置效率。幾種典型的聚合物供體材料的結構式如圖 1.3 所示。

1.1.2　聚合物供體非富勒烯受體材料體系的發展

在富勒烯時代，有機太陽能電池的發展主要依賴於供體材料的創新，而隨著活性層受體材料的發展，為有機太陽能電池的持續發展注入新的活力。在活性層材料的發展過程中，受體材料也獲得了快速的發展。與富勒烯及其衍生物受體材料不同，具有萘二醯亞胺（NDI）結構和苝二醯亞胺（PDI）結構的受體材料具有較

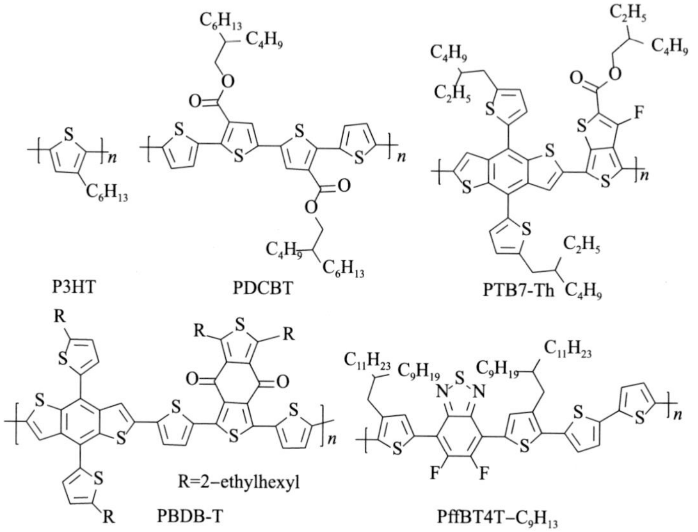

有機太陽能電池材料與裝置

圖1.3　幾個典型聚合物供體的結構式

高的電子遷移率、強的拉電子能力、高的吸光係數和優異的氧化/熱穩定性被廣泛地應用於有機光電子材料中。如早期的 PDI 單體與 DTS(FBTTh2)2 搭配製備的全小分子有機太陽能電池獲得高達 3％的光電轉換效率。具有扭轉結構的 PDI 二聚體，例如 SdiPBI－S，當與聚合物供體 PBDTTT－C－T 搭配時，獲得了 4.03％的光電轉換效率。而採用硒(Se)原子代替硫(S)原子稠合的 PDI 二聚體 SdiPBI－Se，在選用聚合物供體 PDBT－T1 時獲得了高達 8.42％的光電轉換效率。2015 年，北京大學的占肖衛教授報導了具有受體－供體－受體（A－D－A）單位的稠環小分子受體 ITIC，當與窄能隙聚合物供體 PCE10 共混時獲得了 6.8％的光電轉換效率，而 PCE10 與傳統的富勒烯受體 $PC_{71}BM$ 搭配時，可以獲得超過 7％的光電轉換效率。說明該類受體材料已經獲得與傳統富勒烯受體材料相當的裝置效率。

在隨後的發展中，基於稠環受體材料，中間給電子的 D 單位、側鏈單位、π 橋連單位和末端拉電子端基化學結構的改變，發展了一系列具有 A－D－A 構型的稠環小分子受體材料並持續刷新著有機太陽能電池的裝置效率。比如 2019 年，中南大學的鄒應萍教授將具有缺電子能力的苯並噻二唑單位引入到中間 D 單位中，設計合成了小分子受體 Y6，並與吸光互補且能階匹配的寬能隙聚合物供體 PBDB－TF(PM6)搭配時，獲得了高達 15.7％的光電轉換效率。在隨後的研究中，透過對 Y6 材料側鏈單位、末端基團及中間單位的調控，同時設計更加匹配的聚合物供體材料，目前獲得了多例超過 18％的光電轉換效率。Y6 及其衍生物

也是目前效率最高，性能最好的稠環小分子受體材料。上述幾種典型的非富勒烯受體的結構式如圖1.4所示。

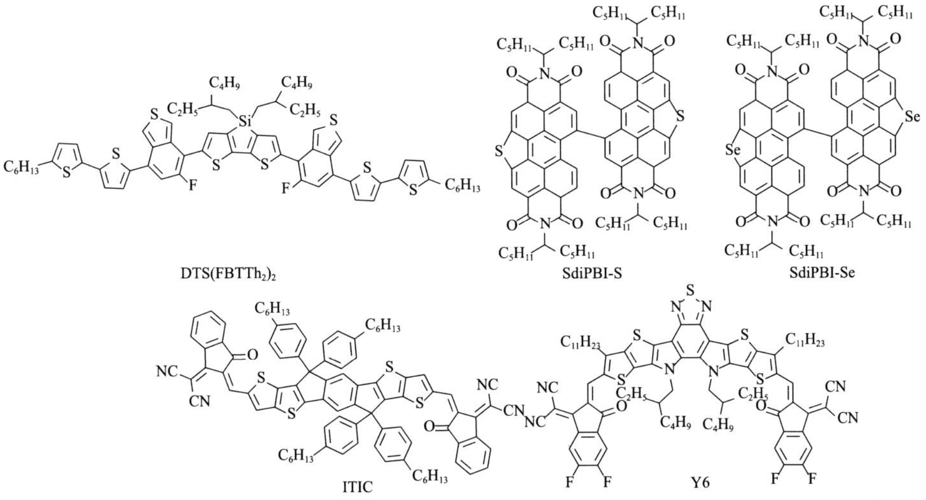

圖1.4　幾個典型非富勒烯受體的結構式

1.1.3　供體材料的發展

在早期活性層材料的發展過程中，主要採用富勒烯及其衍生物作為受體材料，聚合物作為供體材料構築太陽能裝置。由於富勒烯及其衍生物化學結構難以修飾、吸收光譜範圍窄、後處理純化過程困難等限制，該時期有機太陽能電池的發展主要得益於聚合物供體材料結構的創新。比如價格便宜、性能較好的聚噻吩（P3HT）及其衍生物（PDCBT等）。當與富勒烯及其衍生物搭配時也獲得超過7%的光電轉換效率；當與非富勒烯受體材料匹配時也已獲得超過10%的光電轉換效率。

隨著研究的深入，研究者發現具有D－A交替共聚結構的聚合物材料，可以誘導產生良好的分子內電荷轉移過程（ICT），進而使材料的吸收光譜發生紅移，提升裝置的太陽光利用率。進而科學家們研究出一系列具有D－A交替共聚的聚合物供體材料，比如目前應用廣泛的基於苯並二噻吩（BDT）單位、聯噻吩單位為給電子單位，而常用的缺電子單位有苯並噻二唑、苯丙三氮唑、酯基取代的噻吩並[3，4-b]噻吩、苯並－[1，2-c：4，5-c']二噻吩－4，8-二酮（BDD）等。當將上述D單位與A單位適當地搭配可以合成出一系列具有D－A交替的高性能聚合物供體材料，如目前應用最廣泛，也已經商業化生產製備的PCE10（PTB7－Th）和PBDB－T等，當與非富勒烯受體搭配時均可獲得超過12%的光電轉換效率。隨

著鹵素原子的引入，研究者也設計合成出一系列高性能供體材料，如 PBDB－TF(PM6)和 PBDB－TCl(PM7)等，當與稠環小分子受體 IT－4F 匹配時，可以獲得超過 14％的光電轉換效率，當與明星受體 Y6 及其衍生物搭配時，可獲得超過 16％的光電轉換效率。上述幾種典型的供體材料的結構式如圖 1.5 所示。

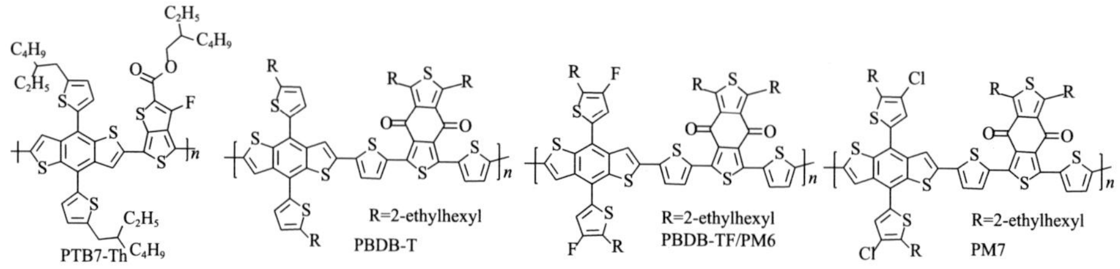

圖 1.5　幾個典型供體材料的結構式

總之，隨著活性層材料的快速發展，有機太陽能電池的裝置效率被不斷刷新，裝置的穩定性等性質也逐漸提升，使有機太陽能電池的發展進入一個嶄新的紀元。以上，筆者簡要闡述了有機太陽能電池活性層材料的發展對太陽能裝置性能的影響。在後續的章節中，將系統闡述並總結各類活性層材料的發展對太陽能裝置性能的影響機制。

1.2　有機太陽能電池的裝置結構

有機太陽能電池的裝置結構主要包括雙層異質結結構和本體異質結結構。隨著裝置製備工藝的提升，裝置結構也從傳統的單結裝置向疊層裝置轉變，透過採用吸光互補的前後電池材料製備疊層裝置，有效地利用太陽光完成有效的光電轉換。疊層裝置按照裝置連接方式的不同也可分為串聯疊層裝置和並聯疊層電池。此外，為了簡化裝置製備工藝，同時獲得具有更寬光譜響應範圍的太陽能裝置，研究者們相繼提出了三元及多元組分的有機太陽能電池。三電子組件透過在主體二元體系中引入與主體供體/受體材料具有吸光互補且能階匹配的第三組分材料，來獲得與疊層裝置相似的效果。而第三組分的引入不僅起到吸光互補的作用，還可以作為形貌調節劑有效地調控原活性層體系的共混形貌，以獲得提升的載流子遷移率、有效地激子解離和電荷傳輸。接下來，簡要闡述有機太陽能電池裝置結構的主要演變歷程。

早在 1950 年代，H. Kallmann 和 M. Pope 等科學家提出了蕭特基裝置，該裝置以單晶蒽作為單組分活性層材料，採用具有不同功函數的金屬作為電極材

料。在當時的測試條件下，該蕭特基裝置獲得 0.2V 的開路電壓。然而在該類裝置中，金屬電極與活性層物質的接觸介面的蕭特基勢壘以及兩個金屬電極之間的功函數差值是整個裝置激子分離及電荷抽提和傳輸的主要驅動力，因此，這種驅動力非常小，使得該類裝置具有較低的光電轉換效率。

  作為有機太陽能電池領域具有里程碑式研究意義的發現之一。1986 年 Tang 等首次提出了雙層平面異質結有機太陽能電池裝置結構(圖 1.6)，並在當時的測試條件下獲得了 0.95% 的光電轉換效率。由於採用雙層平面異質結結構，為供受體材料在光激發後提供了相應的介面，從而有利於激子在供受體介面的擴散和分離，使得自由的電子和空穴分別在相應的供受體相區中傳輸到相應的電極，完成光子到電子的轉換。

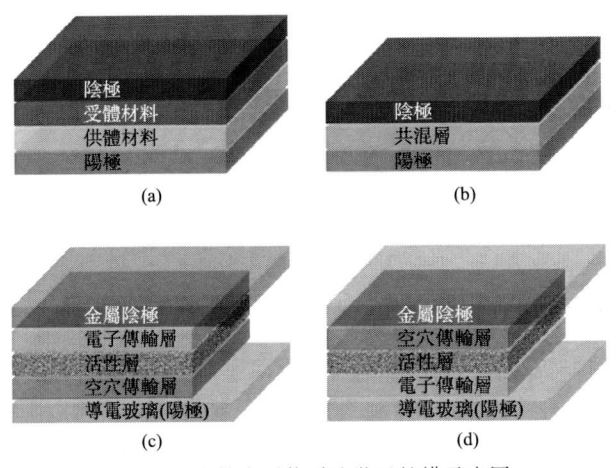

圖 1.6 有機太陽能電池裝置結構示意圖

  雙層平面異質結結構因其只能提供有限的供受體介面，從而限制了激子的有效擴散和電荷分離。1995 年 Yu 等科學家首次提出了本體異質結結構的裝置(Bulk－heterojunction，BHJ)。他們創造性地將聚合物供體分子 MEH－PPV 與富勒烯衍生物 $PC_{61}BM$ 共混，從而有效地增大了供受體介面的接觸面積，為獲得較高的光電轉換效率提供了可能。這種供受體共混得到的本體異質結結構具有奈米尺度的互穿網絡結構，相應太陽能裝置獲得了 2.9% 的光電轉換效率。由於本體異質結結構有效擴大了供受體之間的接觸面積，可以有效地促進激子在供受體介面的解離效率，逐漸成為有機太陽能電池領域的研究主流。並極大推動了有機太陽能電池獲得快速的發展。

  鑑於有機材料本身較低的遷移率，限制了該類太陽能裝置活性層材料的厚度，進而使得裝置對太陽光的吸收能力有限。因此，有機太陽能裝置引起較窄的

光學吸收窗口限制了裝置本身的光擷取能力,進而產生相對有限的光電流。此外,單結有機太陽能電池由於吸光響應範圍的限制,也面臨著嚴重的光子能量損失引起的熱損失。而疊層裝置成為解決上述問題的一個有效的方法。疊層裝置透過將具有吸光互補的兩個子電池連接到一起可以最大限度地利用更寬波段的光子,同時解決單層裝置存在的熱損失問題。而有機太陽能材料結構多樣化、化學結構修飾簡單易行、材料的吸收光譜和能階易於調控,這些優勢也為疊層裝置的順利構築打下堅實的基礎。比如2018年,南開大學陳永勝教授團隊報導的基於PBDB-T:F-M為前電池,PTB7-Th:COi_8DFIC:PC$_{71}$BM為後電池的疊層裝置獲得了突破性的底層裝置效率17.3%,在很長一段時間保持著世界紀錄的效率值。

儘管疊層裝置的光電轉換效率已取得突破性研究進展,然而疊層裝置採用將兩個或者多個子電池疊在一起的製備工藝,裝置製備工藝相對複雜,影響裝置性能的因素也相應增多,這在一定程度上會限制該類裝置的商業化進展。而三電子組件,因其在活性層材料中同時含有兩個供體或者兩個受體組分,在組分設計比較合理的情況下,其太陽能裝置的某個或某幾個參數相比於傳統的二電子組件會有所提升。三電子組件可以充分利用已經獲得的高效太陽能材料並且是簡單易製備的單結裝置結構,也不用考慮中間連接層的問題,製備工藝簡單。因此,自2016年之後,基於非富勒烯受體材料的三電子組件獲得了較快的發展。如Jenekhe等報導了第一個基於非富勒烯體系的三電子組件,利用兩種供體PSEHTT和PBDTT-EFT(PTB7-Th)和一個新的非富勒烯受體DBFI-EDOT製備活性層。相比於PSEHTT:DBFI-EDOT二電子組件來說,三元組分的效率從8.1%提升到8.52%,其短路電流密度由13.82mA·cm^{-2}提升到15.67mA·cm^{-2}。近年來,隨著非富勒烯小分子受體的快速發展,其吸收範圍覆蓋了紫外-可見及近紅外光區,極大拓展了三電子組件材料選擇的空間。比如現階段,當採用明星受體材料Y6及其衍生物時,三電子組件已獲得超過19%的裝置效率。透過分子結構的調控及相應裝置製備工藝的優化,三元有機太陽能電池的裝置效率還有很大的提升空間。

1.3 有機太陽能電池未來的發展方向

有機半導體材料具有化學結構易於調控、材料的吸收光譜和能階易於調節、裝置可以在較低溫度下透過可溶液處理方式加工製備,這些優點使有機太陽能電池獲得快速的發展,不斷刷新著裝置的光電轉換效率。目前,隨著活性層材料的

第1章 緒論

持續創新、太陽能裝置製備工藝的不斷優化，無論是單結裝置還是疊層裝置，均取得超過19％的光電轉換效率，有機太陽能電池領域獲得突飛猛進的發展。而在目前快速的發展進程中，未來的商業化生產應用，實際地惠及人類社會的生產生活才是未來最主要的發展方向。因此，本部分將從材料、裝置、穩定性三個方面簡單闡述有機太陽能電池未來的發展方向。

從材料設計角度來說，目前獲得的效率超過15％，甚至是目前超過18％的最高光電轉換效率的裝置，大多都是採用具有稠環共軛骨架的小分子非富勒烯受體材料，比如ITIC及其衍生物、Y6及其衍生物等。而該類材料因為具有大共軛稠環共軛骨架，其合成路線往往較長，合成步驟相對複雜，使得該類材料在大規模生產應用的過程中顯示出不可忽視的缺點，也是限制該類材料未來大規模商業化生產應用的主要因素之一。因此設計合成一些合成路線較短、成本低廉、合成過程簡單的太陽能材料將是未來發展的一大方向。比如浙江大學的陳紅征教授等設計合成了一系列具有非稠環共軛骨架構象的小分子受體材料，透過利用分子間O⋯S、F⋯H等分子內的相互作用，形成構象鎖，獲得具有較好共平面性的小分子材料，透過裝置優化也已獲得最高超過14％的光電轉換效率。同時，薄志山教授也報導了一系列寡聚噻吩單位的全非稠環小分子受體材料，並且也取得了超過10％的光電轉換效率。這些研究都是對於合成路線簡單、合成步驟少、易合成等商業化進程發展的研究工作，同時也取得了可喜的研究成果。筆者相信，未來透過更多合成工作者的不懈努力，有望合成製備出更多合成路線簡單、性能優異的有機半導體材料，為有機太陽能電池的商業化發展提供豐富的活性層材料。

從裝置製備工藝角度考慮，目前有機太陽能電池的太陽能裝置金屬電極大都採用金屬蒸發鍍膜的方式製備得來，而這種採用蒸鍍方式製備金屬電極的方式，一方面浪費金屬原料；另一方面能耗較大，製備工藝相對複雜，不太適合未來大規模生產製備的需求，使得生產成本相對較高；其次，蒸鍍的方式製備金屬電極也不適合製備大規模的大面積太陽能裝置，設計製備適合大規模生產的蒸發設備有一定的技術難度，同時耗資巨大。儘管有機太陽能電池在過去的幾十年裡，經過幾代科學家的不斷努力取得了令人矚目的成績，但未來的大規模生產應用仍然受限。因此，在未來的大規模商業化生產進程中，在裝置製備工藝方面，設計出裝置結構簡單、製備工藝簡便、適合大面積大規模生產的裝置製備工藝十分必要。

從裝置穩定性方面考慮，任何裝置在考慮到大規模商業化生產製備的過程中，穩定性一定是需要重點關注的研究課題。早期的有機太陽能電池常採用傳統的正向結構的太陽能裝置，該類裝置常採用PEDOT：PSS作為空穴傳輸層，而

PEDOT：PSS對水十分敏感，容易導致裝置壽命降低，太陽能性能受限的問題。因此，隨著科學家的不斷探索，發現了具有翻轉結構的太陽能裝置結構，該類裝置結構表現出比傳統正向裝置優異的裝置穩定性。研究發現在未進行封裝保存的情況下，採用翻轉裝置結構，可大大提高裝置的穩定性。比如，筆者在進行博士工作期間設計合成的小分子受體材料3TT－OCIC，當製備成翻轉三電子組件時，在未經封裝保存的情況下，將電池在大氣中放置44天後，裝置仍可保持最初裝置效率的94％以上。有理由相信，透過廣大學者的持續探索研究，必將設計出裝置製備工藝更加簡單，材料易於合成製備並且合成路線少的適合商業化生產應用的有機太陽能裝置。

鑑於上述分析，未來有機太陽能電池的發展方向應協同考慮太陽能裝置的光電轉換效率、活性層材料的合成成本、裝置的製備工藝及裝置的穩定性等四方面因素。根據文獻調研，以及筆者對有機太陽能領域的理解，繪製了有機太陽能電池領域發展過程中，對大規模生產應用面臨的幾個限制因素的關係圖（圖1.7）。想要實現有機太陽能的大規模生產應用上述幾方面因素缺一不可，需要協同進步才能推動該領域的大規模商業化生產應用。因此，在後續的介紹中，將從有機太陽能電池的發展歷程、活性層材料、裝置製備工藝、活性層形貌優化、裝置的穩定性等方面著手，闡述有機太陽能電池的發展情況。

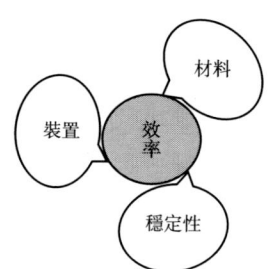

圖1.7　有機太陽能電池發展的幾個限制因素之間的關係

參考文獻

[1] Wang J., Zhan X. Fused－ring electron acceptors for photovoltaics and beyond[J]. Acc. Chem. Res., 2021, 54(1)：132－143.

[2] Wan X., Li C., Zhang M, Chen Y. Acceptor－donor－acceptor type molecules for high performance organic photovoltaics－chemistry and mechanism[J]. Chem. Soc. Rev., 2020, 49：2828－2842.

[3] Yan C., Barlow S., Wang Z., Yan H., Jen A. K.－Y., Marder S. R., Zhan X. Non－

第1章　緒論

fullerene acceptors for organic solar cells[J]. Nat. Rev. Mater., 2018, 3(3): 18003.

[4] Yao H., Wang J., Xu Y., Zhang S., Hou J. Recent progress in chlorinated organic photovoltaic materials[J]. Acc. Chem. Res., 2020, 53(4): 822-832.

[5] Cui Y., Xu Y., Yao H., Bi P., Hong L., Zhang J., Zu Y., Zhang T., Qin J., Ren J., Chen Z., He C., Hao X., Wei Z., Hou J. Single-junction organic photovoltaic cell with 19% efficiency[J]. Adv. Mater., 2021, 33(41): 2102420.

[6] Guo C., Li D., Wang L., Du B., Liu Z. X., Shen Z., Wang P., Zhang X., Cai J., Cheng S., Yu C., Wang H., Liu D., Li C. Z., Wang T. Cold-aging and solvent vapor mediated aggregation control toward 18% efficiency binary organic solar cells [J]. Adv. Energy Mater., 2021, 11(39): 2102000.

[7] Meng L., Zhang Y., Wan X., Li C., Zhang X., Wang Y., Ke X., Xiao Z., Ding L., Xia R., Yip H.-L., Cao Y., Chen Y. Organic and solution-processed tandem solar cells with 17.3% efficiency[J]. Science, 2018, 361(6407): 1094-1098.

[8] Duan L., Uddin A. Progress in Stability of Organic Solar Cells[J]. Adv. Sci., 2020, 7(11): 1903259.

[9] Cheng P., Yang Y. Narrowing the band gap: the key to high-performance organic photovoltaics[J]. Acc. Chem. Res., 2020, 53(6): 1218-1228.

[10] Karki A., Gillett A. J., Friend R. H., Nguyen T. Q. The path to 20% power conversion efficiencies in nonfullerene acceptor organic solar cells[J]. Adv. Energy Mater., 2020, 11(15): 2003441.

[11] Xie B., Chen Z., Ying L., Huang F., Cao Y. Near-infrared organic photoelectric materials for light-harvesting systems: organic photovoltaics and organic photodiodes[J]. InfoMat, 2019, 2(1): 57-91.

[12] Lin Y., Wang J., Zhang Z. G., Bai H., Li Y., Zhu D., Zhan X. An Electron Acceptor Challenging Fullerenes for Efficient Polymer Solar Cells[J]. Adv. Mater., 2015, 27(7): 1170-1174.

[13] Yuan J., Zhang Y., Zhou L., Zhang G., Yip H.-L., Lau T.-K., Lu X., Zhu C., Peng H., Johnson P. A., Leclerc M., Cao Y., Ulanski J., Li Y., Zou Y. Single-junction organic solar cell with over 15% efficiency using fused-ring acceptor with electron-deficient core[J]. Joule, 2019, 3(4): 1140-1151.

· 11 ·

第 2 章　有機太陽能電池概覽

　　隨著人類社會的快速發展和工業化進程的不斷推進，當今世界對於能源與環境的需求日益提高。能源消耗的 70% 主要來自傳統的化石能源，包括煤炭、石油、天然氣等。傳統的化石能源燃燒的過程中不僅會釋放大量汙染物質，而且其儲量也是有限的，隨著近些年來過度的開發利用，人類面臨著日益嚴重的能源危機與環境汙染問題。為了緩解環境壓力，一定程度上解決能源危機的問題，開發並利用新型可再生的綠色能源迫在眉睫。在眾多的綠色可再生能源中，太陽能因其儲量豐富、分布廣泛、綠色無汙染等優勢受到了海內外科學家的廣泛關注。

　　太陽能的利用方式主要包括光電轉換、光熱轉換、光化學轉換三類。其中，太陽能電池作為一種將太陽能轉化為電能的高效光電裝置，是實現太陽能光電轉換的重要途徑之一。太陽能電池主要可分為矽基太陽能電池、染料敏化太陽能電池、量子點太陽能電池、銅銦鎵硒太陽能電池、鈣鈦礦太陽能電池、有機太陽能電池等，各類太陽能電池目前的發展狀況如圖 2.1 所示。目前獲得大規模商業化生產製備的太陽能電池主要是矽基太陽能電池，該類太陽能裝置因其材料製備工藝複雜、生產成本高、不具有柔性製備的缺點，發展受限。相比於已經商業化生產製備的矽基太陽能電池，有機太陽能電池具有材料來源廣泛、材料結構易於調

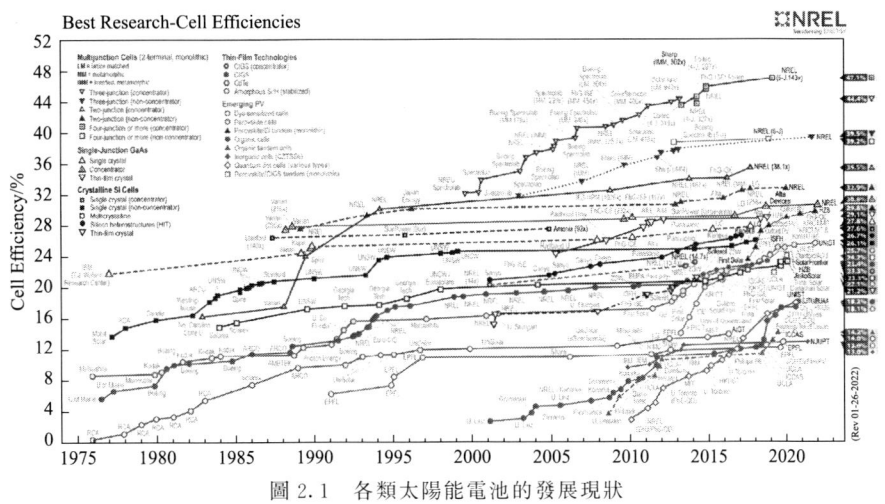

圖 2.1　各類太陽能電池的發展現狀

有機太陽能電池材料與裝置

控、低成本、可溶液加工處理、可柔性大面積卷對卷印刷製備裝置、具有可調控的絢麗多彩的顏色等優勢獲得了海內外眾多科學家的高度重視。近十年來，隨著各國科學家的不懈努力，在有機太陽能電池活性層材料的設計合成、裝置工藝優化等方面取得了突飛猛進的提升。其中單結裝置光電轉換效率已經超過19％，疊層裝置光電轉換效率已達到20.2％。有機太陽能電池顯示出巨大的發展潛力，展現出趕超無機太陽能電池的發展勢頭。

　　縱觀有機太陽能電池的發展歷程，高效的活性層材料的設計合成是其快速發展的前提基礎。裝置性能的優化，例如活性層形貌的調控及介面材料的選擇是發揮活性層材料最佳性能的關鍵。活性層材料主要包括供體材料以及受體材料，供體材料包括小分子供體與聚合物供體材料；受體材料主要包括富勒烯衍生物受體材料以及非富勒烯受體材料，非富勒烯受體材料主要包括聚合物受體材料和小分子受體材料。其中小分子受體材料因其合成路線簡單、結構確定、能階易調控、成本低廉、易純化、不存在批次問題等優勢引起人們的廣泛關注。又因其結構多樣性、性能高效、吸光、能階易調控等優點，一躍成為目前的研究焦點。

　　下面，將從有機太陽能電池發展歷程、裝置評價參數、裝置工作原理及未來發展潛力四個方面簡述有機太陽能電池的發展狀況。

2.1　有機太陽能電池的發展歷程

　　早在1839年，科學家首次發現光生伏打效應。1950年代，H. Kallmann等研發了首個蕭特基裝置，主要採用單晶蒽作為活性物質，採用兩個功函數不同的金屬作為金屬電極，製成了三明治夾心結構的蕭特基裝置。該裝置獲得了0.2V的開路電壓。儘管該裝置在當時獲得了較低的光電轉換效率，但是被認為是有機太陽能電池領域的第一個太陽能裝置。在隨後的很多年裡，有機太陽能電池發展遲緩，主要受限於合適的中間活性層材料和裝置製備工藝。直到1986年，鄧青雲博士研發出雙層異質結有機太陽能電池，在該研究中，採用蒸鍍的方法分別將供體材料酞菁銅(CuPc)和受體材料四羧酸基苝衍生物(PV)蒸鍍在銦摻雜導電玻璃(ITO)和金屬銀電極之間，製成了具有雙層異質結結構的有機太陽能電池，並獲得了0.95％的光電轉換效率。

　　隨著研究的持續深入，雙層異質結裝置性能受限的主要原因是有機半導體材料的激子擴散長度較短，約10～20nm，導致有機太陽能電池活性層薄膜厚度受到限制，進而限制裝置的光擷取能力，難以獲得高的短路電流密度。1992年，A. J. Heeger與K. Yoshino等幾乎同時發現共軛聚合物與富勒烯材料之間存在有

效的光誘導電荷轉移，並且其激子解離效率幾乎可達到100％。為後續更高性能太陽能裝置的研究奠定了基礎。1995年Yu等科學家首次提出了本體異質結結構的裝置(Bulk－heterojunction，BHJ)。創造性地將聚合物供體分子MEH－PPV與富勒烯衍生物PC$_{61}$BM共混，從而有效地增大了供受體介面的接觸面積，為獲得較高的光電轉換效率提供了可能。這種供受體共混得到的本體異質結結構具有奈米尺度的互穿網絡結構，相應太陽能裝置獲得了2.9％的光電轉換效率。由於本體異質結結構有效擴大了供受體之間的接觸面積，可以有效地促進激子在供受體介面的解離效率，逐漸成為有機太陽能電池領域的研究主流。並極大推動了有機太陽能電池獲得快速的發展。

在隨後的研究中，基於BHJ結構的有機太陽能電池不斷取得創新性研究進展，也取得一系列突破性研究成果，詳見第1章。整體來說，得益於有機半導體材料的創新、裝置製備工藝的進步、活性層薄膜後處理工藝的探索、介面層材料的進步等一系列創新性工作使有機太陽能電池在最近十年獲得快速發展。其中，單結裝置已獲得超過19％的裝置效率，疊層裝置的光電轉換效率已達到20.2％。

2.2 有機太陽能電池的裝置參數

評價有機太陽能電池裝置性能好壞的關鍵參數就是裝置的光電轉換效率，該性能主要是透過光照下電流－電壓曲線($J-V$)來表徵。即在一個標準太陽光照射下(AM 1.5G，100mW·cm^{-2})獲得太陽能電池的幾個重要參數，包括光電轉換效率(Power Conversion Efficiency，PCE)、短路電流密度(Short－Circuit Current Density，J_{sc})、開路電壓(Open－Circuit Voltage，V_{oc})、填充因子(Fill Factor，FF)。有機太陽能電池的$J-V$特性曲線如圖2.2所示。

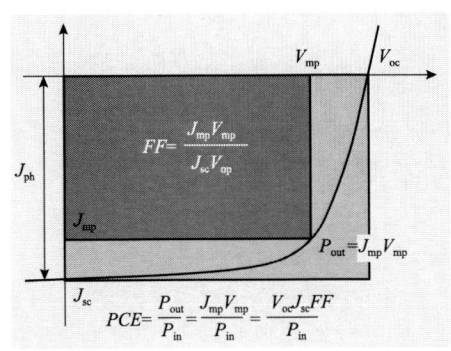

圖2.2　有機太陽能電池的$J-V$特性曲線

光電轉換效率：太陽能電池的最大輸出功率(P_m)與入射光強度(P_{in})之間的比值，PCE是評價裝置性能好壞最直觀的參數。其計算公式如下：

$$PCE = \frac{P_\text{m}}{P_\text{in}} = \frac{V_\text{oc} \times J_\text{sc} \times FF}{P_\text{in}}$$

式中，P_m 與 P_in 分別指電池的最大輸出功率與輸入功率。從式中可以看出，想要獲得較高性能的太陽能電池裝置，需要電池的三個參數（短路電流密度，開路電壓，填充因子）均非常高效。

短路電流密度：電池處於短路（即外加偏壓為零）時的電流。短路電流密度也可以透過外量子效率（External Quantum Efficiency，EQE）譜圖積分獲得，單位為 $\text{mA} \cdot \text{cm}^{-2}$。

其中 $EQE = \eta_\text{A} \cdot \eta_\text{ED} \cdot \eta_\text{CD} \cdot \eta_\text{CT} \cdot \eta_\text{CC}$，$EQE$ 的大小取決於其光子吸收效率（η_A），激子擴散效率（η_ED），激子分離效率（η_CD），電荷傳輸效率（η_CT）以及電荷收集效率（η_CC）。因此，裝置 J_sc 的大小取決於電荷再生過程，這一過程依賴於光吸收之後激子的產生，激子擴散到供受體介面並分離成自由的載流子（自由的電子－空穴對）等過程。也就是說影響電荷再生、電荷傳輸、電荷複合以及電荷收集的因素都會影響短路電流密度的大小。

開路電壓：在外電路斷開即輸出電流為零時裝置的電壓。一般認為主要取決於供體分子的最高佔據軌道（HOMO）能階與受體分子的最低空軌道（LUMO）之間的能階差，單位為伏特（V）。同時也與載流子再生與複合速率有關，其中裝置的雙分子複合增多時也會降低其開路電壓。另外，供體材料電離勢或者受體材料的電子親和能等因素也會影響其 V_oc 的大小。

填充因子：裝置的最大輸出功率與開路電壓短路電流密度乘積之間的比值。在 OSCs 裝置參數中 FF 是研究者們理解最少的一個，同時想要獲得較高的 FF 也是有機太陽能電池領域的一個挑戰。研究發現，獲得較高且匹配的電荷遷移率，較佳的活性層形貌，較少的電荷複合都可以獲得較高的 FF。

2.3 有機太陽能電池的工作原理

如圖 2.3 所示，有機太陽能電池由光能到電能的轉換通常要經歷五個過程：

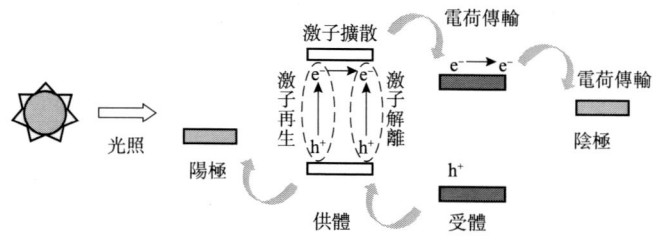

圖 2.3　有機太陽能電池工作原理示意圖

(1)光照下供體/受體吸收光子產生激子(光吸收與激子產生);(2)激子擴散到供受體介面(激子擴散);(3)激子在供受體介面處解離為自由的自由載流子即電子－空穴對(激子解離);(4)自由的載流子在相應的相中向相應的電極傳輸(電荷傳輸);(5)電荷被相應的電極收集(電荷收集)。

2.3.1 光吸收與激子產生

在太陽光照射下,供受體分子吸收相應波段的光子使電子由其最高佔據軌道(HOMO)躍遷至最低空軌道(LUMO)從而產生激子(電子－空穴對)。在 OSCs 裝置中吸收更多的光子用以轉換成激子是產生較高短路電流密度的前提。活性層材料中供體與受體材料的吸收光譜範圍、材料的吸光能力(即莫耳吸光係數)、活性層厚度等都是影響太陽能裝置活性層材料對太陽光吸收效率的因素。另外,與富勒烯體系激子主要由供體材料提供不同,非富勒烯受體體系的有機太陽能裝置中供受體材料均可產生激子,這也是非富勒烯體系能夠獲得較高太陽能性能的主要原因。因此,設計合成具有較寬吸光範圍的活性層材料(供受體分子)是獲得高性能太陽能電池的基礎。

2.3.2 激子擴散

激子產生後,擴散到供受體介面,產生電荷轉移態(Charge Transfer State,CT 態)。而在此之前,激子會發生兩種轉移過程,其一,發生單分子複合回到基態,透過發射熒光的形式釋放能量。其二,順利擴散到供受體介面進行下一過程。研究發現在 BHJ 結構中控制供受體相分離尺度在 10nm 附近有利於減少單分子複合從而提高裝置效率。

2.3.3 激子解離

對於激子分離來說,由於無機半導體材料與有機半導體材料最大的不同就在於有機材料通常具有較小的介電常數(ε 約等於 3),而無機材料具有較大的介電常數(ε 大於 10),因此,有機材料通常具有較大的庫倫勢壘(即束縛能),使其在供受體介面處需要額外的驅動力來完成激子分離。也就是說在激子形成電荷轉移態(CT 態)時需要在合適的內建電場作用下才能完成激子分離。而內建電場的大小主要取決於供體材料的 HOMO 能階與受體材料的 LUMO 能階之間的差值,通常認為供受體之間 HOMO 及 LUMO 之間能階差都應大於 0.3eV 才能保證激子的有效分離。研究表明,對於非富勒烯體系來說,當 ΔE_{LUMO} 和 ΔE_{HOMO} 的差值小於 0.3eV 時激子也能發生有效的分離並且獲得較高的光電轉換效率。

有機太陽能電池材料與裝置

2.3.4 電荷傳輸

激子解離形成自由的電子和空穴之後，在內建電場的驅動下，自由的電子和空穴分別沿著受體和供體的相傳輸到相應的陰極和陽極完成電荷傳輸。在電荷傳輸的過程中已發生電荷複合，即間接複合和雙分子複合。間接複合是電荷在傳輸過程遇到缺陷複合態或者電荷複合中心，被陷阱擷取。雙分子複合指的是電荷傳輸到不夠連續的相區之後，電荷的大量積累發生的複合。因此，在後續的設計合成過程中，設計具有較高遷移率的活性層供受體材料、優化活性層形貌獲得平衡的電子/空穴遷移率及相分離尺度都是降低電荷複合、提升裝置光電轉換效率的有效手段。

2.3.5 電荷收集

電荷收集指的是自由電子和空穴在內建電場的驅動下分別遷移到陰極和陽極附近，被相應的電極收集並傳至外電路，形成電流。在該過程中，活性層材料和金屬電極之間存在較大的能量勢壘，因此在活性層材料與金屬電極之間引入合適的電子/空穴傳輸層材料可以使二者形成良好的歐姆接觸，有利於提高電荷的收集效率。

2.4 有機太陽能電池的發展潛力

經過近 30 年的努力，有機太陽能電池實現了裝置效率從低於 1％向超過 20％的突破，這主要得益於科學家對有機太陽能電池裝置工作原理的深入理解、對太陽能裝置活性層材料的不斷創新、裝置製備工藝以及介面層材料的進步等。在有機太陽能電池的發展過程中，活性材料的研究是關鍵及基礎。早期的研究主要集中在供體材料的設計合成，受體材料為富勒烯衍生物。然而富勒烯材料具有吸光範圍窄、能階難以調控、合成與純化成本高等缺陷，而且基於富勒烯體系的有機太陽能裝置效率已基本接近理論極限。因此，非富勒烯受體材料的設計與裝置研究獲得了廣泛關注。近 5 年來，非富勒烯小分子受體材料的研究取得了突破性進展。

裝置方面，本體異質結結構的發現直接推動了有機太陽能電池的發展。隨著活性層材料的發展，逐漸出現了將兩個，三個甚至更多的子電池透過連接層連接到一起從而製備疊層裝置。或者透過第三組分加入的三電子組件，以獲得拓展的光譜吸收和改善的活性層形貌。新材料的設計合成、裝置結構、疊層及三電子組

件等策略，極大推動了有機太陽能電池的迅速發展。在未來的發展過程中，進一步簡化裝置製備工藝，設計更加簡便高效的裝置製備工藝，符合大規模的生產製備也是未來的發展方向。

穩定性方面，面對未來的商業化生產製備，裝置的穩定性問題是需要高度重視的重要方面。從材料角度來說可以設計合成穩定性更強、合成路線更簡單、價格更便宜的小分子材料，尤其目前大多數活性層材料均採用雙鍵的方式與末端基團連接，這也是引起材料不穩定性最主要的問題。因此，從材料角度可以設計一些透過單鍵等方式與末端基團連接的方式，消除材料本身不穩定的因素。從裝置本身來說，目前的翻轉裝置消除了原正向裝置採用 PEDOT：PSS 對水敏感的空穴傳輸層材料，大大提升了裝置的穩定性。在後續的設計過程中，可以對裝置結構、連接層及電極材料等方面進一步設計優化，設計研究出具有更高穩定性的太陽能裝置結構，為後續的商業化生產應用奠定基礎。

參考文獻

[1] Li Y. F. Molecular design of photovoltaic materials for polymer solar cells：toward suitable electronic energy levels and broad absorption[J]. Acc. Chem. Res. 2012，45(5)：723－733.

[2] Naveed H. B.，Zhou K.，Ma W. Interfacial and bulk nanostructures control loss of charges in organic solar cells[J]. Acc. Chem. Res. 2019，52(10)：2904－2915.

[3] Lu L.，Zheng T.，Wu Q.，Schneider A. M.，Zhao D.，Yu L. Recent advances in bulk heterojunction polymer solar cells[J]. Chem. Rev. 2015，115(23)：12666－12731.

[4] Huang Y.，Kramer E. J.，Heeger A. J.，Bazan G. C. Bulk heterojunction solar cells：morphology and performance relationships[J]. Chem. Rev. 2014，114(14)：7006－7043.

[5] Brabec C. J.，Heeney M.，McCulloch I.，Nelson J. Influence of blend microstructure on bulk heterojunction organic photovoltaic performance[J]. Chem. Soc. Rev. 2011，40(3)：1185－1199.

[6] Li G.，Zhu R.，Yang Y. Polymer solar cells[J]. Nat. Photon. 2012，6：153－161.

[7] Cheng P.，Yang Y. Narrowing the Band Gap：The Key to High－Performance Organic Photovoltaics[J]. Acc. Chem. Res. 2020，53(6)：1218－1228.

[8] Liu F.，Zhou L.，Liu W.，Zhou Z.，Yue Q.，Zheng W.，Sun R.，Liu W.，Xu S.，Fan H. Organic solar cells with 18% efficiency enabled by an alloy acceptor：a two－in－one strategy[J]. Adv. Mater. 2021，33(27)：2100830.

[9] Jin K.，Xiao Z.，Ding L. J. 18.69% PCE from organic solar cells[J]. Semiconduct. 2021，42(6)：1060502.

[10] Fu H.，Wang Z.，Sun Y. Polymer donors for high－performance non－fullerene organic solar cells[J]. Angew. Chem. Int. Ed. 2019，58(14)：4442－4453.

［11］He Z.，Wu H.，Cao Y. Recent advances in polymer solar cells：realization of high device performance by incorporating water/alcohol－soluble conjugated polymers as electrode buffer layer[J]. Adv. Mater. 2014，26(17)：1006－1024.

［12］Heeger A. J. 25th anniversary article：bulk heterojunction solar cells：understanding the mechanism of operation[J]. Adv. Mater. 2014，26(1)：10－27.

［13］Lu L.，Zheng T.，Wu Q.，Schneider A. M.，Zhao D.，Yu L. Recent advances in bulk heterojunction polymer solar cells[J]. Chem. Rev. 2015，115(23)：12666－12731.

［14］Yan C.，Barlow S.，Wang Z.，Yan H.，Jen A. K.－Y.，Marder S. R.，Zhan X. Non－fullerene acceptors for organic solar cells[J]. Nat. Rev. Mater. 2018，3：18003.

第3章　有機太陽能電池：供體材料

活性層材料在有機太陽能電池的發展過程中扮演著重要的角色。富勒烯衍生物作為受體材料是目前研究最為深入且應用最廣泛的。基於富勒烯及其衍生物為受體材料的發展階段中，新型高效供體材料的設計與合成是推動OSCs裝置快速發展的重要組成部分。在此基礎上，可溶液處理有機太陽能電池不斷地取得突破，無論是裝置效率還是穩定性都獲得明顯的提高。有機太陽能電池供體材料通常可分為聚合物供體材料與寡聚小分子供體材料。經過研究者們的不懈努力，人們逐漸發現分子結構差異對分子本徵性質以及OSCs裝置太陽能性能的影響。本章將系統闡述有機太陽能電池領域供體材料的研究進展具體包括聚合物以及小分子供體材料的研究進展。

3.1　聚合物供體材料

聚合物供體材料是最早應用於本體異質結太陽能電池中的供體材料，1995年Yu等科學家首次報導的以MEH－PPV為聚合物供體材料，富勒烯衍生物作為受體材料，揭開了聚合物供體材料的發展篇章。聚合物供體材料由最初較為普遍使用的聚噻吩單位(如P3HT)到現如今高效的Donor－Acceptor(D－A)共聚結構單位，結構的革新對OSCs的發展起到了關鍵的作用。而具有D－A交替共聚物的給電子單位與拉電子單位均易於修飾和易調控的光電性質，使之成為目前較為成功的設計方案。同時與之匹配的受體材料也由最初的富勒烯衍生物(如$PC_{61}BM$、$PC_{71}BM$、ICBA等)發展到非富勒烯受體材料。

3.1.1　基於聚噻吩單位的聚合物供體材料

聚噻吩單位因其具有較好的熱穩定性及優異的光電性能，是目前有機光電材料使用最多也是研究最透徹的構築單位。如具有顯著自組裝及優良電荷傳輸能力的P3HT聚合物供體材料(圖3.1)，當與$PC_{61}BM$共混時最高獲得了5%的光電轉換效率。聚噻吩體系供體材料與非富勒烯受體也取得了與富勒烯受體幾乎相當的光電轉換效率。如陳紅征教授等報導了具有較高最低空軌道(LUMO)能階的非

富勒烯受體 SF(DPPB)$_4$，獲得高達 5.16％的裝置效率。此外，當引入大稠環共軛骨架時，McUlloch 等合成了小分子受體 O—IDTBR，可以有效地利用更寬範圍的太陽光子，從而獲得高達 13.9mA·cm^{-2} 的 J_{sc} 和最高 6.4％的光電轉換效率。在後續的研究中，在基於 P3HT：O—IDTBR 的體系引入第三組分，更加充分地利用太陽光時，得益於裝置獲得了更強的光擷取能力和相分離能力，最終太陽能裝置獲得高達 7.7％的光電轉換效率。

伴隨著非富勒烯受體材料的快速發展，例如基於苝二醯亞胺(PDI)和萘二醯亞胺(NDI)等的發展，該類材料與 P3HT 共混時最初僅獲得小於 3％的光電轉換效率，這主要是由於活性層材料吸收光譜的重疊和相對低的 LUMO 能階。而基於 PDI 和 NDI 的聚合物受體與 P3HT 組成全聚合物太陽能電池時裝置效率也較低，主要是由於較差的薄膜形貌引起的。

考慮到 P3HT 有限的吸光範圍和較高的 HOMO 能階，為了獲得更高的太陽能性能，2014 年侯劍輝研究員等設計合成了聚合物 PDCBT，創造性地引入了拉電子能力的羧酸酯烷基鏈代替純烷基鏈，使得 PDCBT 具有降低的 HOMO 能階（降低 0.36eV）以及較強的 π—π 堆積效應。當與 PC$_{71}$BM 共混時獲得了 7.2％的光電轉換效率。隨著非富勒烯受體材料的發展，當 PDCBT 與稠環受體分子 ITIC 共混時獲得了高達 10.16％的光電轉換效率。其相應結構式如圖 3.1 所示。

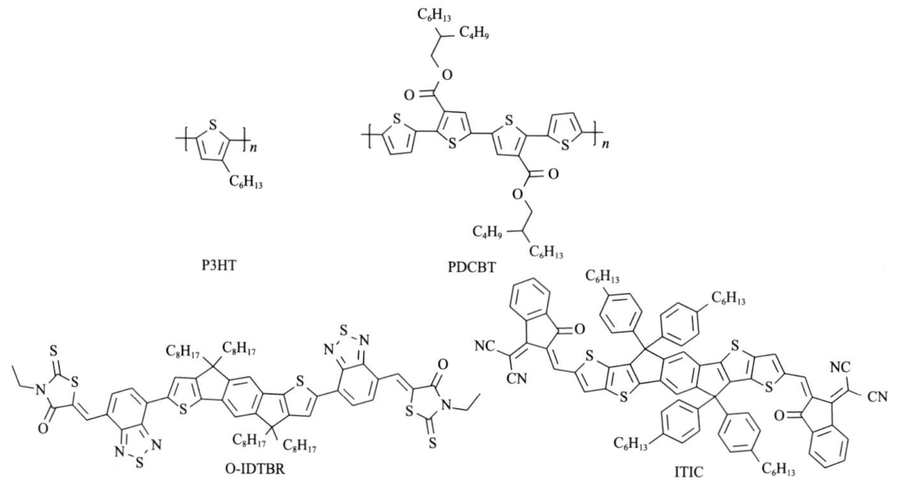

圖 3.1　相應供體及受體材料的結構式

由於聚噻吩體系材料相對較窄和有限的吸收光譜能力，使得該類材料在具有 D—A 交替共聚形式的聚合物出現後，受到一定的衝擊。隨著近些年非富勒烯稠環受體材料的快速發展，採用這類具有合成路線簡單、收率高、成本低廉、穩定

性高的聚噻吩供體材料重新進入大眾的視野，並且展現出獨特的發展優勢。透過合理地供受體材料匹配、後處理工藝的優化和裝置製備工藝的創新，該類聚噻吩材料展現出較大的發展潛力。

3.1.2 基於苯並二噻吩單位的聚合物供體材料

D－A交替共聚物是具有給電子能力的供體和拉電子能力的受體交替連接組成的構築單位，可以有效地促進分子內電荷轉移(ICT)過程，使材料的吸收光譜進一步紅移。具有D－A交替共聚的材料可以有效地對供體D單位和受體A單位進行有效的結構調控以調節材料的光學和電化學性質。因此，這類構築單位元被認為是目前發展最成功的聚合物太陽能材料。

1. 基於BDT和TT單位的聚合物供體

苯並二噻吩(BDT)單位具有較強的給電子能力和良好的共平面性，該構築單位的二維側鏈可進行一系列修飾，進一步調控材料的吸收光譜、能階結構和分子堆積等性質。因此BDT單位被廣泛地應用於D－A交替共聚物的設計合成中，並且取得了商業化的研究結果。在D－A交替共聚物中，TT單位上引入酯基以及拉電子能力的氟原子亦受到廣泛關注。2009年，俞陸平教授等報導了一系列基於給電子單位BDT與拉電子單位TT共聚的聚合物，這也是PTB系列共聚物發展的開端。緊接著透過側鏈修飾獲得了一系列高性能聚合物供體如PTB7、PBDTTT－C－T、PTB7－Th和PBDT－TS1等(圖3.2)。這些聚合物在OSCs領域已成為經典的聚合物體系。PTB系列聚合物與$PC_{71}BM$受體已經獲得了超過10%的光電轉換效率，與非富勒烯受體製備裝置已經獲得了超過12%的光電轉換效率。其中PTB7－Th(也被稱為PCE10)是目前OSCs領域應用最廣泛的聚合物之一。

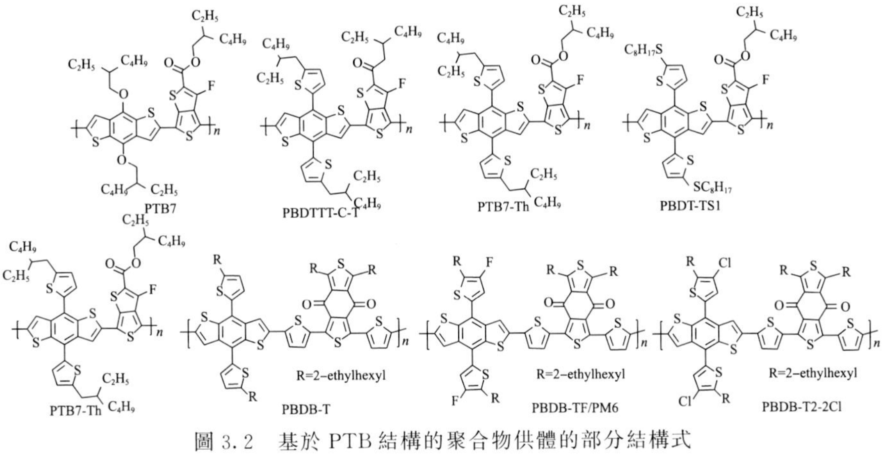

圖3.2 基於PTB結構的聚合物供體的部分結構式

研究者透過對不同構築單位的修飾已經獲得一系列高效率的聚合物供體材料，比如目前應用廣泛且可以商業化購買的PTB7－Th(PCE10)、PBDB－T、PBDB－TF(PM6)、PBDB－T2－2Cl等。具有缺電子的酯基或者羰基取代的噻吩並[3，4－b]噻吩(TT)單位具有良好的醌式共振結構，是良好的太陽能材料A單位。基於BDT與TT單位交替共聚的聚合物供體材料取得了良好的光電相應性質，並獲得了快速發展。Yu等研究團隊發展了一系列基於BDT與TT單位聚合物供體使裝置的J_{sc}和PCE提高了大約50%(從4%提高到6%)。氟原子的引入等策略可以降低材料的HOMO能階，側鏈工程的調控可以有效調控材料的性質進而獲得一系列高效率聚合物供體材料，如PTB7、PBDB－TT－CF、PTB7－Th等。這些探索發現使有機太陽能電池體系的光電轉換效率提升到8%以上。吳宏濱教授和曹鏞院士等從介面修飾角度出發，採用聚合物電解質成功地提升了基於BDT單位的聚合物供體材料，使裝置的性能由7.4%提升到9.2%(裝置結構：ITO/ZnO/PFN/polymer：$PC_{71}BM/MoO_3/Ag$)。BDT單位的氟化修飾也是提升裝置性能較好的策略，可以使材料具有較寬的可見光吸光範圍和有效的供體受體介面的電荷分離。透過裝置性能的優化，當採用$PC_{71}BM$為受體，目前基於BDT和TT單位的聚合物供體已獲得超過10%的光電轉換效率。基於明星聚合物供體PTB7－Th的聚合物供體，當與目前發展較好的非富勒烯受體匹配時，也取得了一系列性能的突破。主要由於PTB7－Th具有相對較窄能隙(1.6eV)和較深的HOMO能階(約為－5.2eV)，使得該類材料與大多數的小分子受體有較好的能階匹配。

目前研究較多的稠環小分子受體ITIC來說，當與窄能隙聚合物供體PTB7－Th搭配時，儘管材料具有較大範圍的吸收光譜重疊區域，該體系依然獲得了6.8%的裝置效率。當採用吸收光譜互補的PDI類寬能隙非富勒烯受體時，基於PTB7－Th：TPB體系獲得高達8.5%的光電轉換效率，主要得益於該體系獲得了超過18mA·cm^{-2}的J_{sc}，與基於PTB7－Th：$PC_{71}BM$的裝置展現出相當的短路電流密度(15~19mA·cm^{-2})。在其他吸光相對互補的體系中，朱曉張研究員等報導了基於PTB7－Th：ATT－1的太陽能裝置，該裝置展現出匹配的分子能階、較好的載流子遷移特性以及薄膜形貌，因此獲得高達10.07%的光電轉換效率。丁黎明研究組將具有窄能隙吸收的非富勒烯受體COi_8DFIC引入到體系中，設計製備了高效率的單結裝置，由於互補的吸收光譜以及較寬的近紅外光譜響應，裝置獲得超過26mA·cm^{-2}的J_{sc}和高達12.16%的PCE。在隨後的研究中，當在體系引入第三組分$PC_{71}BM$，進一步優化活性層形貌，增強短波長方向薄膜的光譜響應，最終獲得了超過28mA·cm^{-2}的J_{sc}和超過14%的PCE。同樣地，

第3章 有機太陽能電池：供體材料

基於該材料為聚合物供體材料的體系，筆者也獲得了超過13％的光電轉換效率。在這部分工作中，筆者設計合成了具有較寬近紅外吸光範圍的小分子受體3TT－FIC，其中聚合物供體PTB7－Th與3TT－FIC具有較好的吸收光譜互補和匹配的分子能階，基於PCE10：3TT－FIC的二電子組件獲得了12.21％的光電轉換效率。基於這個體系，筆者也研究了加入第三組分$PC_{71}BM$對裝置太陽能性能及形貌的影響，透過裝置優化，在保持較高填充因子(FF)的同時獲得27.73mA·cm^{-2}的短路電流密度，最終得到13.54％的光電轉換效率，這也是當時報導的三電子組件的最高效率之一。

在後續的工作中，筆者透過烷基側鏈對於中間構築單位的微小修飾，設計合成了中間核帶有兩個柔性側鏈的非富勒烯受體分子3TT－OCIC。相比於未引入柔性烷基鏈的分子3TT－CIC，基於PTB7－Th：3TT－OCIC的裝置顯示出更強的光吸收能力從而產生較高的短路電流密度。透過簡單的分子設計結合裝置優化可以同時提升裝置的開路電壓及短路電流密度，最終獲得了13.13％的光電轉換效率。值得指出的是，基於烷基鏈修飾的3TT－OCIC受體分子太陽能裝置還表現出較高的穩定性，在空氣中放置44天後裝置仍可保持最初94％以上的裝置效率；氫氣下持續加熱44天後可保持最初效率的86％。考慮到3TT－OCIC分子較寬的光譜吸收範圍以及優異的太陽能性能，筆者構築了基於3TT－OCIC為後電池材料的疊層裝置，獲得了15.72％的光電轉換效率。部分小分子受體的結構式如圖3.3所示。

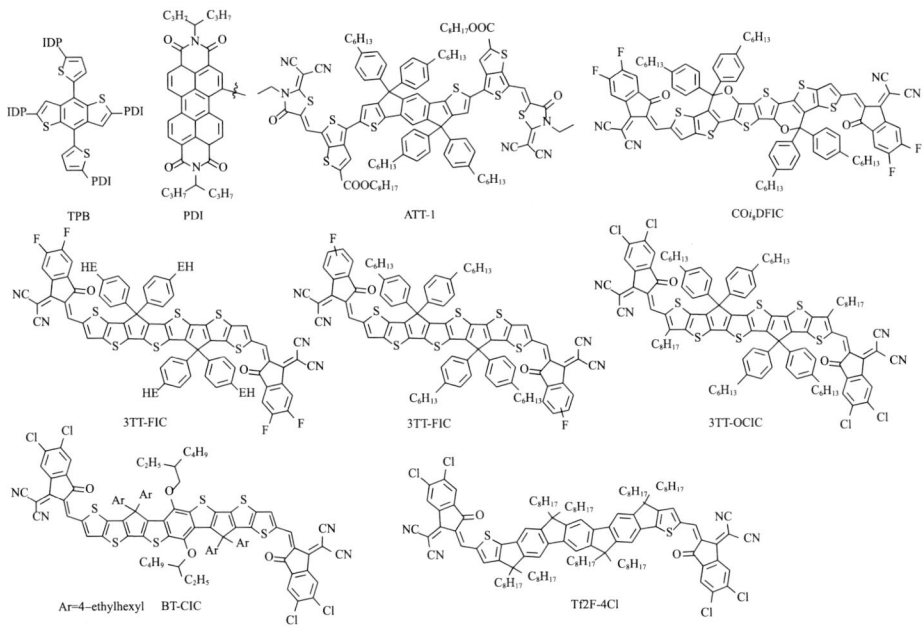

圖3.3 部分小分子受體的結構式

有機太陽能電池材料與裝置

PTB7－Th 另外一個優異的性質就是當與近紅外小分子受體匹配時可以在保持較高透光率的同時，製備高效的半透明有機太陽能電池（ST－OSCs）。例如占肖衛教授團隊報導的窄能隙小分子受體 FOIC，當與窄能隙聚合物 PTB7－Th 共混時，共混體系展現較強的近紅外吸收光譜，在可見光區展現較弱的吸收光譜，該體系可以高效地擷取近紅外光區的太陽光以獲得高效率，同時保持高效的可見光通過率。其結果是基於 PTB7－Th：FOIC 的體系獲得高達 10.3％的光電轉換效率，同時裝置在可見光區獲得高達 37％的可見光通過率。

在後續的研究中，基於 PTB7－Th 的半透明裝置層出不窮。如 Forrest 等報導的具有近紅外吸收的非富勒烯受體 BT－CIC，在可見光平均通過率高達 43％時基於 PTB7－Th：BT－CIC 的半透明裝置仍獲得 7.1％的裝置效率。基於 PTB7－Th：BT－CIC 為後電池材料的疊層裝置也獲得超過 15％的里程碑式研究進展。2018 年，陳永勝教授等透過理論模擬，也充分利用了 PTB7－Th 的優異光電性質，採用 PTB7－Th：COi_8DFIC：PC$_{71}$BM 作為疊層電池的後電池材料，以具有較好近紅外吸收的 PBDB－T：F－M 作為疊層裝置的前電池材料，成功製備了高效率的疊層有機太陽能電池（17.3％），並在較長的時間內刷新了該領域的光電轉換效率值。在最新的研究中，華南理工大學的黃飛教授設計了新型高效的寬能隙小分子受體，並且成功獲得開路電壓大於 1V 的太陽能裝置（PM7：TfIF－4Cl），當採用與上述疊層裝置相同的後電池材料 PTB7－Th：COi_8DFIC：PC$_{71}$BM 時獲得了目前最高 18.71％的疊層裝置效率。透過上述的研究進展分析可知，PTB7－Th 是一類優異的窄能隙聚合物供體材料，無論在單結裝置、三電子組件、疊層裝置還是半透明太陽能裝置中都展現出優秀的光電性質。

2. 基於 BDT 和 BDD 單位的聚合物供體

BDD 單位具有非常優異的共平面共軛骨架，可以有效地促進電荷的離域和分子內的電荷轉移。侯劍輝研究員和孫艷明教授等分別利用 BDD 單位作為缺電子基團與不同給電子單位搭配構築了一系列寬能隙聚合物供體材料。基於 BDT 與 BDD 交替共聚的聚合物供體材料是目前應用最廣泛也是非常高效的聚合物供體材料之一。如圖 3.4 所示，對 BDT 二維側鏈上引入烷硫基（PBDB－T－SF）或者在烷基鏈旁邊引入氟原子（PM6）、氯原子（PBDB－T－2Cl，即 PM7）等使聚合物供體分子的 HOMO 能階逐漸向下移，從而提升裝置的開路電壓，進而提升其太陽能性能。在眾多的共聚物中，PDBT－T1 和 PBDB－T 由於其在非富勒烯受體領域的廣泛應用的優異的太陽能性能使之成為用途最為廣泛的供體材料。

其中，PDBT－T1 是有 BDD 單位與具有烷基苯修飾的 BDT 單位偶聯得到，該材料具有 1.85eV 的寬能隙，具有較強的剛性共平面分子骨架和較強的結晶性，

第3章 有機太陽能電池：供體材料

有利於材料獲得良好的電荷傳輸。同時 PDBT－T1 具有較深的 HOMO（－5.36eV）有利於獲得較高的開路電壓。整體來說，基於 PCBT－T1：$PC_{71}BM$ 的體系已經獲得高達 9.7% 的光電轉換效率、0.92V 的開路電壓和 0.75 的填充因子。隨著非富勒烯受體的快速發展，當將 PDBT－T1 與基於 PDI 的非富勒烯受體 SdiPBI－S 共混時裝置的 PCE 已超過 7%。將 PDBT－T1 與硒原子功能化的 PDI 材料 SdiPBI－Se 和 TPH－Se 共混時，裝置均可獲得 8%～9% 的光電轉換效率。這些體系有一個共同點，即均可獲得高的 V_{oc} 和 FF，然而卻具有一個相對較小的 J_{sc}（小於 13mA·cm^{-2}），這主要是由於該類材料的最大吸收波長僅到 700nm 限制了該類材料獲得高的 J_{sc}。將 PDBT－T1 與稠環非富勒烯受體搭配時，基於 PDBT－T1：ITIC－Th 的裝置獲得 16.2mA·cm^{-2} 的 J_{sc}，這主要得益於 ITIC－Th 的截止吸收波長可到達 800nm 範圍內。

2012 年，侯劍輝研究員等首次報導了基於 BDT 與 BDD 交替共聚的聚合物供體 PBDB－T，當與 $PC_{61}BM$ 共混時，體系獲得 6.67% 的 PCE。隨著稠環非富勒烯受體的出現，PBDB－T 與明星受體 ITIC 共混時獲得高達 11.21% 的 PCE，同時裝置保持較高的熱穩定性。同時侯劍輝研究組透過對 ITIC 分子末端基團的簡單調控，進一步將基於 PBDB－T：IT－M 的裝置效率提升到 12.05%，這也是非富勒烯體系第一次獲得超過富勒烯體系效率的案例。PBDB－T 被認為是在有機太陽能電池聚合物供體材料領域獲得高效率太陽能裝置中應用最廣泛的材料之一。如陳永勝教授團隊報導的基於 BDT 單位稠合的小分子受體 NFBDT，當與 PBDB－T 共混時，體系獲得超過 10% 的 PCE。薄志山教授等將不對稱側鏈引入到 IDT 單位報導的 IDT－OB 分子，當與 PBDB－T 搭配時，體系也獲得超過 10% 的 PCE。李永舫院士團隊將 PBDB－T 也應用到了全聚合物太陽能電池體系中，最終發現基於 PBDB－T：PZ1 獲得高達 9.19% 的 PCE。基於 PBDB－T 單位的聚合物太陽能電池取得了令人矚目的結果，除了材料本身優異的吸收光譜和匹配的分子能階外，聚合物供體 PBDB－T 具有明顯的溫度聚集效應，這就有利於共混體系中更易形成更加純淨的聚合物 PBDB－T 的相，以獲得更加優異的共混形貌。

2017 年侯劍輝研究員等同時設計供受體分子，在保證能階匹配的前提下，使其聚合物供體的 HOMO 向下移而受體分子仍保證具有較寬的吸光範圍，進而獲得更高的太陽能性能，當採用 PBDB－T－SF：IT－4F 作為活性層材料時，該體系獲得了高達 13.1% 的效率，遠高於 PBDB－T：ITIC 體系的 11.05%。隨後，當採用 PM6（PBDB－TF）：IT－4F 代替 PBDB－T－SF 聚合物供體材料時，裝置開路電壓與短路電流密度基本保持不變，而填充因子由 0.72 提升到了

· 27 ·

0.77，因此獲得了高達 13.7% 的裝置效率。隨著研究的深入，他們進一步將上述體系的 PBDB-TF（PM6）聚合物換成了 HOMO 能階更低的聚合物 PBDB-T-2Cl（PM7），相比於 PBDB-TF∶IT-4F 體系，裝置開路電壓，短路電流密度均有提升，最終獲得了 14.4% 的光電轉換效率，該結果也是當時報導的最高單結裝置效率。鄒應萍研究員報導了明星稠環受體材料 Y6，該受體與聚合物 PM6 共混時持續刷新有機太陽能電池領域的太陽能裝置效率（16%～18%）。部分設計材料的結構式如圖 3.4 所示。

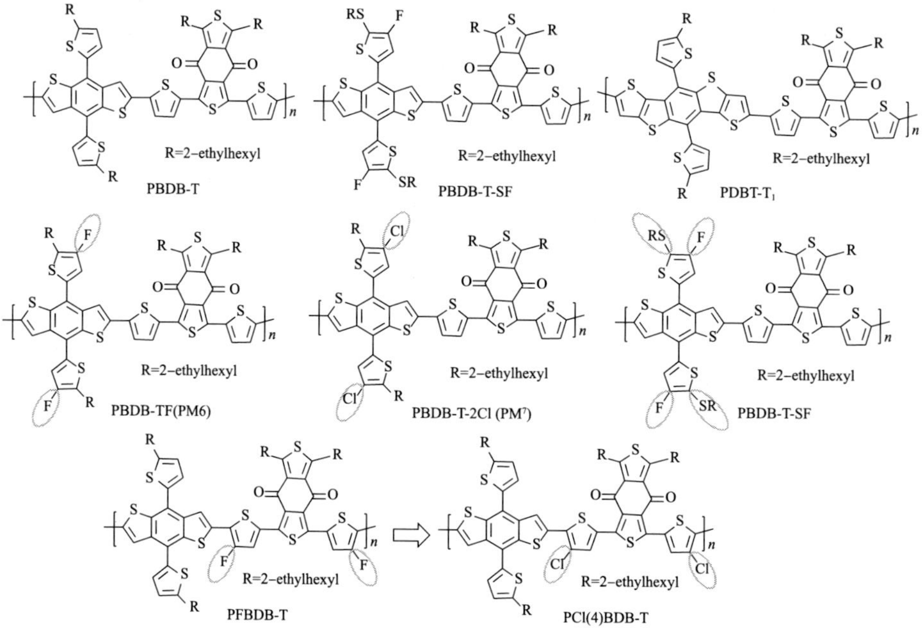

圖 3.4　所涉及的部分基於 BDT 和 BDD 結構聚合物供體材料的結構式

如圖 3.4 所示，基於 PBDB-T 體系，研究工作者們也做了很多對於共軛主鏈修飾的工作，代表性的是在中間兩個噻吩單位上引入氟原子（PFBDB-T）以及氯原子[PCl(4)BDB-T]。對於 PFBDB-T 來說，當在共軛噻吩單位引入氟原子之後，相比於 PBDB-T，其 HOMO 及 LUMO 能階均向下移，有利於裝置獲得較高的開路電壓。當採用 PFBDB-T∶C8-ITIC 作為活性層材料時，裝置的開路電壓發生明顯的提升（由 0.87V 提升到 0.94V），從而獲得了高達 13.2% 的光電轉換效率。而將氟原子替換為氯原子時，相比於 PBDB-T 來說，其 HOMO 能階進一步向下移，透過裝置優化，PCl(4)BDB-T∶IT-4F 體系也獲得了高達 12.33% 的裝置效率。

相比於基於採用噻吩側鏈單位的 BDT 作為 D 單位的聚合物供體，採用苯基

第3章 有機太陽能電池：供體材料

取代的BDT(BDTP)也表現出優異的太陽能性能。特別是苯環結構上有5個可修飾位點用以調控相應聚合物材料的太陽能性能。如張茂杰教授等報導了BDTP單位上烷氧基苯或者氟取代烷氧基苯的兩個基於BDD單位的共聚物POPB和PFOPB。相比於烷氧基取代的POPB來說，氟取代的PFOPB具有更低的HOMO能階，更高的莫耳消光係數和空穴遷移率。形貌研究發現，苯環間位(meta)的氟化可以有效提升材料的結晶性，因此基於PFOPB：IT—4F體系的共混薄膜展現更明顯的相分離、更合適的相區尺寸(domain size)、和更有序的面對面(face—on)分子堆積取向。因此相比於基於POPB：IT—4F體系僅獲得6.2%的 PCE 來說，基於PFOPB：IT—4F的共混體系獲得高達11.7%的 PCE。該研究也說明了氟化作用在提升裝置太陽能性能方面的作用。當將POPB的烷氧基取代基由對位變為間位時，研究者設計合成了POPB—Th，該材料具有更大的光學能隙(1.91eV)和相對較低的HOMO能階(相比POPB來說，低0.04eV)。因此基於POPB—Th的純組分展現較強的結晶性和有序的face—on堆積取向，使得體系獲得更高的空穴遷移率 $1.24 \times 10^{-3} cm^2 \cdot V^{-1} \cdot s^{-1}$，最終基於POPB—Th：ITIC的體系獲得高達10.8%的 PCE 和僅為0.54V的開路電壓能量損失。

侯劍輝研究員等將硫烷基鏈引入到BDTP的苯基側鏈中，研究了硫烷基鏈位點(鄰位、間位、對位)對材料空間位阻及相應光電性質的影響。理論計算研究表明，透過調整BDT單位二維噻吩烷基鏈的空間取向和位點可以有效調節相應聚合物材料的空間立體效應。結果表明，PTBB—o 具有最大的空間位阻、PTBB—m 具有中等的空間位阻，而PTBB—p 具有最小的空間位阻。這樣的空間位阻效應會影響材料的分子能階和聚集行為。因此，PTBB—o 薄膜具有最小的紅移吸收光譜和最深的HOMO能階、而PTBB—p 展現最大的紅移吸收光譜和最尖銳的肩峰以及最高的HOMO能階。形貌研究表明，三種材料均具有明顯的face—on堆積取向，其中PTBB—p 具有最強的結晶性，而PTBB—o 具有最大的空間位阻效應，因而展現出較弱的結晶性。由於不同的光物理和電化學性質，三種材料展現出不同的太陽能性能。陽仁強教授等進一步報導了採用烷硫基萘或者烷氧基萘取代的BDT作為D單位設計合成了聚合物供體PBDTNS—BDD和PBDTNO—BDD。烷硫側鏈在調節材料光電性質及太陽能性能方面具有重要的作用。因此，基於PBDTNS—BDD的聚合物太陽能電池表現出更優異的太陽能性能。侯劍輝研究員透過進一步調節聚合物供體PBDB—T的烷基側鏈，設計合成了PBDB—T—BO和PBDB—BzT，透過側鏈調控材料的溶解度和聚集行為。發現，如果進一步擴大PBDB—T的烷基側鏈時，聚合物在溶液中的聚集行為會被削弱，因此，PBDB—T—BO在氯苯或者四氫呋喃(THF)溶液中幾乎不顯示溶

液聚集現象。透過延長 PBDB－T－BO 的共軛側鏈，聚合物 PBDB－BzT 在氯苯及 THF 中均顯示提升的聚集行為。因此，基於 PBDB－BzT：IT－M 的太陽能裝置在 THF 溶液中具有合適的相分離形貌，並且獲得顯著提升的 *PCE*（12.1％）。上述研究為有效調控材料的聚集行為提供了可行的分子設計策略。上述部分聚合物材料結構式如圖 3.5 所示。

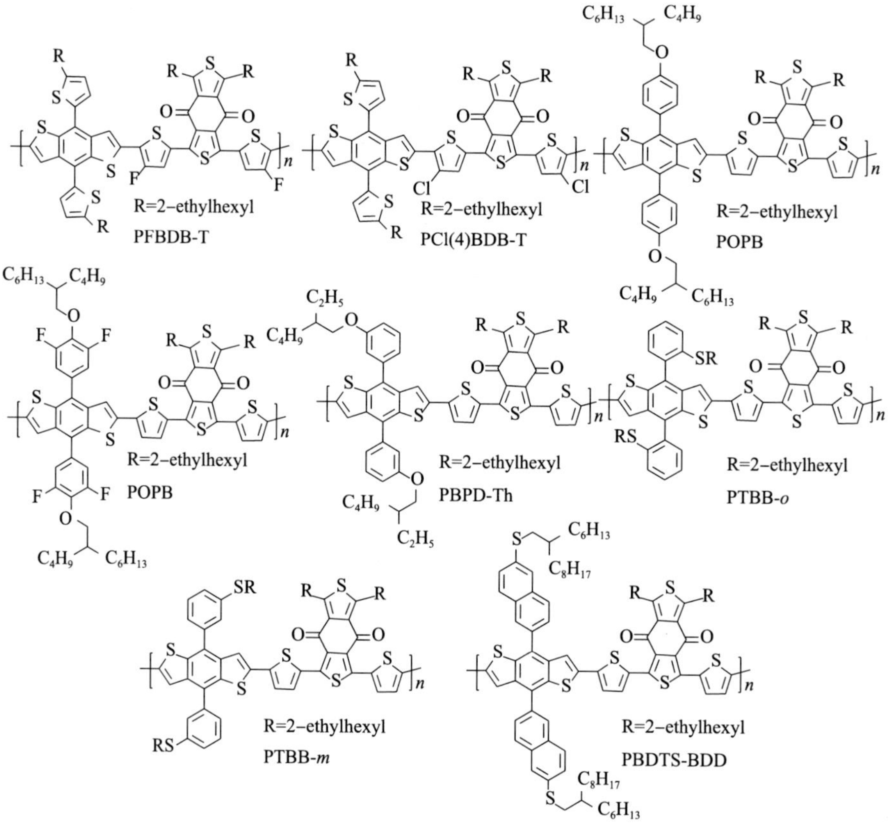

圖 3.5　部分基於 BDT 結構聚合物供體材料的結構式

對 BDD 單位的簡單結構修飾也可以獲得優異的 A 構築單位。2011 年，李永舫院士團隊首次報導了另一類基於 BDD 類似物的受體 A 單位萘並[2.3－*c*]噻吩－4，9－二酮（NTDO）。該構築單位具有較好的共平面結構和更多的可修飾位點，不同的取代位點會嚴重影響相應材料的太陽能性能。一般情況下，如果在 NTDO 單位中引入烷氧基的話會降低材料的拉電子能力，提升材料的 HOMO 能階，並且使材料的吸收光譜發生藍移，然而拉電子的鹵素取代基會增強 NTDO 的拉電子能力，降低材料的 HOMO 能階，使材料的吸收光譜發生紅移。侯劍輝研究員等報導了兩個基於頂端苯基沒有取代基的基於 NTDO 的聚合物供體

PBDT－DTN 和 PIDT－DTN。這兩個聚合物供體均具有共平面的共軛骨架、相似的吸收光譜和能階結構。然而相比於 PIDT－DTN，PBDT－DTN 具有更弱的側鏈位阻效應，PBDT－DTN 展現出提升的分子間相互作用，當與 ITIC 共混時展現出不同的相分離特性。因此，基於 PBDT－DTN：ITIC 的共混體系形成了合適的奈米尺度相分離相貌，最終獲得 8.3％的 *PCE*，而基於 PIDT－DTN：ITIC 的共混體系僅獲得 1.1％的 *PCE*。李永舫院士團隊等將硫烷基鏈引入到頂端苯基上，設計合成了聚合物供體 PBN－S，該材料具有較低的 HOMO 能階和較強的吸收光譜，使得材料與非富勒烯受體 IT－4F 表現出較好的吸收光譜和能階匹配。因此，基於 PBN－S：IT－4F 的太陽能裝置獲得高達 13.10％的 *PCE*。此外基於 PBN－S 的大面積（100mm^2）裝置仍然可獲得高達 10.69％的裝置效率，說明 PBN－S 是優異的聚合物供體材料。結構式如圖 3.6 所示。

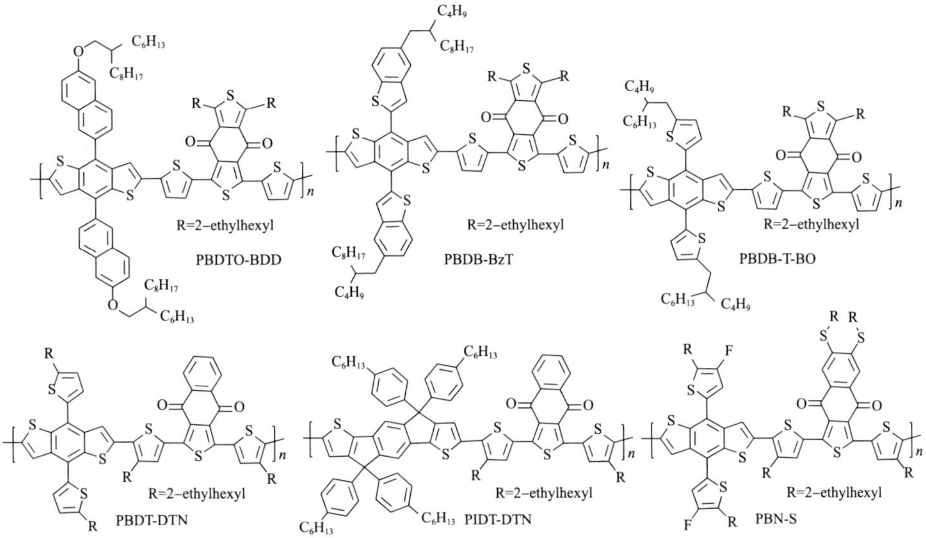

圖 3.6 上述部分基於 BDT 和 BDD 結構聚合物供體材料的結構式

3. 基於 BDT 和喹喔啉（PQ）單位的聚合物供體

喹喔啉單位具有一個氮雜六元環，是另一類具有適中拉電子能力的 A 單位，已經廣泛地應用於聚合物供體材料的構築中。而採用 BDT 單位與缺電子 PQ 單位偶聯的聚合物構築單位在過去幾年取得了一系列研究進展。2017 年，侯劍輝研究員等報導了三個基於 BDT 和 PQ 單位的聚合物供體 PBQ－0F，PBQ－QF 和 PBQ－4F，並系統研究了氟化對材料性質的影響。透過在 BDT 和 PQ 單位上引入氟原子可以有效地調控聚合物供體的能階。研究表明，沒有氟原子取代的 PBQ－0F 具有最高的 HOMO 和 LUMO 能階，而具有四個氟原子取代的 PBQ－

4F 具有最低的 HOMO 和 LUMO 能階。透過形貌研究也發現，三個純組分聚合物薄膜都展現明顯的 face-on 堆積取向，說明氟原子的引入對純組分薄膜的堆積情況沒有明顯的影響。當與非富勒烯受體 ITIC 共混之後，PBQ-4F：ITIC 共混薄膜具有最強的 π-π 堆積強度，因此，具有最有效的堆積以獲得總體提升的 J_{sc}、V_{oc}、FF 和最高 11.34% 的 PCE。PQ 單位上側鏈基團的取代對材料的性質具有重要的影響。其中基於烷氧基和氟原子取代 PQ 單位的聚合物 PffQx-T，僅獲得 8.47% 的裝置效率。而將烷氧基取代的氟苯替換為烷基取代的氟代噻吩單位時，基於 TTFQx-T1 的太陽能裝置獲得 10.52% 的 PCE。而當在烷氧基單位上引入兩個氟原子時，聚合物 HFQx-T 和 PffQx-T 具有相似的光學能隙和較低的 HOMO 能階(-5.45eV)。因此基於 HFQx-T 的裝置獲得高達 0.92V 的 V_{oc} 和 9.40% 的 PCE。相應聚合物結構式如圖 3.7 所示。

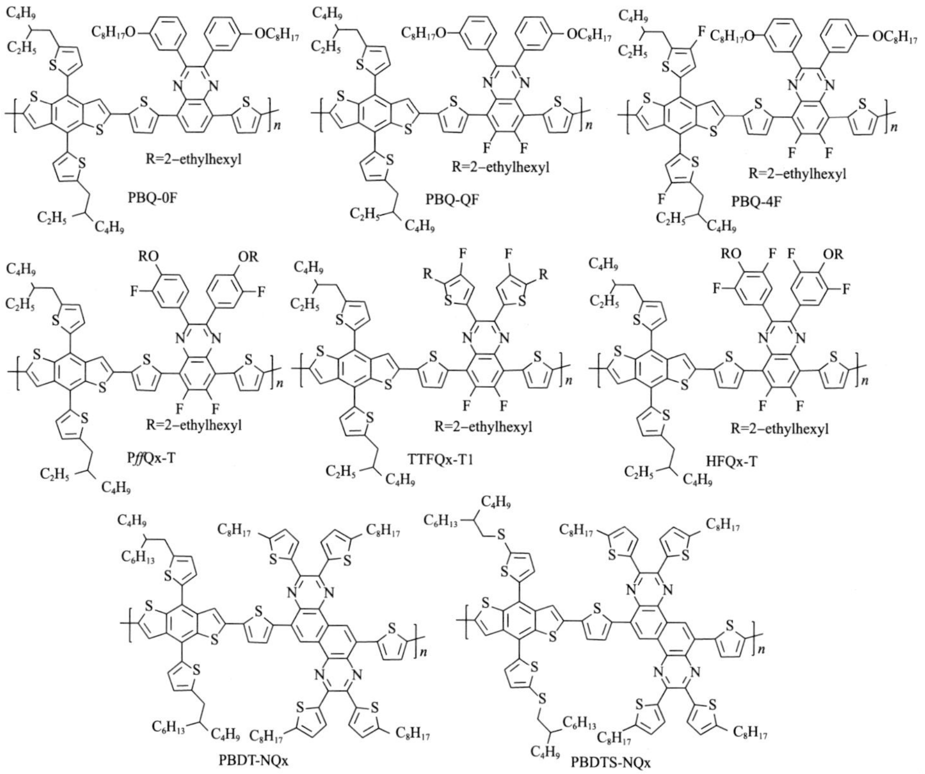

圖 3.7　上述部分基於 BDT 和 PQ 結構聚合物供體材料的結構式

隨後，彭強教授等報導了兩個基於 BDT 和 PQ 的 D-A 交替共聚物 PBDT-NQx 和 PBDTS-NQx，利用稠合喹噁啉單位作為 A 單位和 BDTT 單位作為 D 單位。研究表明當與小分子受體 ITIC 共混時，這兩個聚合物材料均表現出優異

的太陽能性能。特別是具有烷基噻吩取代的 PBDTS－NQx 獲得高達 11.47％的光電轉換效率。

上述研究表明，喹喔啉單位具有中等的缺電子性質，是優異的聚合物 A 構築單位。更重要的是喹喔啉單位在分子的頂部和苯環的底部可以提供四個修飾位點，用以烷基側鏈的取代。這為基於 PQ 材料分子結構的調控提供了豐富的可修飾位點以獲得提升的太陽能裝置性能。

3.1.3 基於苯並噻二唑單位的聚合物供體材料

苯並噻二唑(BT)單位具有較強的拉電子能力，在聚合物供體材料的設計合成歷史過程中採用烷氧基以及氟原子取代的 BT 單位被廣泛地用作 D－A 交替共聚物的 A 單位，並在富勒烯體系獲得優異的太陽能性能。陳軍武教授和顏河教授分別報導了一系列基於二氟原子功能化的 BT 單位(ffBT)和寡聚噻吩共聚的聚合物供體材料。研究發現，該類材料展現出優異的溫度聚集效應，這為有效調控共混體系的活性層形貌提供了更加靈活便利的後處理方式。首先以 PffBT4T－2OD 為例，該材料在氯苯溶液中，在不同溫度下的紫外可見吸收光譜數據說明，隨著溫度的升高，該材料將全部解聚集且其吸收光譜主要位於 530nm 範圍內。隨著溫度的不斷降低，材料的吸收光譜逐漸出現藍移，藍移約 100～150nm。室溫時，材料的吸收光譜與固體薄膜狀態下的吸收光譜性質相似，呈現較強的聚集狀態。這些研究結果說明，室溫下材料在溶液中的聚合物鏈呈現共平面結構並且形成了較強的 $\pi-\pi$ 堆積，在固體狀態下聚合物鏈呈現有序的聚集狀態，在高溫下聚合物鏈的空間位阻會增大並逐漸出現解聚集的現象。下面將從分子設計角度論述，結構對材料溫度聚集效應的影響及其對活性層形貌的調控機制。

1. 烷基鏈次級分叉位點的影響

進一步研究分子工程學對材料溫度聚集效應的影響至關重要。烷基鏈的位置、次級分叉位點對材料性質有著重要的影響。如上所述，烷基鏈分叉位置對高溫下材料的空間位阻影響較大，這會使得材料在兩個噻吩單位間的扭轉構象更加強烈。待材料降至室溫之後，空間位阻會消失，相鄰的兩個噻吩單位會重返共平面的構象並保持較強的 $\pi-\pi$ 堆積，進而產生明顯的紅移現象。下面以 PffBT4T－2OD 以及兩個與之結構相似的聚合物供體 PffBT4T－3OT 和 PffBT4T－1ON 為例，說明烷基鏈分叉位置對材料溫度聚集效應的影響。

對於 PffBT4T－1ON 來說，高溫下它的吸收光譜與 PffBT4T－2OD 類似，吸收峰均處在 530nm 範圍內。當將 PffBT4T－1ON 溶液降到室溫之後，材料僅展現出 5nm 的紅移吸收光譜，說明 PffBT4T－1ON 在室溫下的溶液中無法出現

聚集行為。該現象說明烷基鏈的分叉位點太接近聚合物主鏈時產生了過度的空間位阻效應，阻礙了材料在室溫下形成有序堆積的能力。相反地，對於 PffBT4T－3OT 來說，無論是在高溫還是室溫下，材料均展現較強的聚集效應，說明烷基鏈的位阻是無效的。上述分析說明，PffBT4T－2OD 同時吸取了 PffBT4T－3OT 和 PffBT4T－1ON 的優點，即在高溫下快速解聚集並且較好地溶解，在低溫下形成良好有序的堆積，這使得材料展現出較強的結晶性和較小的聚合物相區。這也說明烷基鏈的次級分叉位點對於獲得最佳的溫度聚集效應，進而有效地調控活性層形貌具有至關重要的作用。

2. 聚合物骨架中氟原子的影響

眾所周知，共軛骨架的氟化會提升分子間的相互作用和 π－π 堆積。在聚合物共軛骨架沒有氟原子取代時，材料展現較弱的溫度聚集趨勢來克服由於次級烷基鏈引起的空間位阻效應，使得材料在室溫下的溶液中展現較弱的有序堆積性質。因此，另外一個影響材料溫度聚集效應的重要化學性質就是聚合物共軛骨架的氟化作用。例如聚合物 PBT4T－2OD 與 PffBT4T－2OD 具有相似的共軛骨架結構，唯一的差別就是 PffBT4T－2OD 具有氟原子的修飾，而 PBT4T－2OD 沒有氟原子的修飾。研究發現，PBT4T－2OD 在室溫下不能形成聚集，其吸收峰主要位於 550nm 範圍內。因此，基於 PBT4T－2OD 的太陽能裝置，活性層展現較弱的結晶性和較差的裝置性能。相應結構式如圖 3.8 所示。

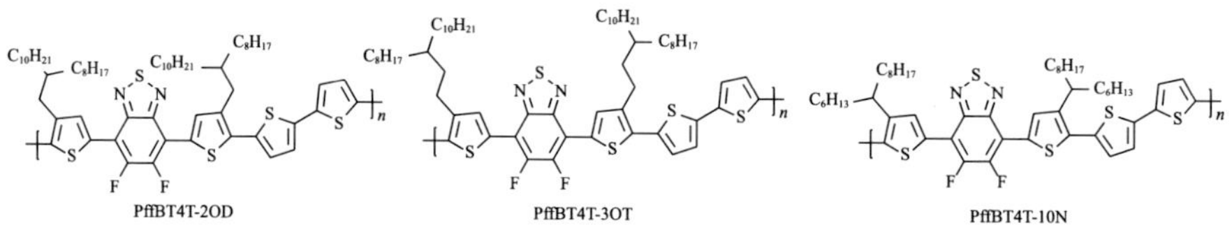

圖 3.8　PffBT4T－2OD、PffBT4T－3OT 和 PffBT4T－1ON 聚合物供體材料的結構式

鑑於基於 BT 單位的聚合物材料展現較好的溫度聚集效應以及較好的太陽能性能，眾多研究者展開了一系列的研究工作。顏河教授等利用 ffBT 和四噻吩單位設計合成了窄能隙聚合物 PffBT4T－2DT，並與基於 PDI 單位的非富勒烯受體製備了一系列太陽能電池。例如，基於 PffBT4T－2DT：SF－PDI$_2$ 的裝置，在最佳條件下獲得了 6.3% 的光電轉換效率。Bzran 教授等將聚合物 PffBT4T－2DT 引入到 O－IDTBR 體系中，獲得高達 1.12V 的開路電壓、15mA·cm^{-2} 的短路電流密度和接近 10% 的光電轉換效率。2015 年，顏河教授又報導了聚合物供體 PffBT4T－T3(1，2)－2，當與富勒烯受體搭配時裝置獲得 10.7% 的 PCE，而與非富勒烯受體共混時僅獲得 7.1% 的 PCE，說明 PffBT4T－T3(1，2)－2 受

體與非富勒烯受體不能很好地匹配。隨後，研究者將中間噻吩單位的烷基鏈改為酯基側鏈，設計合成了聚合物供體 P3TEA，該聚合物供體與基於 PDI 類的非富勒烯受體展現較好的匹配性。其中，基於 P3TEA：SF－PDI$_2$ 的體系，儘管具有較弱的驅動力，卻展現快速有效的電荷分離和較小的非輻射複合能量損失 (0.26eV)，並獲得高達 9.5% 的 PCE。此外，在其他體系中 P3TEA 也展現出優異的太陽能性能，如基於 P3TEA：FTTB－PDI4 的太陽能裝置獲得高達 10.58% 的光電轉換效率和僅為 0.53eV 的開路電壓損失。相應聚合物材料結構式如圖 3.9 所示。

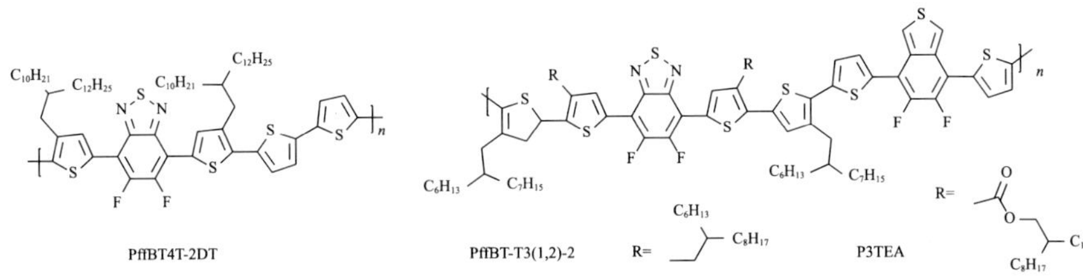

圖 3.9 PffBT4T－2DT、PffBT4T－T(1,2)－2 和 P3TEA 聚合物供體材料的結構式

3.1.4 基於苯並三氮唑單位的聚合物供體材料

基於苯並三氮唑(BTz)單位的聚合物應用廣泛，BTz 單位具有較強的拉電子能力，且相比於苯並噻二唑(BTZ)單位，將頂端的硫原子替換為氮原子，使得 BTz 基團具有額外的修飾位點，可以引入烷基鏈從而提升其溶解度。由於 BTz 系列聚合物通常具有較高的 LUMO 能階從而具有較寬的光學能隙，因此該系列聚合物當與富勒烯衍生物共混時通常具有較低的 J_{sc}。不過，此類聚合物與窄能隙的非富勒烯受體材料具有較好的光譜互補，獲得了較高的裝置性能，成為廣受關注的一類聚合物。

2011 年，尤為教授研究組報導了寬能隙(2.0eV)聚合物 FTAZ，是由 BDT 單位與氟取代的 BTz 單位共聚，在與富勒烯衍生物共混時獲得了 7.1% 的光電轉換效率。當與非富勒烯體系(IDIC)共混時，占肖衛教授研究組獲得了 12.5% 的光電轉換效率，這一提升主要來源於裝置 J_{sc} 的提升。李永舫院士等報導了一系列命名為 J 系列的聚合物，利用二維共軛側鏈的策略合成了 J51，與 PC$_{71}$BM 共混時獲得了 6.0% 的光電轉換效率，當與非富勒烯受體分子 ITIC 共混時也獲得了 9.26% 的光電轉換效率。考慮到 J51 的成功，李永舫院士等系統研究了側鏈工程學對於二維 BDT 共軛側鏈的調節，當與氟取代 BTz 共聚時設計合成了 J52、J60、J71 以及 J91。值得注意的是這一系列的聚合物與非富勒烯受體均獲得較好

的太陽能性能，其中 J61、J71 和 J91 與 ITIC 或者 m－ITIC 共混時均獲得了超過 11％ 的光電轉換效率。這主要是由於其較寬的吸光範圍以及較低的能量損失，從而取得了 V_{oc} 和 J_{sc} 同時提高的結果，其結構式如圖 3.10 所示。

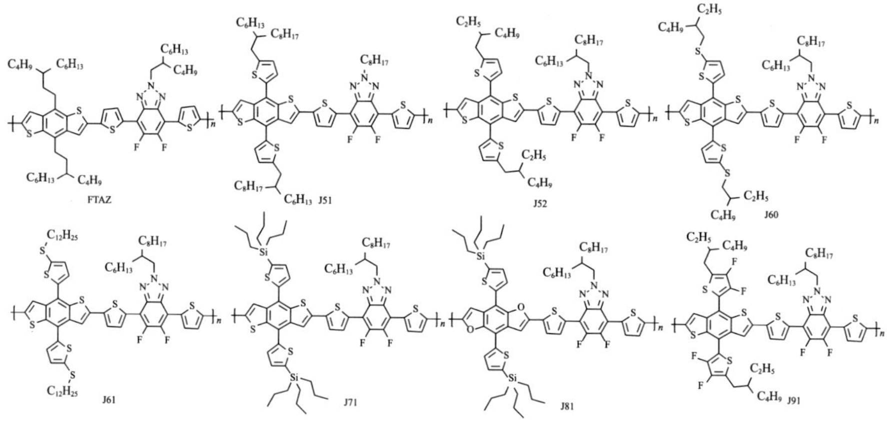

圖 3.10　FTAZ、J51、J52、J60、J61、J71、J81 和 J91 的結構式

2018 年，彭強教授等將 Se 原子引入到 BDT 二維噻吩側鏈，報導了基於 BDT 和 BTz 單位的聚合物 PBDT－Se－TAZ 和 PBDTS－Se－TAZ。相比於 PBDT－Se－TAZ，聚合物 PBDTS－Se－TAZ 具有更強的結晶性和較小的 π－π 堆積距離，使得裝置獲得更高的載流子傳輸效率。因此，基於 PBDTS－Se－TAZ：ITIC 的裝置獲得高達 12.31％ 的 PCE，而基於 PBDT－Se－TAZ：ITIC 的裝置僅獲得 10.07％ 的裝置效率。主要是由於基於 PBDT－Se－TAZ：ITIC 的混合薄膜獲得更有序和雙連續的奈米尺度互穿網絡相分離形貌，有利於裝置獲得更有效的激子解離和電荷傳輸效率。透過在 BDT 的二維苯基側鏈上的間位引入烷氧基取代基的聚合物 PBFZ－OP，無論是純組分還是與 ITIC 共混後都表現出明顯的 face－on π－π 堆積取向。因此，基於 PBFZ－OP：ITIC 的太陽能裝置獲得 10.5％ 的 PCE。當向苯基側鏈中引入強拉電子的三氟甲基時，聚合物 PBZ－m－CF₃ 的吸收光譜出現輕微的藍移，而莫耳吸光係數出現上升，HOMO 能階有所降低。最終基於 PBZ－m－CF₃：ITIC 太陽能裝置獲得 10.4％ 的 PCE 和高達 0.94V 的 V_{oc}。

一個成功的調控聚合物材料能階、電荷傳輸、分子堆積等性質的策略，就是在 BDT 單位中協同引入氟原子和硫原子。因此，基於 PBTA－PSF 的太陽能裝置獲得高達 13.91％ 的 PCE 和超過 1V 的開路電壓。賓海軍教授等報導了基於苯基取代 BDT 和 BTz 偶聯的聚合物 J40，當與非富勒烯受體 ITIC 搭配時獲得 6.48％ 的 PCE。2017 年，顏河教授等報導了基於 BTz 的聚合物供體

PvBDTTAZ，儘管該聚合物和小分子受體O-IDTBR均具有較強的結晶性，它們的混合薄膜卻各自保持自身的烷基鏈層間堆積和π-π堆積，進而獲得較小的相區尺寸。最終裝置獲得較高的載流子遷移率、高達11.6%的PCE、超過1V的開路電壓(1.08V)和較低的能量損失(0.55eV)。相應材料結構式如圖3.11所示。

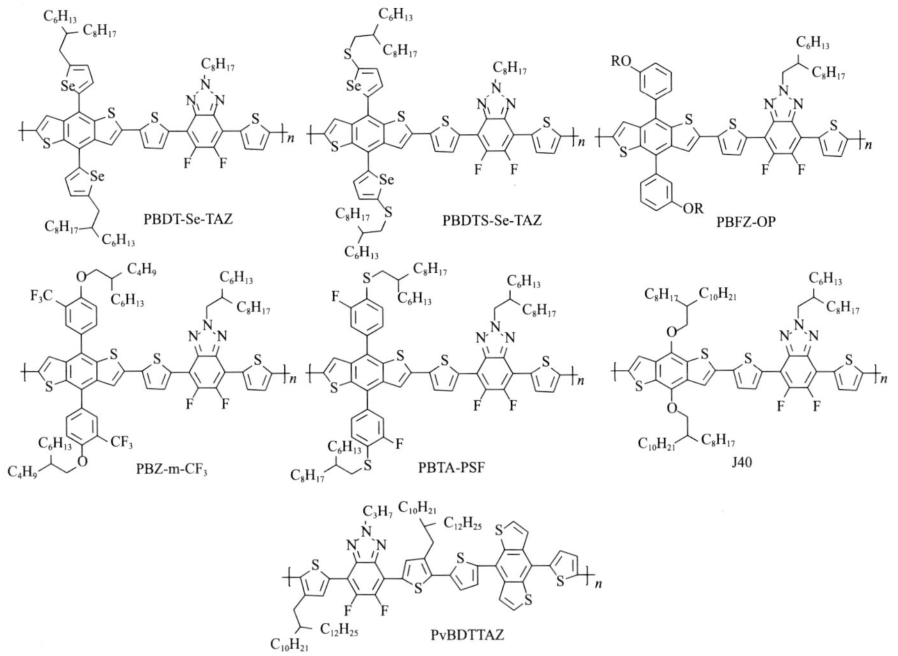

圖3.11 部分基於苯並三氮唑基團聚合物供體材料的結構式

除了上述介紹的基於BDT與BTz交替共聚的聚合物體系列，採用其他供體D單位的聚合物也獲得了較好的太陽能性能。顏河教授等報導了以噻吩-二氟苯基-噻吩作為供體D單位的具有溫度聚集效應的聚合物PTFB-P和PTFB-O。這兩個聚合物除了中間苯基氟化位點的差異之外，具有相似的化學結構。在與非富勒烯受體ITIC共混後獲得了較大差別的共混薄膜形貌。儘管PTFB-P具有較強的結晶性，在PTFB-P:ITIC共混薄膜中卻無法保持自身的結晶性，而具有較弱結晶性的PTFB-O形成了較小的相區，與ITIC共混後產生較強的熒光淬滅效應。因此，基於這兩個聚合物的太陽能裝置展現出截然不同的太陽能性能。基於此又合成了具有四氟苯取代的聚合物PT4FB和PTT4FB。這兩個材料具有相似的吸收光譜和能階結構，但卻有較大差別的聚集性質，PT4FB展現出過度的聚集，共混體系出現較大尺寸的奈米尺度相區，因此，獲得相對中等性能

的太陽能裝置(9.81%)；而 PTT4FB：ITIC 出現較小的相區尺寸，進而獲得較高的太陽能裝置(10.60%)。陳義旺教授等利用酯基取代噻吩作為 D 單位，BTz 單位上不同烷基鏈的長度，設計合成了聚合物 PB24－3TDC 和 PB68－3TDC。研究表明，BTz 上烷基鏈的長度可以有效調節材料的 HOMO 能階和結晶性。其中，PB24－3TDC 具有較短的烷基鏈，表現出較高的 HOMO 能階和較強的結晶性，PB24－3TDC：ITIC 共混薄膜展現出更加有序的分子間 π－π 堆積。因此，兩個材料表現出不同的太陽能性能，基於 PB24－3TDC 的裝置獲得 10.3% 的 PCE，而基於 PB68－3TDC 的太陽能裝置僅獲得 7.88% 的 PCE。相應材料的結構式如圖 3.12 所示。

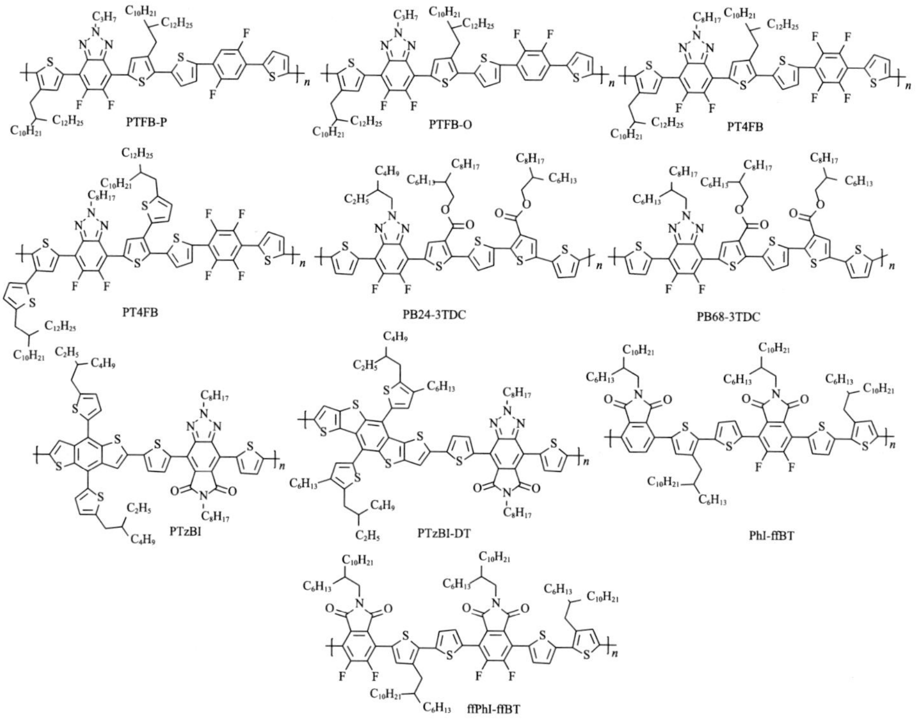

圖 3.12　部分基於 BDT 和 BTz 基團聚合物供體材料的結構式

如圖 3.12 所示，黃飛教授等也報導了基於醯亞胺功能化的 BTz 單位作為缺電子 A 單位的寬能隙聚合物供體 PTzBI 和 PTzBI－DT。相比於 TzBI，具有擴張共軛骨架的 PTzBI－DT 具有相對低的 HOMO 能階和提升的結晶性。儘管基於 PTzBI－DT：ITIC 的混合薄膜無論是空穴還是電子遷移率都高於 PTzBI：ITIC，鑑於 PTzBI－DT：ITIC 體系產生較強的聚集行為，對太陽能性能產生不利的影響。結果是基於 PTzBI－DT：ITIC 的裝置獲得 9.43% 的 PCE，低於基於

PTzBI：ITIC 的裝置獲得 10.24％的 PCE。隨後，郭旭崗教授等報導了兩個具有 D—A_1—D—A_2 結構的聚合物 PhI—ffBT 和 ffPhI—ffBT。得益於較強的共平面分子骨架和分子間相互作用，這兩個聚合物都具有較強的聚集性質。其中，ffPhI—ffBT 具有主導的 edge—on 堆積取向，說明在這個體系中氟原子的引入會增強分子中 edge—on 的堆積取向。相比於 ffPhI—ffBT：IT—4F 混合薄膜，PhI—ffBT：IT—4F 具有更加緊湊的 π—π 堆積，有利於獲得提升的電荷傳輸，進而獲得較高的 FF 和 J_{sc}。因此，基於 PhI—ffBT：IT—4F 的太陽能裝置獲得 13.31％的 PCE 以及高達 0.76 的 FF。研究結果說明：具有 D—A_1—D—A_2 構築單位的材料是很好的太陽能材料結構單位連接方式，具有獲得高效率太陽能電池的潛力。

3.1.5　基於聚合物供體材料發展的總結與展望

有機太陽能電池獲得如此快速的發展，除了非富勒烯受體材料的持續創新之外，聚合物供體材料的研究進展也起到至關重要的作用。聚合物材料的光電性質和結晶性嚴重影響著材料的太陽能性能。在有些體系中，供體聚合物與富勒烯及其衍生物受體具有較好的太陽能性能，而與非富勒烯受體表現較差的裝置性能。事實上，大多數與非富勒烯受體具有優異太陽能性能的裝置，與富勒烯匹配時也可獲得較好的光電轉換效率。到目前為止與非富勒烯受體搭配裝置效率超過 15％的聚合物材料屈指可數。因此，設計合成其他類型的高性能聚合物供體材料，與目標非富勒烯受體具有匹配的吸收光譜、分子能階、合適的結晶性等性質尤為重要。下面，將從材料性質、形貌調控、降低能量損失、穩定性等方面入手，簡要論述有機太陽能電池領域聚合物供體材料未來的發展趨勢。

1. 材料性質

結構決定性質，透過調節不同構築單位的化學結構，可以有效調節材料的光學、電化學、結晶性、活性層形貌以及裝置的太陽能性能。一些成功的調控化學結構的策略，比如分子氯化、氟化、烷基噻吩側鏈等分子工程學策略已經在太陽能材料的構築中取得高效率的光電轉換效率。透過化學結構的調控，調節聚合物供體的性質，協同優化受體材料的性質可以有效地促進聚合物太陽能電池裝置效率的不斷提升。

2. 形貌調控

合適的活性層相分離形貌，是獲得有效的激子解離及電荷傳輸效率的前提。良好的活性層形貌需要調節供受體材料的相容性和結晶性。相容性參數可以利用

Flory—Huggins 相互作用參數(χ)表示。Ade 等人透過研究多重聚合物和富勒烯以及聚合物和非富勒烯受體體系發現，χ 越大獲得越大的相分離、更高的相純度和更高的 FFs。在富勒烯體系中，富勒烯及其衍生物獨特的球形結構和自聚集性質，使之與各類聚合物材料均能形成合適的相分離，獲得較大的 χ 值。然而對於非富勒烯受體來說，由於與聚合物供體材料具有相似的共平面分子結構和較好的互溶度，該類體系常具有較小的 χ 值，使得非富勒烯體系在形貌調控方面面臨巨大的挑戰。

早期研究表明：聚合物供體透過同軸 $\pi-\pi$ 堆積或者烷基側鏈的相互作用，可以形成奈米尺度纖維結構，使得混合薄膜形成奈米尺度互穿網絡結構，而非富勒烯受體鑲嵌在聚合物網絡裡。鑑於非富勒烯受體材料是目前有機太陽能電池領域的研究焦點，有效調控非富勒烯體系活性層形貌至關重要。從聚合物體系形貌調控可知：一個調控非富勒烯體系形貌的可行策略就是調控聚合物材料的纖維網絡結構，以獲得合適的奈米尺度相分離。因此，可以透過優化聚合物材料的纖維網絡結構、介面面積、相純度等性質來調節聚合物供體材料的聚集行為和結晶性，來調節聚合物材料的奈米尺度相分離形貌。

3. 降低能量損失

為了進一步獲得高效率有機太陽能電池，深入地理解裝置的開路電壓能量損失與太陽能材料結構之間的關係十分必要。也就是說需要研究者深入理解供受體材料在活性層中獲得低的非輻射複合損失、實現較低 E_{loss} 的關鍵性質。因此，設計的太陽能材料同時具有高 J_{sc}、高 FF、高 V_{oc} 和低 E_{loss}，是獲得還 PCE 的關鍵因素。在富勒烯體系，通常認為聚合物供體的 HOMO 和 LUMO 通常至少需要高於受體材料 0.3eV，才能具有有效的驅動力，獲得有效的激子解離。激子解離所需的最低能量差，不僅會提升裝置的 V_{oc} 損失，而且會使得裝置的 J_{sc} 和 V_{oc} 之間產生制約效應。近些年來，隨著非富勒烯受體的快速發展，基於非富勒烯體系的有機太陽能電池在較小的驅動力下仍可表現出有效的電荷分離，這也是該類太陽能裝置同時獲得較高的 J_{sc} 和 V_{oc} 的關鍵。最近的研究表明，在非富勒烯有機太陽能電池中，儘管具有較低的能階差，太陽能電池的電致發光(EL)主要取決於混合組分中具有較窄能隙組分的單線態激子。那麼非輻射複合損失就可能依賴於純組分的光致發光(PL)產率。因此，一個好的聚合物供體材料需要擁有較強的 PL 效率，以獲得較低的非輻射複合開路電壓損失。

4. 穩定性

裝置的穩定性是有機太陽能電池實現商業化發展的關鍵因素。而裝置的穩定

性涉及太陽能材料化學結構、介面層材料、電極材料、活性層形貌穩定性和裝置的環境穩定性等方面。環境的穩定性可以透過合適的手段對裝置進行封裝，實現裝置的穩定性。目前文獻報導的占主流地位的非富勒烯受體體系在200℃，特別是在紫外光照射下，表現出良好的熱穩定性。玻璃轉變溫度、太陽能材料的純度和結晶性都會影響活性層形貌的穩定性和太陽能裝置的性能。因此，在未來的研究中，持續深入研究材料的結構、裝置製備工藝、介面層材料、電解材料等對裝置穩定性的影響直接關係到太陽能裝置的穩定性以及有機太陽能電池日後的大規模生產應用。

整體來說，太陽能材料的創新，持續推動著有機太陽能領域的快速發展。尤其是基於非富勒烯體系的太陽能裝置最佳效率已經遠超過基於富勒烯體系的太陽能裝置。在設計聚合物供體材料的過程中，吸光互補、能階匹配、高的 PL 效率和優異的奈米顯微結構是發展新型聚合物供體，進一步提升 OSCs 光電轉換效率的重要策略。在未來的發展過程中，關注裝置效率的同時，進一步研究裝置穩定性、裝置成本、綠色環保等問題是有機太陽能電池中聚合物供體材料的研究方向。

3.2 小分子供體材料

聚合物供體材料因其分子結構和分子量的不確定性，常常存在批次問題。而小分子供體材料因其結構確定、合成路線簡便、易純化、能階易調控等優點。在發展之初，因其成膜質量較差，小分子供體的發展受到很大限制。後續透過引入長烷基鏈，擴大共軛體系長度等策略，問題逐漸得到了解決。在小分子供體材料的設計方面，具有代表性的體系之一是陳永勝教授團隊的工作。他們結合高分子和傳統小分子各自優點的策略，同時兼顧吸光和溶解度等方面的要求，設計合成了系列具有 A－D－A 結構的寡聚小分子供體材料。

如圖 3.13 所示，A－D－A 結構分子通常具有較好的平面性，其較長的共軛骨架又使之具有較寬的吸光範圍（更窄的能隙），同時，A－D－A 結構也更利於分子之間的 π－π 堆積以及分子間的電荷轉移。目前基於上述策略設計合成的 A－D－A 結構的小分子材料是小分子太陽能電池研究領域應用最多和最成功的材料體系。

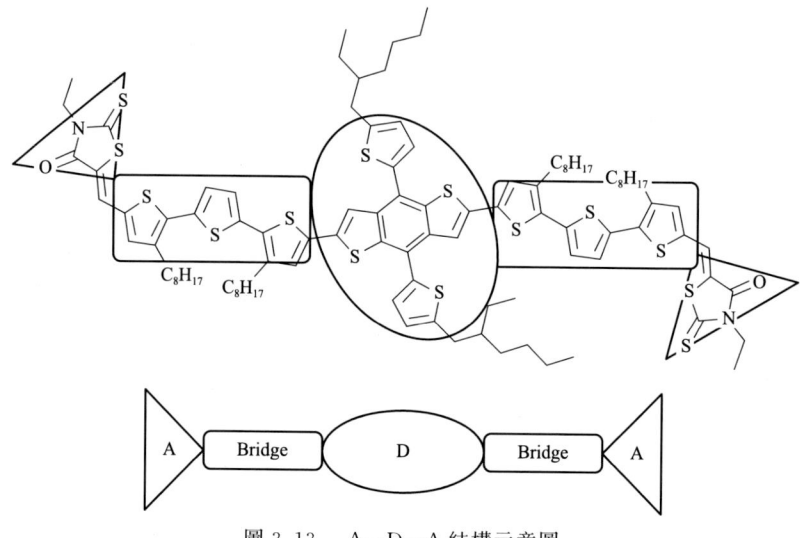

圖 3.13　A－D－A 結構示意圖

鑑於非富勒烯受體的快速發展，有機太陽能電池的裝置效率已超過 20％。因此設計合成吸收光譜處在可見光範圍，是獲得高效率有機太陽能裝置的另一個有效措施。借鑑聚合物供體的發展歷程，聚合物供體的發展從早期的聚噻吩體系發展到後期的高效率具有 D－A 交替共聚的聚合物體系，有效地促進了光誘導電荷轉移，使材料的吸收光譜進一步紅移，材料的化學結構可修飾位點增多，也為分子工程的角度調控材料的各項性質提供便利。因此小分子供體因其自身獨特的優勢，在近十年也持續取得了一系列創新性進展。由於小分子材料之間較難調控共混體系獲得優異的相分離形貌，進而獲得高效的激子解離和電荷傳輸效率，限制了全小分子有機太陽能電池（ASM－OSCs）的發展。在 2017 年以前，基於非富勒烯受體的 ASM－OSCs 效率主要處在 7％附近，遠低於基於聚合物體系的太陽能裝置，甚至是基於小分子供體富勒烯受體體系的太陽能裝置。而在 2017 年，ASM－OSCs 體系的 *PCE* 獲得了從 9％到 12％的裝置效率進展，這主要得益於高性能小分子供體和受體材料的研發。

3.2.1　基於寡聚噻吩單位的小分子供體材料

噻吩單位是最便宜、應用最廣泛的有機半導體材料構築單位，基於寡聚噻吩單位及其衍生物的材料獲得了優秀的電荷傳輸和光物理性能。因此，一系列基於寡聚噻吩單位的 A－D－A 型小分子供體在富勒烯受體時代也獲得了高效的光電轉換效率（6％～10％）。比如，2011 年，以氰基辛酸酯為末端拉電子單位，寡聚七噻吩為中間給電子單位，陳永勝教授等設計合成了 A－D－A 型小分子供體

DCAO7T，當以 PC$_{61}$BM 為受體材料時獲得了 5.08％的光電轉換效率。隨後基於寡聚噻吩單位，陳永勝教授等透過改變末端基團分別合成了 DCN7T、DERHD7T、DRCN7T、DIN7T、DINER7T、DDCNIN7T 以及 DDIN7T（圖 3.14）。研究發現不同末端基團取代基的拉電子能力大小為：INCN＞IN2F＞INF＞IN＞RCN＞ER＞CN＞CAO。同時，透過改變中間寡聚噻吩的個數，陳永勝教授等也設計合成了 DCN3T、DCN5T 以及 DCN7T；另外，他們發展的繞丹寧、雙氰基繞丹寧和雙氰基茚滿二酮等末端基團，已經在有機太陽能電池領域獲得廣泛應用。

當採用雙氰基繞丹寧末端基團時，陳永勝教授等設計合成了含有不同數量噻吩單位的小分子供體 DRCN4－9T（圖 3.15），考察了主鏈長度對分子性能和裝置效率的影響因素。其中，DRCN5T 獲得了 10.10％的光電轉換效率，這也是當時基於小分子供體的有機太陽能電池最高效率。

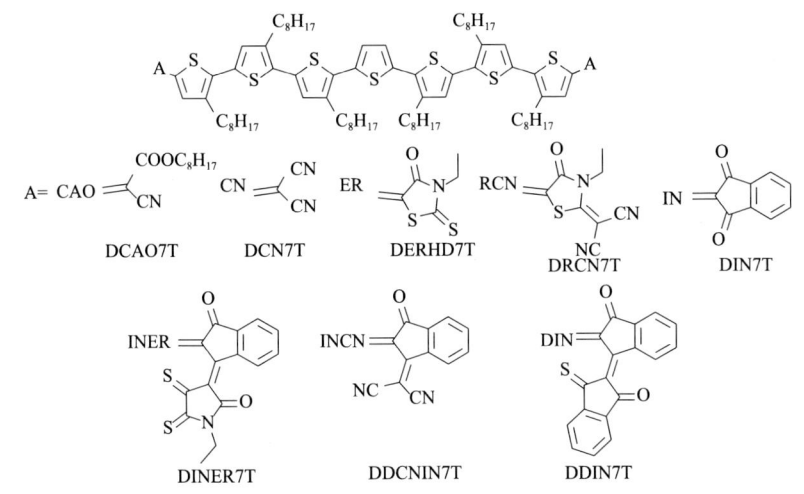

圖 3.14　DCAO7T、DCN7T、DERHD7T、DRCN7T、DIN7T、DINER7T、DDCNIN7T 以及 DDIN7T 的結構式

圖 3.15　DRCN4T、DRCN5T、DRCN6T、DRCN7T、DRCN8T 以及 DRCN9T 的結構式

除了上述基於富勒烯受體的太陽能體系外,基於寡聚噻吩類小分子供體,非富勒烯受體也取得了裝置效率的不斷突破。例如在寡聚噻吩中具有最高太陽能性能的 DRCN5T,當與強結晶性小分子受體 IDIC8 共混時可以獲得 8% 的 PCE 和高達 0.952V 的 V_{oc}。然而 DRCN5T 與 IDIC8 分子在 650 到 750nm 出現較多的吸收光譜重疊,限制了該裝置獲得高效的裝置效率,當採用吸收光譜更加紅移時,與 DRCN5T 更加互補的小分子受體 F-2Cl 時基於 DRCN5T:F-2Cl 的裝置獲得 9.89% 的 PCE,這與其相應的富勒烯體系的太陽能效率是相當的。近期,隨著明星非富勒烯受體 Y6 的出現,陸仕榮研究員等發展了具有寡聚七噻吩的小分子供體 2F7T 和 2Cl7T(圖 3.16),強調了鹵化在提升裝置性能方面的作用。鹵素原子的引入誘導產生了提升的電離電勢(降低的 HOMO 能階),來優化材料的給電子和電荷傳輸性能。當與窄能隙明星受體 Y6 搭配時,基於 2Cl7T 的太陽能裝置獲得 11.5% 的 PCE,遠高於未鹵化的太陽能裝置(DRCN7T,2.5%),這也是基於寡聚噻吩類小分子供體獲得的最高太陽能裝置效率。

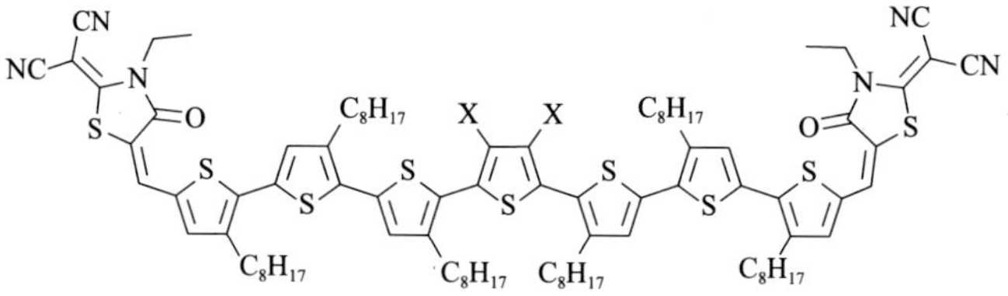

X=F 2F7T
X=Cl 2Cl7T

圖 3.16　2F7T 和 2Cl7T 的結構式

3.2.2　基於苯並二噻吩單位的小分子供體材料

在上述介紹聚合物供體材料時提到過優異太陽能材料構築單位 BDT。而基於 BDT 單位的小分子供體材料也逐漸成為最受歡迎、效果最好的小分子供體構築單位,並取得了目前 ASM-OSCs 體系的最高裝置效率。基於 BDT 單位的 A-D-A 型小分子材料透過分子工程層面的調控使材料不斷創新,並取得了令人矚目的太陽能性能。其中對 A-D-A 型小分子材料的調控主要包括中間 BDT 二位側鏈的調控、中間 BDT 單位的調控、π 橋連單位的調控、末端基團的調控等幾個方面。接下來將從這幾個方面著重介紹基於 BDT 單位小分子供體材料的設計策略。

1. 中間 BDT 二維側鏈的調控

研究表明,基於 BDT 單位構築單位的 π-電子可以離域到 BDT 二維側鏈,獲得進一步擴大的 π 共軛體系,進而獲得更好的分子間相互作用和提升的電荷傳

輸性能。特別是那些具有二維 BDT 芳香環側鏈的太陽能材料通常比具有一維側鏈的材料具有更高的太陽能性能。例如，具有烷基噻吩的小分子供體 DRTB－T 獲得高達 9％左右的 PCE 遠高於基於烷氧基取代的 DRTB－O(PCE＝0.15％)。此外，陳永勝教授等設計合成了系列基於 BDT 核的烷基鏈取代的小分子供體材料。其中 DR3TBDT 與 PC$_{71}$BM 共混製備裝置，獲得了 7.38％的光電轉換效率。

在此基礎上，透過對中間 BDT 單位的精細調控，又將氧烷基鏈換成硫烷基鏈合成了 DR3TSBDT，與 PC$_{71}$BM 共混獲得了 9.95％的光電轉換效率。這主要是由於共混薄膜吸收光譜的紅移以及獲得了更加合適的活性層形貌，從而使裝置 J_{sc} 由 12.21mA·cm^{-2} 提升到 14.45mA·cm^{-2}，填充因子也由 0.65 提升到 0.73。陳永勝教授等引入具有二維共軛側鏈的 BDT 單位，設計合成了 DR3TBDTT 和 DR3TBDT2T，當與 PC$_{71}$BM 共混製備單結裝置時獲得了超過 8％的光電轉換效率。李永舫院士等引入烷氧基噻吩設計合成了 BDTT－OTR，隨後引入烷硫基噻吩設計合成了 BDTT－S－TR。二維側鏈的引入使分子能更好地電子離域，更利於分子間的 π－π 堆積，從而有利於電荷的傳輸以及吸收範圍的拓寬，基於上述小分子供體和富勒烯受體的裝置獲得了 8％～10％的裝置效率。結構式如圖 3.17 所示。

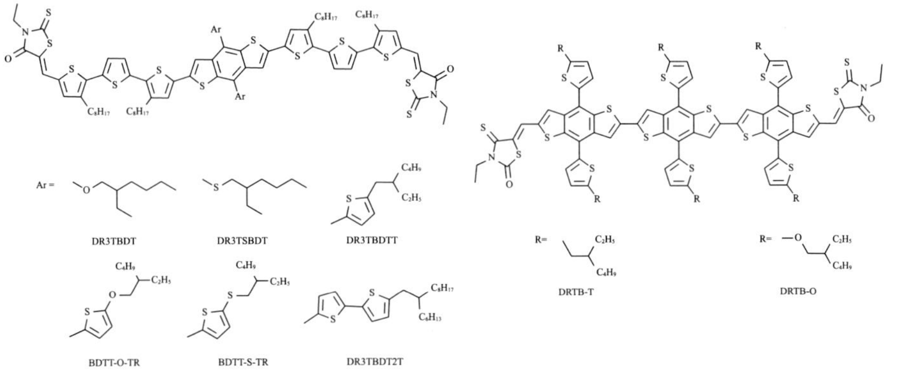

圖 3.17　DR3TBDT、DR3TSBDT、DR3TBDTT、BDTT－O－TR、BDTT－S－TR、DR3TBDT2T、DRTB－T 以及 DRTB－O 的結構式

此外，李永舫院士等在具有二維噻吩側鏈的 H11 分子基礎上，進一步延長噻吩側鏈為噻吩－噻吩乙烯基(TVT－SR)，設計合成了 BDT(TVT－SR)$_2$，相應的裝置獲得了提升的 FF(71.1％)和高達 11.1％的 PCE。然而基於相似的二維共軛側鏈(TVT－SR)當利用強結晶性小分子受體 IDIC 時，僅獲得 6.5％的裝置效率，低於基於 DR3TBDTT∶IDIC 的太陽能裝置。除此之外，當在二維側鏈引入其他功能基團如硫元素、矽元素、鹵素(F、Cl 等)是另外一種調節二維側鏈

的有效策略。相比於烷基噻吩鏈側鏈的分子，具有烷硫基噻吩二維側鏈的材料與之具有相似的光學性質、更低的 HOMO 能階和更強的結晶性。比如 SM1 和 SM1-S，唯一的差別是二維側鏈是否含有硫原子。相比於不含硫原子的 SM1，SM1-S 具有更低的 HOMO 能階，因此獲得 0.02V 的 V_{oc} 提升和高達 12.94% 的裝置效率。同時，SM1-S 分子的性能也高於基於烷硫基取代的 DR3TSBDT（$PCE=10.53\%$）。

鹵素原子具有較強的電負性，已經被廣泛地應用於調節太陽能材料的 HOMO/LUMO 能階和結晶性。為了研究氟化作用對材料以及相應太陽能裝置性能的影響，在 SM1 分子二維噻吩側鏈上引入 1 個或者 2 個氟原子，設計合成的 BTEC-1F 和 BTEC-2F，隨著二維噻吩側鏈氟原子個數的增加，三個材料的 HOMO 能階從 -5.25eV 降到 -5.37eV 再降低到 -5.39eV。透過形貌研究發現，在純膜狀態下三個材料具有相似的分子堆積情況，而在混合組分下，基於 BTEC-2F：Y6 的共混薄膜具有更加有序的 face-on 堆積取向和緻密的 π-π 堆積，有利於獲得更高的電荷傳輸性能。因此基於 SM1/BTEC-1F/BTEC-2F：Y6 的太陽能裝置分別獲得 10.64%、11.33% 和 13.34% 的 PCE。裝置性能的差異主要來自不同的 V_{oc} 和 FF，與材料的 HOMO 能階、π-π 堆積和結晶性數據是一致的。同時，透過近期進一步優化裝置工藝，基於 BTEC-1F 的太陽能裝置獲得高達 14.07% 的 PCE。除了氟取代噻吩側鏈之外，氯原子取代也取得高性能太陽能裝置。比如，在高效率小分子供體 ZR1 基礎上，分別引入氯原子、氯原子和硫原子協同引入的策略設計合成了小分子供體 ZR1-Cl 和 ZR1-S-Cl。相比於 ZR1-Cl，同時引入氯原子和硫原子的 ZR1-S-Cl 具有更深的 HOMO 能階和結晶性。因此，基於 ZR1-S-Cl：IDIC-4Cl 的太陽能裝置獲得最高的 J_{sc}、V_{oc}、FF 以及 12.05% 的光電轉換效率。相應材料結構式如圖 3.18 所示。

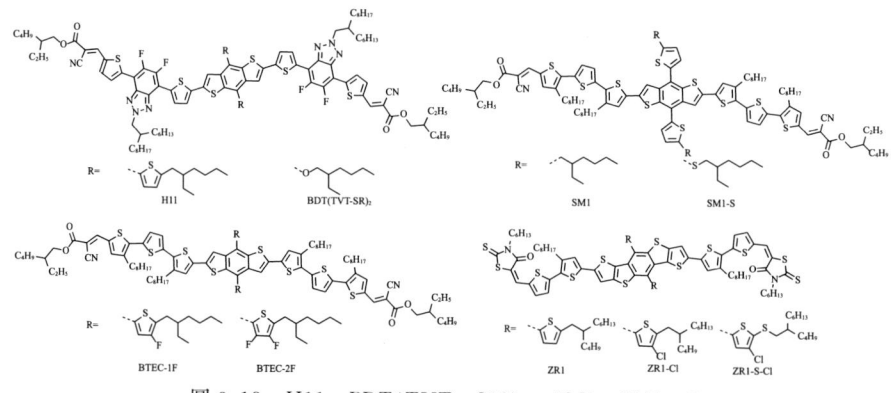

圖 3.18　H11、BDT(TVT-S12)$_2$、SM1、SM1-S、BTEC-1F、BTEC-2F、ZR1、ZR1-Cl 和 ZR1-S-Cl 的結構式

2015 年，具有液晶性質 BTR 分子的發現，為有機太陽能小分子供體的設計打開了新思路，同樣二維側鏈氯帶的策略也使該體系獲得較好的裝置性能。

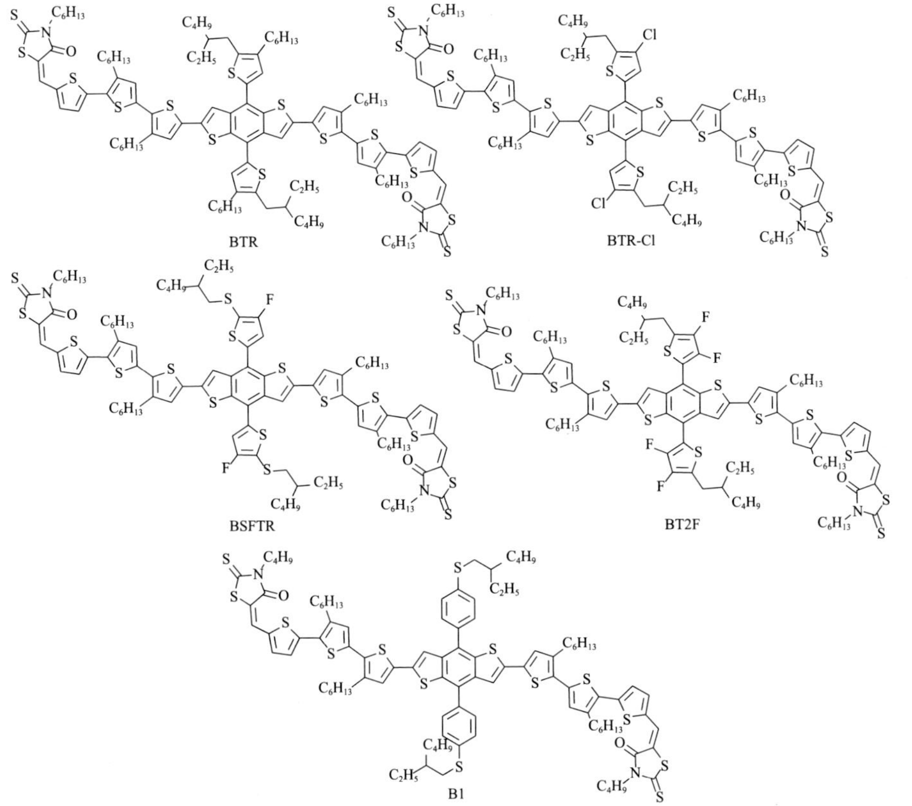

圖 3.19　BTR、BTR－Cl、BSFTR、BT－2F 和 B1 的結構式

具有液晶性質的 BTR 分子具有較高的結晶性和空穴遷移率(1.6×10^{-3} cm² · V⁻¹ · s⁻¹)。基於 BTR：PC$_{71}$BM 的裝置獲得 9.3％ 的光電轉換效率和最高 0.77 的 FF。這些優異的特性使該類材料具有獲得高效 ASM－OSCs 的潛力。隨後基於 BDT 二維側鏈鹵素原子及硫原子的調控，一系列 BTR 的衍生物被成功研發。當以氯元素代替正己基烷基鏈時，BTR－Cl 分子保持了本身 BTR 分子的液晶性質和強結晶性，同時具有較低的 HOMO 能階(-5.46eV)。因此，基於 BTR－Cl：Y6 的共混體系，在 350～950nm 範圍內展現較好的光譜響應和最佳的共混薄膜形貌，使得裝置獲得高達 24.17mA · cm⁻² 的 J_{sc}。因此，相比於參比裝置 BTR：Y6，基於 BTR－Cl：Y6 的裝置獲得 13.61％ 的 PCE。透過進一步優化裝置工藝，同時引入 PC$_{71}$BM 作為第三組分，裝置效率獲得進一步提升，由二元的 14.7％ 提升到三電子組件的 15.34％。另外，進一步改變二維共軛側鏈為氟取代

和硫烷基鏈取代的二維噻吩，以及雙氟取代的分子，研究者進一步設計合成了 BSFTR 和 BT－2F。這兩個材料均展現降低的 HOMO 能階和提升的結晶性，當與明星小分子受體 Y6 搭配時，均獲得超過 14％ 的 *PCE*。結構式如圖 3.19 所示。

除了噻吩二維共軛側鏈之外，與聚合物體系類似，基於苯基二維側鏈的小分子供體也獲得了一系列創新性研究進展。如侯劍輝研究員等報導的明星小分子供體 B1，該分子與 BTR 分子具有幾乎相似的能階和吸收光譜數據。令人驚喜的是，苯環二維共軛側鏈的引入，使 B1 分子的結晶性和 π－π 堆積性能進一步提升。同時研究發現，與參比分子 BTR 相比，小分子供體 B1 與非富勒烯受體 BO－4Cl 具有較強的相互作用，使得基於 B1：BO－4Cl 的共混體系具有更加占主導地位的 face－on 堆積取向，進而該裝置獲得高達 15.3％ 的 *PCE*。這些結果都說明對 BDT 單位太陽能材料二維側鏈的調控可以有效調節材料的吸收光譜、能階結構、結晶性和相應的太陽能性能。這為後續進一步透過分子設計角度調節材料性能獲得高效率太陽能裝置提供借鑑。

2. 中間 BDT 核心的調控

BDT 單位中間核心的改變對材料性質具有重要的影響。就裝置 *PCE* 而言，基於 BDT 單位的小分子供體是目前效果最好、最受歡迎的構築單位。目前，基於 BDT 單位的小分子供體的 ASM－OSCs 裝置效率已超過 16％，要超過基於寡聚噻吩(11.45％)、萘並二噻吩(NDT，10.7％)、二噻吩並噻咯(DTS，8.2％)和基於卟啉(15.88％)體系全小分子太陽能裝置。透過化學結構的調控改變基於 BDT 單位的小分子供體可以有效調節分子結構、平面性、分子堆積、形貌和光電性質。而中間核單位的改變是構築有效 A－D－A(或者 A－π－D－π－A)型推拉電子結構的關鍵部分，下面將從基於 BDT 單位中間核心的調控入手，系統介紹分子結構改變對材料性質及相應太陽能裝置性能的影響規律。

其中一種調控中間核心的方法就是改變中間構築單位的給電子能力。受到寡聚五噻吩(DRCN5T)和寡聚七噻吩(DRCN7T)的啟發，Lee 及其同事等報導了一系列基於 BDT 單位的小分子供體 BDT1、BDT2 和 BDT3，分別具有一個、兩個和三個中間 BDT 核心作為 D 構築單位。研究發現，BDT1 有最高的熔點和再結晶溫度，幾乎與陳永勝教授等報導的寡聚六噻吩材料具有相同的性質。隨著 BDT 單位數量的增多，小分子供體的熔點和再結晶溫度也逐漸降低。其結果是基於 BDT2 的全小分子裝置獲得 8.56％ 的裝置效率，並且在剛性大面積 (77.8cm^2) 裝置中也獲得 7.45％ 的 *PCE*，超過基於 BDT1 和 BDT2 的全小分子太陽能裝置。此外，還有很多其他的調節中間核心的策略，比如具有 3 個中間

BDT 核心的小分子供體 BDT－3TR，可以有效調節分子間相互作用。相比於含有一個 BDT 核心的 DR3TBDTT，當採用 O－IDTBR 為小分子受體時，基於小分子供體 BDT－3TR 的裝置與 DR3TBDTT 表現出相似的太陽能性能（約 7%）。侯劍輝研究員等創新性地將 BDT－3TR 分子中 3T 橋連單位去掉，設計合成了 DRTB－T。鑑於 BDT 單位較弱的給電子能力，DRTB－T 具有較低的 HOMO 能階（－5.51eV）。相比於 DR3TBDTT 和 BDT－3TR，分子 DRTB－T 具有相對藍移的吸收光譜，與非富勒烯受體表現良好的吸光互補。因此，基於 DRTB－T：IDIC 的太陽能裝置經過 SVA 後處理之後獲得 9.08% 的 *PCE* 和高達 0.98V 的 V_{oc}。隨後，當向體系中引入第三組分 $PC_{71}BM$ 時，三電子組件獲得同時提升的 J_{sc} 和 *FF*，並最終獲得 10.48% 的 *PCE*。透過改變中間 BDT 單位為非稠環的噻吩－苯－噻吩（TBT）單位時，設計合成的小分子 P2TBR 展現出提升的結晶性和空穴遷移率。同樣地，當採用 IDIC 為小分子受體時，最佳的共混體系同時存在 face－on 和 edge－on 的堆積取向。這類具有三維電荷傳輸通道的活性層形貌使最佳的太陽能裝置展現出高達 11.5% 的 *PCE*，高於基於 DRTB－T 的全小分子太陽能裝置。相應結構式如圖 3.20 所示。

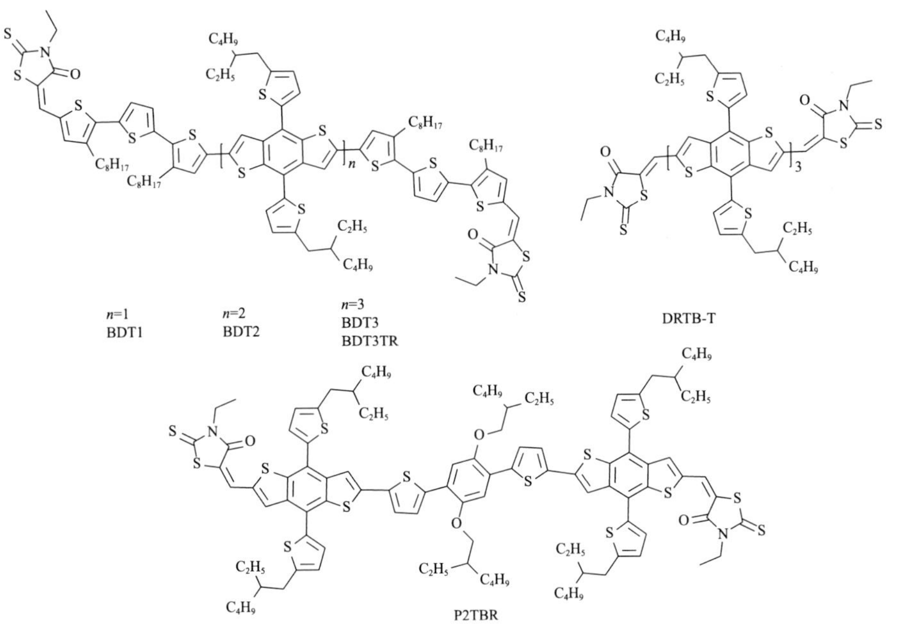

圖 3.20　BDT1、BDT2、BDT3、BDT－3TR、DRTB－T 和 P2TBR 的結構式

作為 BDT 單位的衍生物，噻吩[2.3－f]苯並呋喃（TBF）基團利用呋喃環替換了 BDT 單位的一個噻吩環，由此獲得的小分子供體命名為 TBFT－TR。相比

於中心對稱的 BDT 單位，不對稱的 TBF 單位具有更大的偶極矩（1.21 德拜），有利於提升分子間的偶極－偶極相互作用，進而影響分子的堆積性能。因此，TBFT－TR 表現出更好的結晶性、提升的分子堆積和空穴遷移率，這些性質使得基於 TBFT－TR：Y6 的太陽能裝置效率，由基於 DR3TBDTT：Y6 的 12.18％提升至 14.03％。

相比於 BDT 中間核心，具有更大共平面和擴展共軛長度的二噻吩[2.3－d：$2'3'-d'$]苯並二噻吩可以有效降低共軛骨架的構象紊亂程度，提升材料的共平面性、分子堆積和載流子傳輸效率。基於該結構，魏志祥研究員等報導了小分子供體 ZR1，當採用兩個具有相似 LUMO 能階，而不同吸光範圍的非富勒烯受體 IDIC－4Cl 和 Y6 與之搭配時，基於 ZR1：IDIC－4Cl 的二電子組件獲得 9.64％的 PCE。而基於 ZR1：Y6 的二元體系具有垂直相分離形貌使得基於 ZR1：Y6 的裝置獲得了高達 14.34％的 PCE 和 24.34mA·cm^{-2} 的 J_{sc}。上述研究進一步闡明，中間構築單位在調節材料結構方面的便利性以及調控材料性質獲得高效率有機太陽能電池的作用。透過進一步持續研究材料結構－性質之間的構效關係，對後續設計合成高性能太陽能裝置具有重要的指導作用。構成結構式如圖 3.21 所示。

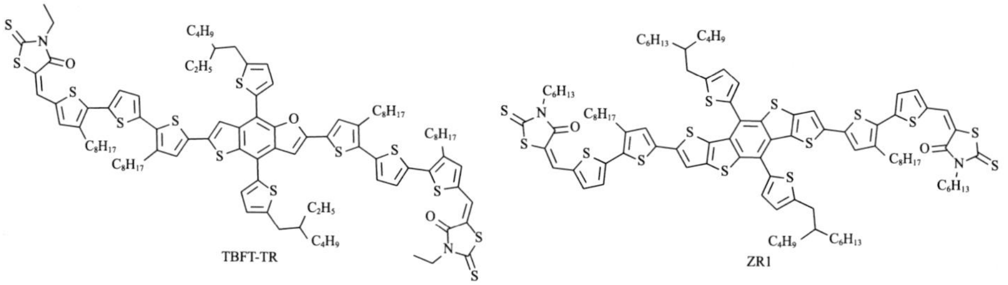

圖 3.21　TBFT－TR 和 ZR1 的結構式

3. π 橋連單位的調控

在 A－D－A 結構分子中，π 橋連單位起到連接中間給電子 D 單位和末端缺電子 A 單位的作用。在一定程度上，π 橋連單位可以調節分子的有效共軛長度、骨架平面性、分子堆積和電子性質。研究發現，最佳的 π 橋連單位通常包含三個簡單的共軛單位或者一個較大共軛單位，不僅有利於獲得有效的分子堆積，而且使材料保持較低的 HOMO 能階。而 π 橋連單位的烷基鏈也會影響材料的溶解度、平面性和堆積性能。比如，相比於 BTEC－2F，BT－2F 分子具有更短和易調節的己基側鏈，因此獲得更好的分子堆積和提升的太陽能性能。透過改變 2－（噻吩－2－yl）噻吩並[3，2－b]噻吩 π 橋的 BOHTR 和 BIHTR 烷基鏈位置，可以調節分子的骨架平面性、分子堆積和共混受體 Y6 的性質。相比於具有外側己基

第3章 有機太陽能電池：供體材料

側鏈的 BOHTR，具有內側己基側鏈的 BIHTR 具有更加共平面的共軛骨架和優異的共混體系活性層形貌。因此，基於 BIHTR：Y6 的裝置獲得 12.3％的 PCE 和 68.4％的 FF。

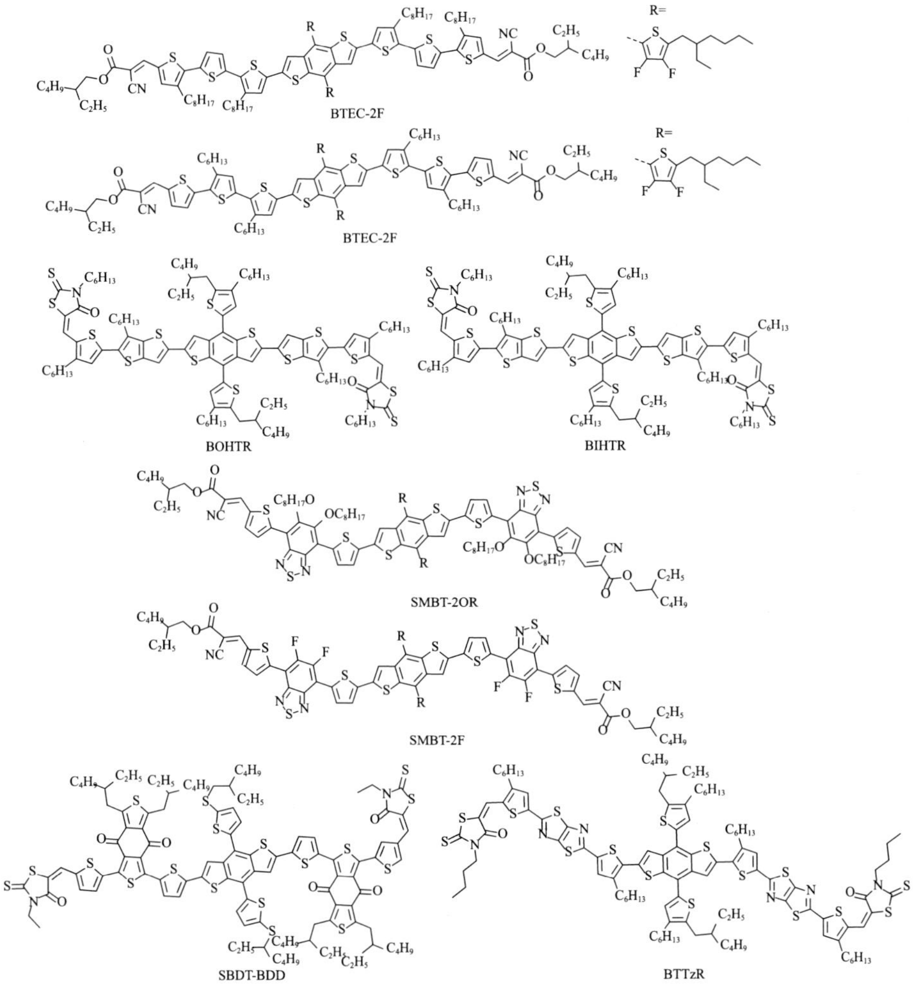

圖 3.22 BTEC−2F、BT−2F、BOHTR、BIHTR、SM−BT−2OR、SM−BT−2F、SBDT−BDD 和 BTTzR 的結構式

除此之外，一個新型調節 π 橋連單位的策略就是引入缺電子基團，形成「雙缺電子單位」以構築小分子供體材料。二氟取代苯並噻二唑（BTz−2F）在小分子供體的構築中也取得很多進展。而具有烷氧基取代苯並噻二唑橋連單位的 SM−BT−2OR，對分子性能出現正向的影響，最終獲得 7.20％的 PCE，高於基於二氟取代的 SM−BT−2F 的太陽能裝置（2.76％）。而當採用具有更強缺電子能力

的 BDD 作為 π 橋連單位時，基於 SBDT－BDD 的太陽能裝置獲得高達 9.2% 的 PCE 和 0.97V 的 V_{oc}。當向上述二元體系加入第三組分 $PC_{71}BM$ 後，基於 SBDT－BDD：IDIC：$PC_{71}BM$ 的三電子組件獲得 10.9% 的光電轉換效率。

最近，基於噻唑並[5,4-d]噻唑(TTz)缺電子基團的橋連單位被成功地應用於太陽能裝置的構築中。鑑於它們較強的缺電子能力和共平面性，設計合成的相應小分子供體 BTTzR 具有更強的共平面分子骨架、結晶性和較低的 HOMO 能階(-5.58eV)。因此基於 BTTzR：Y6 的太陽能裝置獲得高達 13.9% 的 PCE 和 0.88V 的高 V_{oc}。更為重要的是該裝置獲得僅為 0.18eV 的非輻射複合能量損失，這與矽基太陽能電池的能量損失相當。上述研究說明，透過 π 橋連單位的調控一樣可以調節材料的吸光、能階、結晶性以及相應的太陽能性能，這為 π 橋連單位有效調節材料化學結構獲得高性能小分子供體提供參考。相應小分子供體材料的結構式如圖 3.22 所示。

4. 末端基團的調控

末端基團會影響材料的光學、電化學和相應的活性層形貌，進而影響小分子供體的性質。在所有的末端基團中，3－乙基羅丹寧基團是使用最廣泛也是效果最好的末端基團。陳永勝教授團隊等報導了兩個小分子供體 DCAO3TBDT 和 DR3TBDT，它們採用 2－乙基己氧基取代的 BDT 側鏈作為中間給電子 D 單位，辛基取代三噻吩作為 π 橋連單位，分別利用氰基辛酸酯和 3－乙基羅丹寧作為末端基團。3－乙基羅丹寧基團具有相對更強的拉電子能力，因此使得 DR3TBDT 具有更寬的光譜響應和更高的 J_{sc}。最終基於 DR3TBDT：$PC_{71}BM$ 的太陽能裝置獲得 7.38% 的 PCE，遠高於基於 DCAO3TBDT：$PC_{71}BM$ 的 PCE(2.09%)。

在過去 10 年中，基於羅丹寧端基的小分子供體材料持續不斷地刷新著裝置的效率，同時基於羅丹寧基團的修飾也出現了很多工作。如楊陽教授等在羅丹寧末端基團引入較長的正辛基烷基鏈，設計合成了 SMPV1。隨著末端烷基鏈長度的增長，提升了材料的溶解度和薄膜質量。此外，長烷基鏈的引入使材料的吸收光譜出現藍移、分子能階降低、空穴遷移率有所提升。因此，成功地提升了基於 SMPV1：$PC_{71}BM$ 的 PCE(8.02%)，高於基於 DR3TBDTT：$PC_{71}BM$ 的 PCE(7.61%)的裝置效率。侯劍輝研究員等也利用該策略研究了末端羅丹寧基團上烷基鏈的長度對材料性質的影響(DRTB－T－CX)。研究發現，隨著延長末端基團烷基鏈的長度，分子表現出近乎相似的光電性質和不同的分子堆積取向。透過掠入射廣角 X 射線衍射(GIWAXS)圖譜分析可知，DRTB－T－C2 具有典型的 edge－on 堆積，DRTB－T－C4 具有明顯 face－on 堆積占主導的堆積取向。DRTB－T－C6 純組分的堆積主要分布在與基底夾角為 60°的方向上，DRTB－T

—C8 主要為 face—on 堆積取向。當與非富勒烯受體 IT—4F 共混時，烷基鏈的長度對混合薄膜的 face—on 衍射峰有積極的影響作用。DRTB—T—C6 分子中 face—on 堆積取向比例的下降，主要是由於在相對基底 30°的方向上出現了明顯的分子堆積情況。此外，C4 體系出現相對小的相區尺寸，有利於提升供受體介面的接觸面積，進而提升裝置的激子解離效率。在固態狀態下，face—on 的堆積取向可以同時提升 $\pi-\pi$ 堆積的晶體相干長度(CCL)和電荷遷移率。因此，基於 DRTB—T—C4：IT—4F 的全小分子裝置獲得 11.24％的 *PCE*。

透過上述分析可知，羅丹寧末端基團的烷基鏈在小分子供體的設計中起到重要的作用，因為末端基團上的烷基鏈不僅會提升材料的溶解度，而且會改變分子的堆積取向，進而影響分子的聚集性質。由於末端基團烷基化的策略收率較低，合成相對複雜，限制了該類設計方法的進一步發展。最近研究表明，羅丹寧端基上的酯基對提升裝置性能具有重要作用。陸仕榮研究員等將 2—乙基己基和正辛基酯化的烷基側鏈引入到羅丹寧端基中，設計合成了 BDT—RO 和 BDT—RN。透過裝置優化與表徵發現，基於 BDT—RN：IDIC 的裝置具有陷阱輔助複合行為，然而基於 BDT—RO：IDIC 的裝置表現出較低的雙分子複合和陷阱輔助複合。因此，基於 BDT—RN：IDIC 的裝置獲得 9.01％的裝置效率高於相應的異構體BDT—RN：IDIC 的裝置效率(7.61％)。隨後他們也在明星受體 BTR 分子的末端引入羥基，設計合成了 BTR—OH，羥基的引入降低了材料的結晶性和基於BTR—OH：PC$_{71}$BM 混合薄膜的相分離，因此僅獲得 8％的裝置效率，低於基於相應 BTR 分子的太陽能裝置(9.05％)。儘管羅丹寧末端基團的調控不一定能取得積極的影響，有些情況下甚至會出現負面的影響，BTR—OH 卻是一個優秀的第三組分添加劑。當在 BTR：PC$_{71}$BM 共混體系中加入 BTR—OH 時，三元體系在膜厚 300nm 的情況下，依然可獲得高達 10.14％的 *PCE* 和優異的共混體系活性層形貌。這是因為第三組分 BTR—OH 的加入可以提升共混體系的吸收光譜、降低雙分子/陷阱輔助複合、抑制供體相的結晶、微調相分離網絡和相尺度。

除了羅丹寧端基以外，一些其他基於 BDT 單位端基小分子供體也取得了較高的太陽能性能。如李永舫院士團隊等報導的兩個小分子供體 SM1 和 SM2。其中，SM1 具有較強的吸收光譜、低的 HOMO 能階和高的空穴遷移率，使得基於 SM1：IDIC 的裝置獲得 10.11％的 *PCE*，而沒有氰基取代的酯基末端基團 SM2，表現出較差的太陽能性能(5.32％)。在有些案例中，具有氰基取代的酯基缺電子末端展現出較好的太陽能性能。如李永舫院士團隊報導的小分子供體 H21 和 H22，分別採用 3—乙基羅丹寧和氰基酸酯作為末端基團。末端基團從羅丹寧向氰基酸酯的轉變會降低端基的拉電子能力，使吸收光譜發生藍移，LUMO 能階

降低而 HOMO 能階提升。因此基於 H22：IDIC 的共混體系獲得了良好的三維互穿網絡結構和電荷傳輸通道，最終獲得高達 10.29% 的 PCE，高於基於 H21：IDIC 的太陽能裝置 (7.62%)。上述分析說明，透過合適拉電子能力末端基團以及對末端基團的調控可以有選擇性地調節材料的光電、電化學、分子堆積取向和活性層形貌，進而影響材料的太陽能性能。這為小分子太陽能材料的調節獲得高效率供體材料的設計提供參考，具有重要的指導意義。相應材料的結構式如圖 3.23 所示。

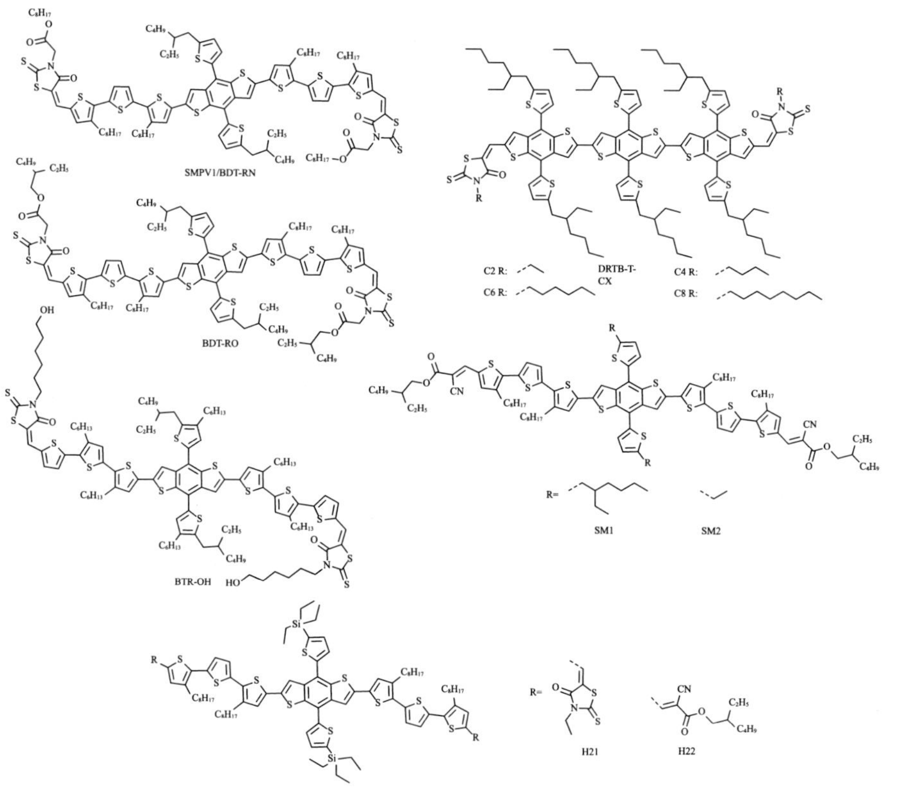

圖 3.23　SMPV1、DRTB－T－CX、BDT－RO、BDT－RN、BTR－OH、SM1、SM2、H21 和 H22 的結構式

3.2.3　基於卟啉單位的小分子供體材料

除了上述獲得較高 PCE 的基於寡聚噻吩以及 BDT 單位的小分子供體以外，還有很多其他結構的小分子供體材料，比如目前研究較多的基於卟啉分子的小分子供體。卟啉分子具有較寬的吸光範圍、較高的莫耳吸光係數，是應用廣泛的構築窄能隙光敏染料的構築單位。卟啉分子有 4 個 meso 位點、8 個 β 位點可供修

飾，這為卟啉分子進行有效的化學結構調控提供了極大的便利，極大地豐富了卟啉分子的結構多樣性。目前，基於卟啉單位的小分子供體，其二電子組件已獲得超過12%的裝置效率，三電子組件已獲得接近16%的三元全小分子太陽能裝置，也是目前全小分子太陽能裝置中獲得最高裝置效率之一。

2015年，華南理工大學的彭小彬教授等報導了以烷基噻吩取代上下meso位點的A—π—Por—π—A型明星卟啉分子DPPEZnP—THE。研究發現，DPPEZnP—THE展現出較寬且強的吸收光譜，覆蓋了紫外到近紅外光區，其截止吸收波長達到907nm。材料較寬的吸光範圍主要得益於較大的共軛骨架結構和中間給電子卟啉單位與末端DPP缺電子單位之間有效的光誘導電荷轉移過程(ICT)。透過裝置優化，在加入吡啶為添加劑、對活性層進行加熱退火處理之後，基於DPPEZnP—THE：PC$_{71}$BM的太陽能裝置獲得8.08%的PCE和高達16.76mA·cm^{-2}的J_{sc}。同時裝置獲得較低的開路電壓能量損失($E_{loss}=0.59$eV)，這也是當時報導的第一例裝置效率高於8%且能量損失僅為0.6eV的裝置。為了進一步優化材料結晶性，提升裝置性能，他們進一步系統研究了卟啉單位側分側鏈上烷基鏈的改變對材料性質及裝置性能的影響。結果表明，由於烷基鏈的改變不影響材料的共軛骨架性質，因此，不同烷基鏈改變，材料具有相似的能階和吸收光譜性質。最終，基於DPPEZnP—TBO：PC$_{71}$BM的太陽能裝置獲得高達19.58mA·cm^{-2}的J_{sc}和9.06%的PCE，這是當時基於卟啉類窄能隙小分子供體的最高裝置效率之一。

活性層形貌的優化對太陽能裝置性能的優化至關重要，直接影響到有效激子的激子解離和電荷傳輸效率。因此，彭小彬教授等透過改變末端基團DPP單位上的噻吩的硫原子為錫原子和氧原子，以硒吩和呋喃代替噻吩進一步調節材料的性能，設計合成了PorSDPP、PorODPP、PorSeDPP，來優化太陽能裝置的性能。透過實驗發現，三個材料具有相似的吸收光譜性質。其中，PorSeDPP具有最小的光學能隙(1.33eV)，而PorDPP和PorODPP的能隙分別為1.36和1.38eV。透過裝置優化發現，基於PorODPP和PorSeDPP的裝置因為較差的活性層形貌表現出較差的太陽能性能。

為了在獲得較高J_{sc}的同時，進一步提升基於DPPEZnP—T系列太陽能材料的V_{oc}，研究者們在卟啉分子meso位引入苯並二噻吩(BDT)單位，構築了小分子供體DPPEZnP—BzTBO。由於BDT單位相對弱的給電子能力，可以在一定程度上降低材料的給電子能力。同樣的，當經過加入吡啶添加劑、加熱退火和溶劑熱退火(SVA)處理之後，基於DPPEZnP—BzTBO的裝置獲得9.08%的PCE和0.80V的V_{oc}。為了進一步提升裝置的V_{oc}，研究者選用3—乙基羅丹寧和2—(1,1—二氰甲烯基)羅丹寧為末端基團，以降低末端單位的拉電子能力。其中，Por—Rod和Por

—CNRod 均採用噻吩乙炔基作為 π 橋連單位，來連接卟啉核和末端基團。透過裝置優化發現，基於 Por—Rod 的太陽能裝置在經過吡啶添加劑和 TA 處理後獲得 4.7％的 PCE 和 0.53eV 的開路電壓能量損失。相應材料的結構式如圖 3.24 所示。

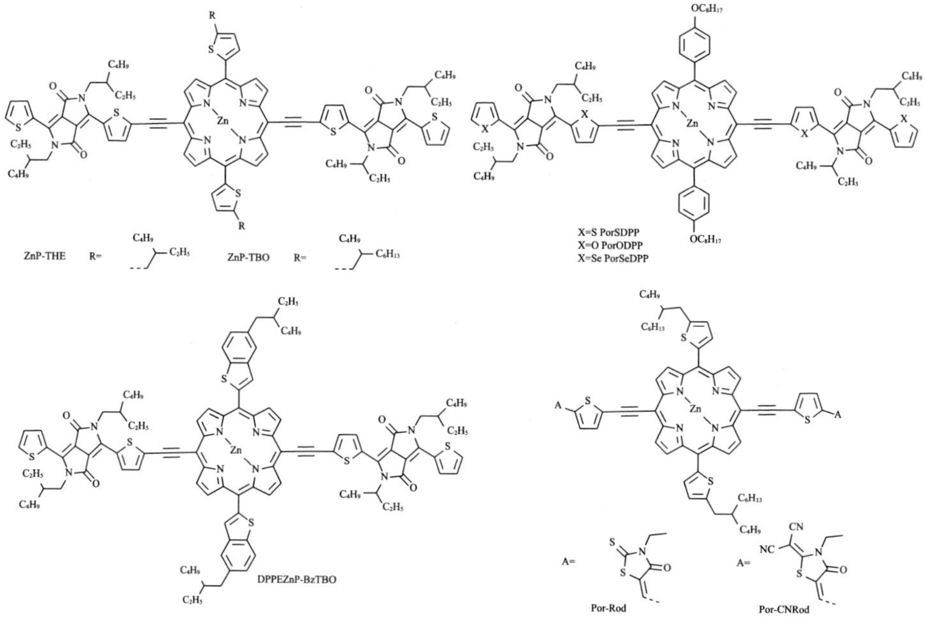

圖 3.24　DPPEZnP—THE、DPPEZnP—TBO、PorSDPP、PorODPP、PorDPP—SeDPPDPPEZnP—BzTBO、Por—Rod 和 Por—CNRod 的結構式

考慮到脂肪族取代基的引入可以促進分子的堆積性能，研究者持續設計合成了三個卟啉類供體材料，探究脂肪族或者芳香環外圍取代基對太陽能裝置的性能影響規律。研究發現，具有脂肪族取代基的卟啉分子具有更強的分子間 π—π 堆積相互作用和更高的電荷遷移率，並且以正向裝置製備時獲得 7.7％的 PCE，以翻轉裝置製備時獲得 7.55％的 PCE。為了進一步降低太陽能材料的能隙提升裝置的 J_{sc}，研究者以 3, 3′—十二烷基三噻吩替代苯基，設計合成了兩個卟啉分子，以 2—辛基十一烷基為脂肪族取代基，3—乙基羅丹寧為末端基團的 PTTCNR 或者 2—(1, 1—二氰甲烯基)—3—乙基羅丹寧為末端基團的 PTRR。共軛骨架的拓寬有效地延長了材料的吸光範圍，提升了分子的有效堆積性能。當採用 $PC_{71}BM$ 為受體材料時，基於 PTTCNR 的裝置獲得 8.21％的 PCE，而基於 PTTR 的太陽能裝置僅為 7.66％。當進一步將苯乙烯橋連基團上的烷氧基替換為烷基或者烷基噻吩基團時，分別合成了 Por—C 和 Por—S。透過系統的裝置優化，基於 Por—S 的裝置獲得 8.04％的 PCE，遠高於基於 Por—C 的裝置 (5.86％)。這主要是由於 Por—S 分子和受體 $PC_{71}BM$ 透過取代基的 S⋯S 相互作

用形成自組裝，產生了有序的 J 聚集。與那些採用 DPP 單位作為取代基的案例不同，這些採用 3－乙基羅丹寧或者 2－（1，1－二氰甲烯基）－3－乙基羅丹寧為末端基團的分子顯示有限的吸光範圍，其截止吸收波長大約在 850nm 範圍內，這在很大程度上浪費了太陽能。為了解決上述問題，研究者設計合成了具有 A－π－Por－π－Por－π－A 結構的雙片卟啉分子，來拓寬材料的共軛骨架和吸收光譜範圍。前面講到的 4c 分子的卟啉中間核心替換為乙炔基來連接兩片卟啉分子，進而構築了新型卟啉分子 CS－DP。透過系統研究分析發現，CS－DP 的截止吸收波長被拓寬到 1100nm。在系統的裝置優化工藝優化之後，基於 CS－DP：$PC_{71}BM$ 的太陽能裝置獲得最佳為 8.29% 的 PCE，15.19mA·cm^{-2} 的 J_{sc} 和 70% 的 FF。需要指出的是，基於上述卟啉分子的太陽能裝置均獲得非常低的開路電壓能量損失（<0.43eV），這也是當時報導的具有最低能量損失的太陽能裝置。

為了進一步降低材料的光學能隙 E_g，提升其 J_{sc}，研究者採用 3－乙基羅丹寧為末端基團，替換 DPP 末端基團，同時改變乙炔基橋聯單位的個數，設計合成了兩個新型的 A－π－Por－π－Por－π－A 型卟啉分子（DPP－ZnP－E）2 和 ZnP2－DPP。透過系統優化研究發現，上述兩個分子在薄膜狀態下具有相似的吸收光譜性質，由於提升的 ICT 作用，ZnP2－DPP 的截止吸收波長紅移至 1000nm。因此，基於 ZnP2－DPP 的太陽能裝置獲得 8.45% 的 PCE 和接近 20mA·cm^{-2} 的 J_{sc}，而在同等條件下基於（DPP－ZnP）2 僅獲得中等 4.5% 的 PCE。其中，基於 ZnP2－DPP 的太陽能裝置獲得較優異的裝置效率，主要是由於體系獲得較強的 ICT 相互作用和進一步拓寬的光電子響應範圍。為了進一步增強（DPP－ZnP－E）2 的 ICT 相互作用，降低其分子能隙，將（DPP－ZnP－E）2 的二乙炔基替換為二乙炔基二噻吩和二乙炔基亞苯基，研究者合成了兩個新型卟啉分子（DPP－ZnP－E）2－2T 和（DPP－ZnP－E）2－Ph。

有趣的是，相比於（DPP－ZnP－E）2、（DPP－ZnP－E）2－2T 具有更寬的能隙 E_g，而（DPP－ZnP－E）2－Ph 顯示較窄的光學能隙 E_g。在上述三個分子中，（DPP－ZnP－E）2－2T 具有最強的 Q 帶吸收光譜，說明該分子具有最有效的 ICT 相互作用。研究發現，兩個新分子均較（DPP－ZnP－E）2 表現出更好的太陽能性能。其中，由於合適的電化學能階、較強的 NIR 吸收光譜、合適的活性層相分離形貌使得基於（DPP－ZnP－E）2－Ph 的太陽能裝置獲得最佳 6.42% 的 PCE、提升的 J_{sc} 和 0.68V 的 V_{oc}。

隨後研究者們又將 BTz 單位引入到（DPP－ZnP－E）2 中作為中間給電子核心，設計合成了雙片卟啉分子 ZnPBT－RH。該分子具有 A－π－Por－π－A－

π—Por—π—A 結構，可以進一步地提升分子內 ICT 相互作用。相比於（DPP—ZnP—E)2，雙片卟啉分子 ZnPBT—RH 在可見光（NIR）區具有更高的莫耳消光係數和更深的 HOMO 能階，有利於裝置獲得更高的 V_{oc} 和 J_{sc}。因此，基於雙片卟啉分子 ZnPBT—RH 的太陽能裝置在最佳條件下獲得最高 10.02％ 的 *PCE* 和非常低的開路電壓能量損失（0.56eV），這也是基於卟啉分子的太陽能裝置光電轉換效率首次突破 10％ 的案例。相應材料結構式如圖 3.25 所示。

研究者們也設計合成了許多基於其他末端基團及構築單位的卟啉類及其衍生物的小分子供體材料。李韋偉研究員等設計合成了一個四乙炔基取代的四端卟啉分子 PBI—Por，利用雙二醯亞胺二萘嵌苯（PBI）作為末端缺電子基團。與上述介紹的基於卟啉分子的供體材料不同的是，他們利用 PBI—Por 作為非富勒烯受體，與廣泛應用的 PBDB—T 聚合物作為供體材料。研究發現卟啉受體 PBI—Por 具有較高的電子遷移率、與聚合物供體 PBDB—T 匹配的分能階和互補的吸收光譜。透過系統的裝置優化，基於 PBDB—T：PBI—Por 的裝置獲得 7.4％ 的 *PCE*，這是基於卟啉分子為非富勒烯受體材料的最高太陽能裝置效率。Jang 等設計合成了三個卟啉分子 PZna—c，並且利用非富勒烯受體 IDIC 與之搭配，構築了基於卟啉分子的全小分子太陽能裝置。儘管這三個卟啉分子具有相似的電化學能階和吸收光譜，基於 PZna：IDIC 的全小分子太陽能裝置獲得 6.13％ 的 *PCE*，這主要是由於共混體系具有占主導地位的 face—on 堆積取向，有利於裝置獲得高效的電荷轉移過程引起的。為了充分發揮不同染料分子的作用，Gros 等報導了兩個利用 DPP 與 BODIPY 採用乙炔基橋連基團，分別採用苯基和噻吩基與卟啉分子相連的兩個分子 BD—pPor 和 BD—tPor。需要指出的是，這三個單位在目標分子中展現互補的吸收光譜，同時在卟啉和 DPP 單位發現貫穿 BODIPY 單位的優異能量轉移過程。透過詳細的裝置工藝優化發現，基於 BD—pPor：$PC_{71}BM$ 和 BD—tPor：$PC_{71}BM$ 的裝置分別獲得 6.67％ 和 8.98％ 的 *PCE* 以及較低的能量損失（0.63eV 和 0.50eV）。上述研究說明在卟啉體系中引入 BODIPY 單位是非常可行有效的設計策略。相應材料結構式如圖 3.26 所示。

透過上述分析可知，這些窄能隙的卟啉分子通常採用卟啉分子透過乙炔鍵與兩個缺電子或者給電子單位連接設計為對稱結構的太陽能材料。其中卟啉分子不僅可以放在中間位置，而且可以放置在兩端的位置。這些供體單位通常包括一些稠合芳環，受體單位主要是那些在 OSCs 領域廣泛應用的缺電子單位。在這些結構中，乙炔基橋連單位是非常重要的，可以有效降低卟啉分子與供體或者受體單位之間的二面角，拓寬共軛長度，促進分子間有效的 π—π 堆積作用。結合上述設計規則，鑑於卟啉分子本身較大的共平面芳香環和高程度的共軛結構特性，使

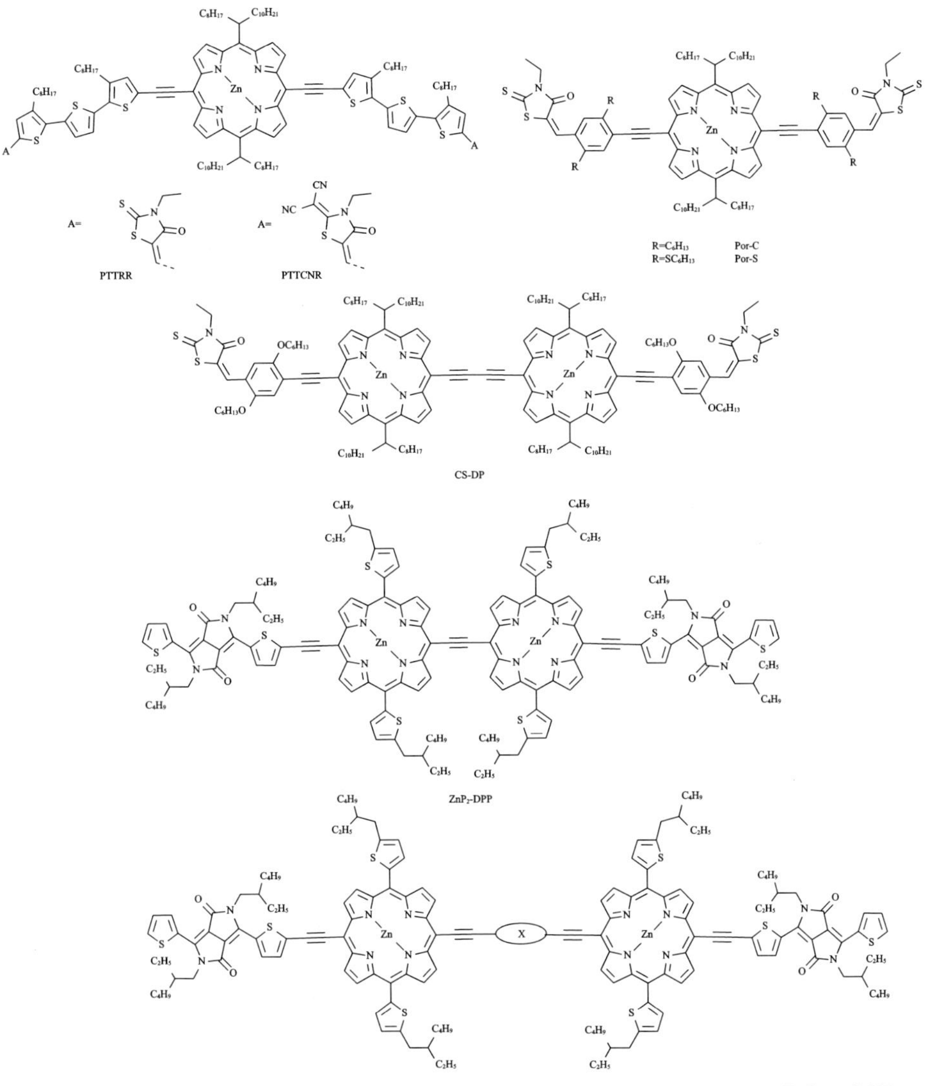

圖 3.25　PTTCNR、PTRR、Por－C、Por－SCS－DP、(DPP－ZnP－E)$_2$、ZnP2－DPP、(DPP－ZnP－E)$_2$－2T、(DPP－ZnP－E)$_2$－Ph 和 ZnPBT－RH 的結構式

材料的吸收光譜進一步拓寬至 NIR 光區。此外，為了設計一些低能量損失的卟啉類太陽能材料，在卟啉分子中引入兩極性單位可以提高材料的介電常數，這可以降低電荷傳輸激子結合能來提升裝置的 V_{oc}。在四個卟啉分子 moso 位點引入缺電子基團提升共軛骨架的體積，可以使分子由線性結構拓寬為二維共軛結構。在供體受體分子間在具有匹配的分子能階的前提下，具有較低的能階差值也是設計太陽能材料時需要優先考慮的。其次，設計構築具有高光致發光效率的窄能隙

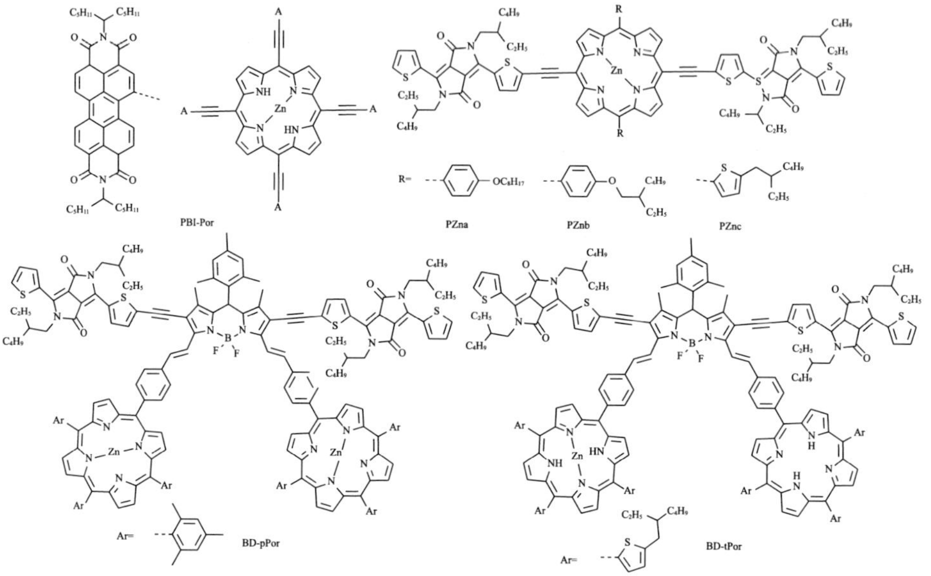

圖 3.26　PPBI－Por、PZna、BD－pPor 和 BD－tPor 的結構式

卟啉分子也是獲得低能量損失的另一策略。同時，採用羅丹寧端基作為缺電子末端基團的分子通常比採用 DPP 作為末端基團的分子具有更高的 V_{oc}，在卟啉分子中吡啶添加劑是優化活性層形貌至關重要的策略。相信透過廣大研究工作者的不懈努力，基於分子的有機太陽能電池可以進一步獲得更大的研究突破。

3.2.4　小分子供體材料的總結與展望

隨著材料設計策略及裝置製備工藝的不斷提升，與聚合物供體材料的發展情況相似，小分子供體材料也獲得持續性結構創新，並在全小分子太陽能裝置中取得不斷突破。目前，透過材料設計、形貌調控及裝置物理等方面的綜合考慮，全小分子太陽能裝置已獲得超過 16% 的 *PCE*，被認為是有商業化大規模生產應用前景。鑑於全小分子太陽能裝置已獲得高性能太陽能裝置，考慮到小分子供體材料的諸多優點，研究者應從以下幾個方面持續研究，拉近全小分子體系與聚合物太陽能裝置之間的距離。下面將從分子設計、形貌調控、裝置穩定性及全小分子太陽能裝置面臨的機遇與挑戰方面著手，簡要論述小分子供體材料在全小分子太陽能裝置領域的發展要求。

1. 材料設計

結構決定性質，對太陽能材料化學結構的微小調控可能會產生巨大的太陽能性能差異，因此，研究者需要繼續系統探索太陽能材料不同化學結構或者構築單

位對材料性質之間的結構－性能關係。針對小分子供體材料來說，典型的全小分子太陽能裝置中的供體材料通常具有較低的 HOMO 能階、有效的可見光區吸光範圍、較好的平面性和有序的分子堆積以及合適的材料結晶性，這有利於相應的太陽能裝置獲得高的 J_{sc}、V_{oc} 和 FF。目前的研究結果表明，高效率的 BDT 類小分子供體材料通常具有二維共軛結構，採用羅丹寧基團作為末端基團。該二維結構可以有效提升分子的共平面性，有利於獲得高效的電荷傳輸性能。而羅丹寧端基由於其具有合適的缺電子性質，是基於 BDT 單位小分子供體材料應用最廣泛的缺電子末端單位。因此，有效調控材料的中間核心、二維側鏈、末端基團和 π 橋連單位有望獲得全小分子太陽能裝置性能的進一步突破。對於小分子非富勒烯受體材料來說，在光小分子體系中設計的非富勒烯受體是裝置吸收近紅外光區光子至關重要的組成部分。具有合適吸收光譜及能階的非富勒烯受體使全小分子太陽能裝置的光電轉換效率從 7%～9% 提升到超過 16%，主要來源於裝置 J_{sc} 的提升。此外，高的電子遷移率、強的結晶性的有序的 face-on 堆積取向是獲得高效率 ASM-OSCs 裝置至關重要的環節。除了目前應用廣泛且性能優異的 Y6 及其衍生物受體材料之外，還需進一步設計新型更窄窄能隙，具有更寬吸光範圍的非富勒烯受體材料，以符合未來對更高性能太陽能裝置的要求。需要注意的是，具有稠環共軛骨架的非富勒烯受體通常具有合成路線複雜、難度大等缺點。因此，設計合成路線更少、更簡便的太陽能材料以降低成本，也將是未來的發展趨勢，比如目前發展較好的非稠環類太陽能材料等。

2. 形貌調控

小分子供體與小分子受體材料由於具有相似的化學結構，供體受體材料之間通常具有較好的互溶性，使得活性層體系常具有較難調控的活性層形貌。同時在有些情況下，小分子材料通常具有較強的結晶性，使得共混體系出現較大尺度的相分離和晶疇尺寸。種種因素限制了全小分子體系獲得與聚合物體系類似的奈米尺度相分離形貌。然而活性層形貌決定著太陽能裝置的電荷再生、電荷分離和電荷傳輸。因此，活性層形貌的有效調控獲得優異的相分離是獲得高光電轉換效率的前提。活性層形貌的調控技術非常多，包括，小分子材料化學結構的調控、高沸點溶劑添加劑、活性層薄膜後處理（SVA、TA、SVA＋TA 等）、三元體系等策略。透過對共混體系活性層形貌的有效優化，使得共混體系獲得占主導地位的 face-on 堆積取向、具有合適尺寸的奈米尺度互穿結構相分離晶疇，是獲得高效率全小分子太陽能裝置至關重要的策略。然而，全小分子體系共混薄膜對 SVA 後處理溶劑選擇、體系溫度、SVA 時間、TA 溫度以及 TA 時間相當敏感，這也為後續全小分子太陽能裝置的大規模生產應用增加了難度。因此，在未來的設計

過程中，儘量設計一些不需要額外後處理、後處理工藝簡單等的全小分子太陽能裝置是非常有意義的研究方向。

3. 裝置穩定性

有機太陽能電池在過去 10 年獲得持續性研究突破、裝置效率被不斷刷新，有機太陽能電池在未來商業化生產應用的過程中，裝置的穩定性和成本問題是限制有機太陽能電池進一步商業化大規模生產應用的關鍵。獲得高穩定性的全小分子太陽能裝置主要包括活性層材料的穩定性、介面層材料對水氧等的穩定性、太陽能裝置的儲存穩定性以及太陽能裝置對光熱的穩定性等方面。對於熱穩定性來說，目前的小分子材料通常具有較好的熱穩定性，這對於裝置的長期穩定性是基礎。隨著最近非富勒烯受體材料的快速發展，近期研究結果也表明，基於非富勒烯體系的太陽能裝置也表現出比富勒烯體系更加穩定的裝置穩定性。然而對於裝置穩定性的研究工作，目前仍然非常有限，在未來研究者需要投入更多的時間和精力開展穩定性方面的研究工作，這對於有機太陽能電池的大規模商業化應用是非常重要的。

4. 全小分子太陽能裝置面臨的機遇與挑戰

在目前有機太陽能電池的研究發展過程中，經過研究者的不懈努力，無論是裝置效率還是穩定性方面，都取得了令人矚目的研究成果。小分子材料由於具有確定的分子結構、批次差異性小、合成過程簡單、結構與性質易於調控等優勢是未來發展該領域的重要研究方向。然而相比於聚合物體系的太陽能裝置，全小分子太陽能裝置的發展仍然滯後。在全小分子太陽能裝置未來的發展過程中，提升裝置光電轉換效率仍然是重中之重。在關注效率的同時，設計開發更多價格便宜、合成路線簡單、步驟少、純化簡單的太陽能材料顯得十分重要。此外，與聚合物體系太陽能裝置相似，裝置的穩定性、簡易的後處理過程（甚至是無需後處理的太陽能裝置）是研究者需要關注的重點。整體來說，經過幾代研究工作者的不懈努力有機太陽能電池在目前已經取得鼓舞人心的研究進展。在後續不斷的研究過程中，全小分子有機太陽能電池在裝置效率、穩定性、成本、大面積柔性裝置等領域都將會獲得不斷的突破。

綜上論述，有機太陽能電池領域活性層材料的設計過程中，供體材料扮演著至關重要的角色，對獲得高效率太陽能裝置起到非常重要的作用。隨著材料的創新，必定會帶動領域的持續進展。

參考文獻

[1] Brunel D., Dumur F. Recent advances in organic dyes and fluorophores comprising a 1, 2, 3 - triazole moiety[J]. New J. Chem., 2020, 44(9): 3546-3561.

[2] Wang L., Liu J., Ding Z., Miao J. Research progress in organic solar cells based on small molecule donors and polymer acceptors[J]. Acta Chim. Sin., 2021, 79(5): 545.

[3] Cheng P., Yang Y. Narrowing the band gap: the key to high-performance organic photovoltaics[J]. Acc. Chem. Res., 2020, 53(6): 1218-1228.

[4] Kini G. P., Jeon S. J., Moon D. K. Design principles and synergistic effects of chlorination on a conjugated backbone for efficient organic photovoltaics: a critical review[J]. Adv. Mater., 2020, 32(11): 1906175.

[5] Wadsworth A., Hamid Z., Kosco J., Gasparini N., McCulloch I. The bulk heterojunction in organic photovoltaic, photodetector, and photocatalytic applications[J]. Adv. Mater., 2020, 32(38): 2001763.

[6] Mohapatra A. A., Tiwari V., Patil S. Energy transfer in ternary blend organic solar cells: recent insights and future directions[J]. Energy Environ. Sci., 2021, 14(1): 302-319.

[7] Xie B., Chen Z., Ying L., Huang F., Cao Y. Near-infrared organic photoelectric materials for light-harvesting systems: organic photovoltaics and organic photodiodes[J]. InfoMat, 2019, 2(1): 57-91.

[8] Liu Y., Zhao J., Li Z., Mu C., Ma W., Hu H., Jiang K., Lin H., Ade H., Yan H. Aggregation and morphology control enables multiple cases of high-efficiency polymer solar cells[J]. Nat Commun, 2014, 5: 5293.

[9] Dang M. T., Hirsch L., Wantz G. P3HT: PCBM, best seller in polymer photovoltaic research[J]. Adv. Mater. 2011, 23(31): 3597-3602.

[10] Li S., Liu W., Shi M., Mai J., Lau T.-K., Wan J., Lu X., Li C.-Z., Chen H. A spirobifluorene and diketopyrrolopyrrole moieties based non-fullerene acceptor for efficient and thermally stable polymer solar cells with high open-circuit voltage[J]. Energy Environ. Sci. 2016, 9(2): 604-610.

[11] Holliday S., Ashraf R. S., Wadsworth A., Baran D., Yousaf S. A., Nielsen C. B., Tan C. H., Dimitrov S. D., Shang Z., Gasparini N., Alamoudi M., Laquai F., Brabec C. J., Salleo A., Durrant J. R., McCulloch I. High-efficiency and air-stable P3HT-based polymer solar cells with a new non-fullerene acceptor[J]. Nat. Commun., 2016, 7: 11585.

[12] Baran D., Ashraf R. S., Hanifi D. A., Abdelsamie M., Gasparini N., Rohr J. A., Holliday S., Wadsworth A., Lockett S., Neophytou M., Emmott C. J., Nelson J.,

Brabec C. J., Amassian A., Salleo A., Kirchartz T., Durrant J. R., McCulloch I. Organic solar cells based on non－fullerene acceptors[J]. Nat. Mater., 2017, 16: 363 －369.

[13] Liu Z., Wu Y., Zhang Q., Gao X. Non－fullerene small molecule acceptors based on perylene diimides[J]. J. Mater. Chem. A, 2016, 4(45): 17604－17622.

[14] Moore J. R., Albert－Seifried S., Rao A., Massip S., Watts B., Morgan D. J., Friend R. H., McNeill C. R., Sirringhaus H. Polymer blend solar cells based on a high－mobility naphthalenediimide－based polymer acceptor: device physics, photophysics and morphology[J]. Adv. Energy Mater., 2011, 1(2): 230－240.

[15] Fabiano S., Chen Z., Vahedi S., Facchetti A., Pignataro B., Loi M. A. Role of photo-active layer morphology in high fill factor all－polymer bulk heterojunction solar cells[J]. J. Mater. Chem., 2011, 21(16): 5891－5896.

[16] Yan H., Chen Z., Zheng Y., Newman C., Quinn J. R., Dotz F., Kastler M., Facchetti A. A high－mobility electron－transporting polymer for printed transistors[J]. Nature, 2009, 457: 679－686.

[17] Schubert M., Dolfen D., Frisch J., Roland S., Steyrleuthner R., Stiller B., Chen Z., Scherf U., Koch N., Facchetti A., Neher D. Influence of aggregation on the performance of all－polymer solar cells containing low－bandgap naphthalenediimide copolymers[J]. Adv. Energy Mater., 2012, 2(3): 369－380.

[18] Zhou J., Wan X., Liu Y., Zuo Y., Li Z., He G., Long G., Ni W., Li C., Su X., Chen Y. Small molecules based on benzo[1, 2-b: 4, 5-b']dithiophene unit for high－performance solution－processed organic solar cells[J]. J. Am. Chem. Soc., 2012, 134(39): 16345－16351.

[19] Huo Y., Zhang H.－L., Zhan X. Nonfullerene all－small－molecule organic solar cells [J]. ACS Energy Lett., 2019, 4(6): 1241－1250.

[20] Tang H., Yan C., Karuthedath S., Yin H., Gao Y., Gao J., Zhang L., Huang J., So S. K., Kan Z., Laquai F., Li G., Lu S. Deciphering the role of fluorination: morphological manipulation mrompts charge separation and reduces carrier recombination in all－small－molecule photovoltaics[J]. Sol. RRL, 2020, 4(4): 1900528.

[21] Liang Y., Xu Z., Xia J., Tsai S. T., Wu Y., Li G., Ray C., Yu L. For the bright future－bulk heterojunction polymer solar cells with power conversion efficiency of 7.4%[J]. Adv. Mater., 2010, 22(20): 135－138.

[22] Liang Y., Wu Y., Feng D., Tsai S. T., Son H. J., Li G., Yu L. Development of new semiconducting polymers for high performance solar cells[J]. J. Am. Chem. Soc., 2009, 131(1): 56－57.

[23] Liang Y., Feng D., Wu Y., Tsai S. T., Li G., Ray C., Yu L. Highly efficient solar cell polymers developed via fine－tuning of structural and electronic properties [J].

J. Am. Chem. Soc., 2009, 131(22): 7792-7799.

[24] Chen H.-Y., Hou J., Zhang S., Liang Y., Yang G., Yang Y., Yu L., Wu Y., Li G. Polymer solar cells with enhanced open-circuit voltage and efficiency[J]. Nat. Photon., 2009, 3: 649-653.

[25] Son H. J., Carsten B., Jung I. H., Yu L. Overcoming efficiency challenges in organic solar cells: rational development of conjugated polymers[J]. Energy Environ. Sci., 2012, 5(8): 8158.

[26] Xu Y., Yao H., Hou J. Recent advances in fullerene-free polymer solar cells: materials and devices[J]. Chinese J. Chem., 2019, 37(3): 207-215.

[27] Collins S. D., Ran N. A., Heiber M. C., Nguyen T.-Q. Small is powerful: recent progress in solution-processed small molecule solar cells[J]. Adv. Energy Mater., 2017, 7(10): 1602242.

[28] Liu Y., Wan X., Wang F., Zhou J., Long G., Tian J., Chen Y. High-performance solar cells using a solution-processed small molecule containing benzodithiophene unit[J]. Adv. Mater., 2011, 23(45): 5387-5391.

[29] Kan B., Zhang Q., Li M., Wan X., Ni W., Long G., Wang Y., Yang X., Feng H., Chen Y. Solution-processed organic solar cells based on dialkylthiol-substituted benzodithiophene unit with efficiency near 10%[J]. J. Am. Chem. Soc., 2014, 136(44): 15529-15532.

[30] Kan B., Kan Y., Zuo L., Shi X., Gao K. Recent progress on all-small molecule organic solar cells using small-molecule nonfullerene acceptors[J]. InfoMat, 2020, 3(2): 175-200.

[31] Gao K., Kan Y., Chen X., Liu F., Kan B., Nian L., Wan X., Chen Y., Peng X., Russell T. P., Cao Y., Jen A.-K. Low-bandgap porphyrins for highly efficient organic solar cells: materials, morphology, and applications[J]. Adv Mater, 2020, 32(32): 1906129.

[32] Tang H., Yan C., Huang J., Kan Z., Xiao Z., Sun K., Li G, Lu S. Benzodithiophene-based small-molecule donors for next-generation all-small-molecule organic photovoltaics[J]. Matter, 2020, 3(5): 1403-1432.

第 4 章　有機太陽能電池：受體材料

有機太陽能電池的活性層材料主要包括供體材料以及受體材料，因此，設計合成新型受體材料在 OSCs 裝置的發展過程中發揮著至關重要的作用。受體材料主要包括富勒烯衍生物、聚合物受體材料以及小分子受體材料。其中，富勒烯衍生物由於具有較高的電子遷移率、各向異性的電荷傳輸以及較好的相分離形貌，成為應用最早且最廣泛的受體材料。

近年來，聚合物受體與小分子受體材料發展迅速，有力推動了有機太陽能電池效率的進一步提升。其中聚合物受體材料與聚合物供體材料類似，具有較好的成膜性以及分子間電荷傳輸能力。基於 A—D—A 結構的小分子受體是目前研究最多也是性能最突出的分子體系。當前基於非富勒烯受體材料的單結裝置效率已經超過 19%，疊層裝置效率超過 20%。本章將主要圍繞富勒烯受體、聚合物受體和小分子受體的角度展開，簡要介紹有機太陽能電池的發展過程中受體材料的研究進展及對裝置性能的影響。

4.1　基於富勒烯體系的受體材料的研究進展

富勒烯及其衍生物類是發展最早也是應用最廣泛的受體材料，如 $PC_{61}BM$、$PC_{71}BM$、ICBA 等，其化學結構如圖 1.4 所示。因此，設計合成具有良好的吸收光譜及電荷傳輸性能的供體材料是基於富勒烯體系太陽能裝置的重要研究方向之一。其中供體材料的研究在第 3 章內容中已經詳細介紹，在此不再多做贅述。目前基於富勒烯體系的太陽能裝置研究已經相對成熟。富勒烯及其衍生物材料具有高的電子遷移率，幾乎可與大部分供體材料進行良好的能階匹配，形成良好的電荷傳輸通道。因此，本章將以 P3HT 這種合成路線簡單、價格便宜的供體材料為主，簡要介紹基於富勒烯體系的研究歷程。

1995 年 Yu 等科學家首次提出了本體異質結結構的裝置（Bulk-Heterojunction，BHJ），他們創造性地將聚合物供體分子 MEH—PPV 與富勒烯衍生物 $PC_{61}BM$ 共混，從而有效地增大了供受體介面的接觸面積，為獲得較高的光電轉換效率提供了可能。這種供受體共混得到的本體異質結結構具有奈米尺度的互穿網絡

結構，相應太陽能裝置獲得了2.9%的光電轉換效率，這也是基於富勒烯材料為受體的第一例太陽能裝置。由於本體異質結結構有效擴大了供受體之間的接觸面積，可以有效地促進激子在供受體介面的解離效率，逐漸成為有機太陽能電池領域的研究主流，並極大推動了有機太陽能電池獲得快速的發展。

在隨後的研究中，基於BHJ結構的有機太陽能電池不斷取得創新性研究進展，也取得一系列突破性研究成果，部分主要的研究成果在第1章已經列出。整體來說，得益於有機半導體材料的創新、裝置製備工藝的進步、活性層薄膜後處理工藝的探索、介面層材料的進步等使有機太陽能電池在最近十年獲得快速發展。其中，單結裝置已獲得超過19%的裝置效率，疊層裝置的光電轉換效率已達到20.2%。

4.2 基於聚合物受體材料的發展

鑑於受體材料通常需要具有相對低的HOMO和LUMO能階，才能使得供體與受體材料具有良好的能階匹配，以獲得有效的激子解離及電荷傳輸效率。因此，常見的聚合物受體材料主要包括基於苝二醯亞胺(PDI)單位、萘二醯亞胺單位(NDI)單位和B—N配位鍵單位的聚合物等構築單位。通常可以透過改變給電子單位的種類和重複單位的數目、調控上述受體單位的取代基、稠環位點等。

4.2.1 基於PDI單位的聚合物受體材料

PDI衍生物因其具有較好的拉電子能力，較高的電子遷移率，特別是有很多修飾位點可以調節分子的能階和吸收光譜，所以在聚合物受體材料中應用非常廣泛。相比於富勒烯衍生物來說，PDI受體材料的發展仍然滯後，這主要是由於PDI類受體材料有較強的自身$\pi-\pi$堆積，從而導致較大的聚集尺寸，而這種較大的相尺寸又會影響電荷在供受體介面的分離。為了解決這些問題，研究人員試圖打破這種PDI受體分子的平面性，從而抑制其過度的聚集。

2007年，占肖衛教授等首次報導了基於PDI與並三噻吩共聚的具有較高遷移率的聚合物材料，並將其應用在場效應電晶體以及全聚合物有機太陽能電池中。該裝置在當時的測試條件下獲得了高達$1.3×10^{-2} cm^2 \cdot V^{-1} \cdot s^{-1}$的電子遷移率，與聚噻吩類聚合物供體材料搭配時獲得了超過1%的光電轉換效率。當將與PDI相連的供體單位換為其他單位，如連二噻吩單位的P(PDI2OD—T2)時，製備成有機薄膜電晶體裝置時獲得了高達$2×10^{-3} cm^2 \cdot V^{-1} \cdot s^{-1}$的電子遷移率。結構式如圖4.1所示。

圖 4.1　PPDIDTT 和 P(PDI2OD－T2)的結構式

　　在 PDI 聚合物受體材料中，由於相鄰兩個 PDI 單位之間通常存在 50°～70°的扭轉角，這就使得該類聚合物通常具有較低的平面性和電子遷移率。基於以上透過聚噻吩等單位橋聯 PDI 單位的思路，2016 年，顏河教授等將上述噻吩單位用乙烯鍵代替，合成了 PDI－V(圖 4.2)。該設計降低了分子的空間位阻，促進了分子間的 π－π 堆積，從而提升了分子的電荷傳輸能力。當與窄能隙聚合物 PTB7－Th 共混時獲得了 7.57% 的光電轉換效率。這是當時報導的基於 PDI 全聚合物太陽能電池的最高效率。當在大氣氛圍下製備裝置，空氣溼度在 90% 時，仍獲得了 7.49% 的光電轉換效率，說明該材料具有非常好的空氣穩定性。將兩個 PDI 單位透過共價鍵稠合獲得聚合物 NDP－V，該分子具有較大的芳環共軛單位、較少的碳碳單鍵扭轉角，因此，該分子展現出較強的結晶性及電子遷移率。當與 PTB7－Th 共混時，分別獲得了 $3.0\times10^{-4}\,cm^2\cdot V^{-1}\cdot s^{-1}$ 和 $1.0\times10^{-3}\,cm^2\cdot V^{-1}\cdot s^{-1}$ 的電子和空穴遷移率，並且獲得了高達 8.59% 的光電轉換效率。

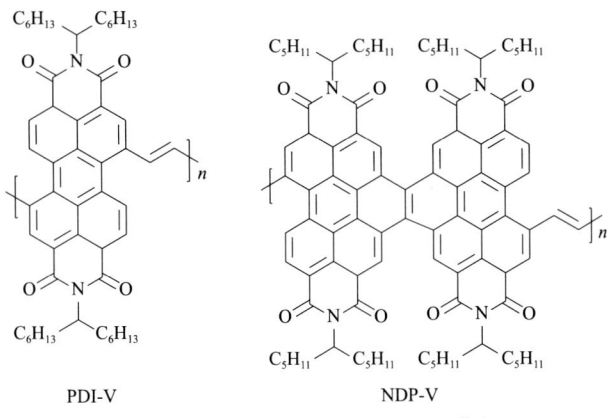

圖 4.2　PDI－V 和 NDP－V 的結構式

4.2.2 基於 NDI 單位的聚合物受體材料

NDI 類聚合物無論是在有機場效應電晶體領域還是在有機太陽能電池領域都是一類高效的有機光電材料。NDI 單位具有較高的熱穩定性與抗氧化性,其較強的缺電子芳環單位使得該類化合物通常具有較低的 LUMO 能階,是一類很好的電子傳輸半導體材料。相比於基於富勒烯衍生物受體材料的裝置,基於 NDI 共聚單位的全聚合物太陽能電池獲得了突破 10% 以上的光電轉換效率,很多材料也已經獲得可與富勒烯衍生物相當的太陽能性能。

2009 年,Marks 研究組報導了第一個基於 NDI 的聚合物 P(NDI2OD－T2)(又名 N2200),該分子具有低的 LUMO 能階(－3.9eV),在空氣中有較好的穩定性。早期該化合物僅被應用於有機場效應電晶體領域,應用於 OSCs 領域的初期僅獲得 0.21% 和 0.17% 的光電轉換效率。隨著聚合物供體材料的發展,該材料在有機太陽能電池領域的潛力逐漸凸顯。2016 年,李永舫院士等報導了基於 J51∶N2200 的太陽能電池裝置,獲得了 8.27% 的光電轉換效率以及 0.70 的填充因子;緊接著 2017 年,黃飛教授等採用 PTzBI－Si 為聚合物供體材料,與 N2200 製備的太陽能電池裝置獲得了高達 10.1% 的光電轉換效率。隨後大量文獻報導了圍繞 N2200 進行結構修飾與調整的工作,包括 NDI 側鏈由烷基鏈改為噻吩烷基鏈的 P(NDI2TOD－T2)、在連二噻吩單位上引入氟原子的 P(NDI2DT－FT2)、將連二噻吩換為單噻吩的 P(NDI2HD－T)或者採用硒酚橋聯的 PNDIS－HD 等均獲得不錯的太陽能性能(圖 4.3)。

4.2.3 基於 B－N 配位鍵的聚合物受體材料

目前,基於缺電子單位的雙 B－N 配位鍵的聚合物受體材料取得了很大的突破。這主要歸功於該體系較好的分子共平面性,促進了分子間的 $\pi-\pi$ 相互作用,進而提升裝置的電子遷移率,同時該分子具有合適的分子能階,且在可見光區有較好的吸收光譜。劉俊研究員等研究了基於 B－N 配位鍵化合物結構與其性質之間的關係。如 P－BNBP－T 和 P－BNBP－Se,當將噻吩單位換為硒酚時,對應混合薄膜的電子遷移率得到提升,因此基於該材料的裝置獲得了 4.26% 的光電轉換效率。當將 B－N 配位化合物上的烷基鏈換為苯氧基烷基鏈時,會使分子的 LUMO 能階降低,電子遷移率進一步提升。而當將聚合物 P－BNBP－T 中共軛單噻吩換為氟取代的連二噻吩單位時,筆者合成了聚合物 P－BNBP－fBTh,當採用 PTB7－Th 作為聚合物供體時,混合薄膜展現明顯的 face－on 的堆積形式,$9.65 \times 10^{-4} cm^2 \cdot V^{-1} \cdot s^{-1}$ 的電子遷移率以及提升的短路電流密度 12.69mA·

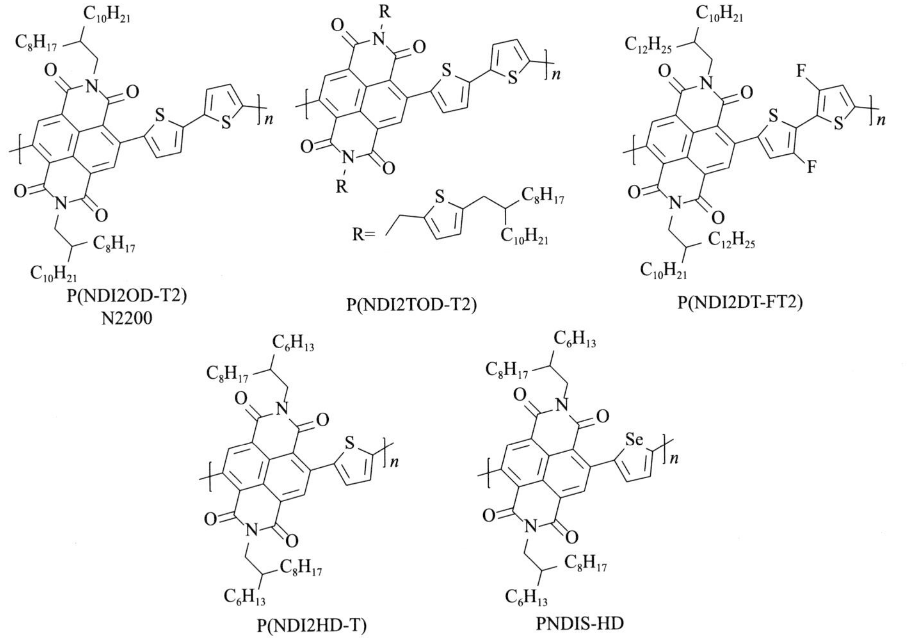

圖 4.3　NDI 衍生物的結構式

cm^{-2}，同時，又因其較高的開路電壓(1.07V)，最終獲得高達 6.26％的光電轉換效率。緊接著他們又將與 B－N 配位鍵結構相連的噻吩單位換為給電子能力更強的雙噻吩並環戊二烯單位，設計合成了窄能隙的聚合物受體 P－BNBP－CDT，相比於前面的聚合物分子，P－BNBP－CDT 具有提升的 LUMO 能階，當與 P3HT 共混製備裝置時獲得了 1.76％的光電轉換效率。隨後在 P－BNBP－CDT 基礎上，他們進一步將噻吩並環戊二烯單位中亞甲基碳原子換為硼原子，設計了 P－BNBP－BNTT，該分子在 300～700nm 範圍有著非常好的吸收光譜，與光譜互補的聚合物供體 PTB7－Th 共混時獲得了 2.37％的光電轉換效率。另外 B－N 配位鍵結構的化合物與 DPP 結構相連的聚合物受體材料 P－BNBP－DPP 與 PTB7－Th 製備成裝置時也獲得了 2.37％的光電轉換效率。其具體結構式如圖 4.4 所示。

除了上述介紹的基於 PDI、NDI 以及 B－N 配位鍵的聚合物受體材料，研究者吸取 A－D－A 型小分子受體的經驗，李永舫院士團隊等首次將小分子受體聚合物化，並且獲得與相應小分子材料相當的裝置效率(9.19％)。該類將優異性能的具有 A－D－A 構型小分子受體聚合物化的策略為聚合物受體材料的發展提供了有效的設計策略。

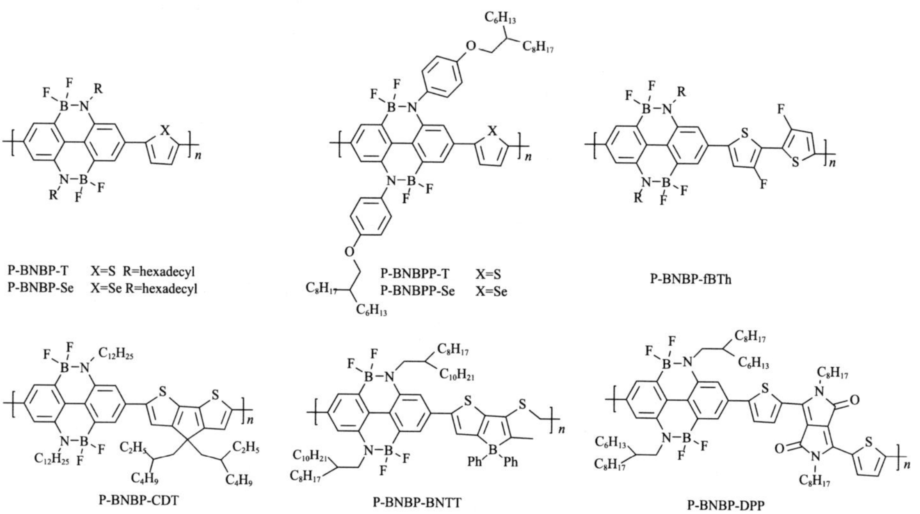

P-BNBP-T　　X=S R=hexadecyl
P-BNBP-Se　X=Se R=hexadecyl

P-BNBPP-T　　X=S
P-BNBPP-Se　X=Se

P-BNBP-fBTh

P-BNBP-CDT

P-BNBP-BNTT

P-BNBP-DPP

圖4.4　B－N橋聯吡啶衍生物的結構式

4.3　基於非富勒烯小分子受體材料的發展

小分子受體材料主要包括兩大類材料，即基於PDI單位的受體材料以及A－D－A型小分子受體材料。目前基於寡聚PDI分子體系已經獲得了超過10%的光電轉換效率。從2015年開始，A－D－A型小分子受體材料，尤其是稠環受體材料與聚合物供體材料搭配作為活性層材料取得了不斷突破，也在不斷地刷新著有機太陽能電池領域裝置的太陽能性能參數。下面將主要從基於苝二醯亞胺和小分子受體的角度出發，系統介紹小分子受體材料的研究進展。

4.3.1　基於苝二醯亞胺小分子受體材料

PDI單位因其具有較大的共軛平面，非常容易發生自聚集，以至於形成較大的相分離尺度，使得激子在供受體介面很難有效地分離。透過對PDI單位不同位點的修飾來增大其扭轉角度，能夠在一定程度上抑制聚集。因此，研究者們發展了一系列的PDI二聚體分子，包括以單鍵鍵連、其他共軛單位的橋聯、直接或者透過其他共軛基團稠合的二聚體以及多個PDI單位稠合等的受體分子。

2014年，王朝暉教授等報導了透過單鍵鍵連的PDI二聚體s－diPBI，透過DFT理論計算發現，該分子兩個PDI平面呈現70°的夾角，降低了分子之間的自聚集效應，使之具有較高的LUMO能階。當與聚合物PBDTTT－C－T製備成太陽能裝置時獲得了3.63%的光電轉換效率。當將兩邊PDI單位分別以兩個硫

原子稠合時得到了 S-diPBI-S，其 LUMO 能階進一步提升，使開路電壓進一步提升。同時這種單鍵鍵連的三維空間構型進一步阻止分子的自聚集，從而形成合適的相分離形貌。在正向裝置中，基於 PBDB-T1：SdiPBI-S 獲得了高達 7.16％的光電轉換效率。考慮到該體系的成功，筆者採用分子工程學的策略，將上述硫原子稠合改為硒原子，得到了 SdiPBI-Se。硒原子具有更大的分子半徑，更離域和極化的電子雲分布及分子間相互作用，使之具有較高的電子遷移率。因此基於該受體的裝置獲得了高達 0.70 的填充因子以及 6.42％的光電轉換效率。其結構式如圖 4.5 所示。

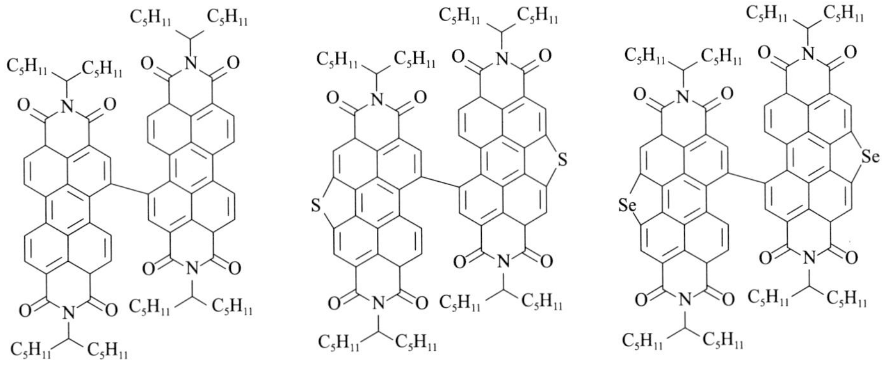

圖 4.5　s-diPBI、SdiPBI-S 和 SdiPBI-Se 的結構式

2014 年，姚建年院士與詹傳郎研究員等報導了以單噻吩作為橋聯基團，連接兩個 PDI 單體的受體材料 Bis-PDI-T-MO。這種二聚體，同時具有甲氧基烷基鏈在兩側，可以有效抑制兩個 PDI 分子之間的自聚集效應。當與聚合物供體 PBDTTT-C-T 共混時，獲得了 4.34％的光電轉換效率。2015 年，顏河教授等合成了以烷基鏈取代的連二噻吩作為中間橋聯基團的基於 PDI 受體材料 i-Me$_2$T$_2$-PDI$_2$。這種烷基取代位置的受體材料展現出頭對頭的空間構型，具有較小尺寸和較好的相分離形貌，因此，當採用 PffBT4T-2DT 為聚合物供體材料時獲得了 4.1％的光電轉換效率。隨後，Hadmojo 等在連二噻吩單位之間加入了 2,5-二氟苯合成了 F2B-T2PDI，研究了結構的改變對裝置性質的影響。該材料具有較寬的分子能隙，在兩個 PDI 分子之間有較大的扭轉角，因此比前者有更好的太陽能性能，當採用 PTB7-Th 供體時獲得了 5.05％的光電轉換效率。其結構式如圖 4.6 所示。

2016 年，陳紅征教授團隊報導了 PDI 三聚體的非富勒烯受體材料 B(PDI)$_3$，將三個 PDI 分子透過單鍵與苯環相連。這個不共平面的 PDI 三聚體材料，當與

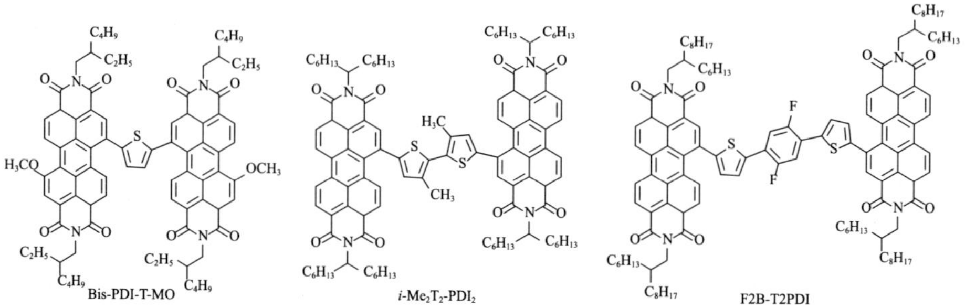

圖 4.6　Bis－PDI－T－MO、i－Me$_2$T$_2$－PDI$_2$ 和 F2B－T2PDI 的結構式

PTB7－Th 共混製備的太陽能裝置獲得了 5.65％的光電轉換效率。2017 年，Duan 等將上述 PDI 三聚體中苯環換為三嗪結構報導了 Ta－PDI，研究發現，相比於苯環來說，三嗪結構有相對較弱的扭轉結構，有相對加大的聚集可能性，會提升混合薄膜的電子遷移率。當以 PTB7－Th 作為聚合物供體時，獲得了高達 9.18％的光電轉換效率，17.1mA·cm^{-2} 的短路電流密度和 0.68 的填充因子。隨後李韋偉研究員等合成了基於卟啉體系的 PDI 四聚體 PBI－por。相比於大部分 PDI 受體材料來說，該分子有相對較低的能階結構以及較弱的結晶性，因此，當以 PBDTBDD 為供體材料時，其吸收光譜互補且獲得了 7.4％的光電轉換效率。其結構式如圖 4.7 所示。

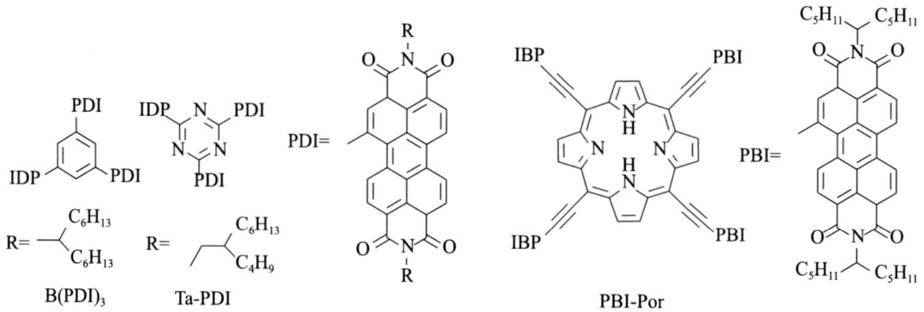

圖 4.7　B(PDI)$_3$、Ta－PDI 和 PBI－Por 的結構式

相比於上述的單鍵鍵連 PDI 受體材料，也有很多稠環結構相連的 PDI 受體材料，並且獲得了高效的太陽能性能。其中 2014 年，Nuckolls 教授等報導了螺旋式結構的 PDI 稠環結構二聚體 Helical PDI 1。這種剛性非共平面的結構與 PTB7－Th 共混後，混合膜具有合適的相分離形貌，具有較強的電荷傳輸能力（約 0.2ps）。最終獲得了 6.05％的光電轉換效率。隨後 Hartnett 教授等報導了 PDI 稠環單位之間不同結構的影響，當採用噻吩基團時合成了 FPDI－T。在 PDI 分子間的稠環單位提升了分子間的電子耦合作用，這一般會導致 LUMO 能階的

提升和吸收光譜的藍移，同時也會提高其電子遷移率，而當與 PTB7－Th 共混時，裝置獲得了 3.89% 的光電轉換效率。其結構式如圖 4.8 所示。

圖 4.8　Helical PDI－1 和 FPDI－T 的結構式

2017 年，顏河教授等報導了 PDI 四聚體結構，採用四噻吩苯基中間核，合成了未與相鄰 PDI 稠合的 TTB－PDI4 和與相鄰 PDI 稠合的 FTTB－PDI4（圖 4.9）。相比於未稠環的 TTB－PDI4，FTTB－PDI4 具有更加合適的能階，拓寬的光吸收範圍和較強的分子間堆積能力。從形貌數據也可以看出稠環的材料具有更高的相純度，可以很好地保持分子的堆積和遷移率。因此，基於 P3TEA：FTTB－PDI4 的電池獲得了高達 10.58% 的光電轉換效率，這是當時基於 PDI 受體材料的體系中效率最高的體系。

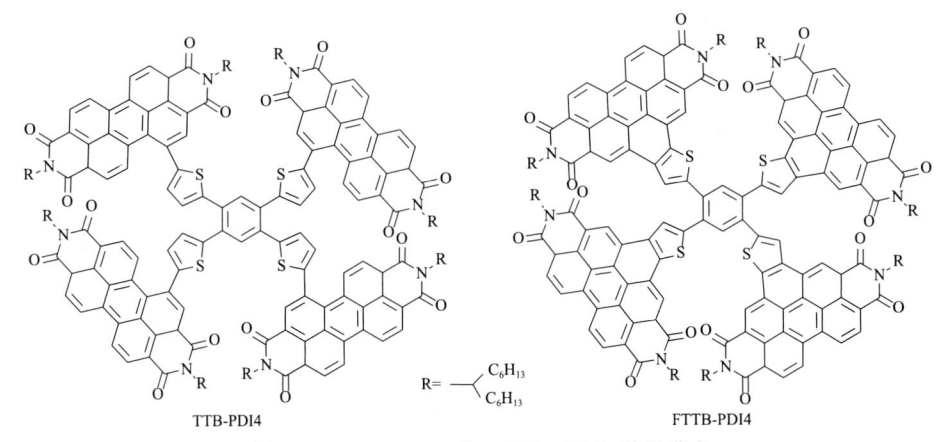

圖 4.9　TTB－PDI4 和 FTTB－PDI4 的結構式

4.3.2　基於非稠環體系的小分子受體材料

相比於稠環受體材料具有較長的合成路線、較大的合成難度、反應步驟長，

導致反應收率難以控制，透過單鍵鍵連具有非稠環骨架結構的小分子受體材料逐漸進入人們的研究視角。隨著有機太陽能電池的快速發展，成本和經濟效益也日益被重視。這種透過單鍵鍵連取代稠環受體材料中 sp^3 碳，可以有效地縮短反應的合成路線，有效地增加材料的可修飾多樣性，進而有效地調控材料的相應光學、電化學及太陽能性能。隨著研究者的不懈努力，目前基於簡單結構的非稠環受體材料已取得超過 14% 的光電轉換效率。

如圖 4.10 所示，2017 年，陳紅征教授等報導了基於非稠環體系的非富勒烯受體材料 DF－PCIC。該分子採用噻吩並環戊二烯與 2，5－二氟苯單鍵相連作為中間給電子單位，透過分子間 F－H 之間非共價鍵相互作用保證 FD－PCIC 分子的平面性。同時當採用寬能隙聚合物作為供體材料時，獲得了 10.14% 的光電轉換效率。這也是當時基於非稠環體系報導的最高效率。由於其獨特的分子結構，使得 DF－PCIC 具有非常好的熱穩定性，在 180℃ 持續加熱 12h 後，裝置效率仍能保持 70%。同時筆者也設計合成了雙氟以及雙氯取代末端基團的分子 HF－PCIC 和 HC－PCIC。強電負性元素的引入，使得兩個分子的 HOMO/LUMO 能階均下降，因此，他們採用了 HOMO 能階更低的 PBDB－TF(PM6) 作為供體材料，同時加入 $PC_{71}BM$ 作為第三組分製備了三電子組件，$PC_{71}BM$ 的加入改善了活性層的電荷轉移和傳輸能力，使得裝置的 EQE 高度整體提升，最終 PBDB－TF：HC－PCIC：$PC_{71}BM$ 的三元體系獲得 12.36% 的光電轉換效率。兩種裝置均顯示非常好的熱穩定性，在 130℃ 持續加熱 12h 仍能保持最初效率的 80%，這也說明了含有富勒烯及非富勒烯的體系，在加熱的情況下形貌是非常穩定的。

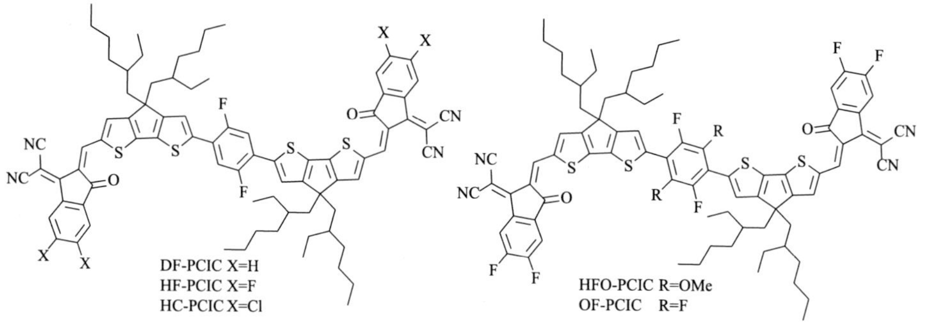

DF-PCIC X=H
HF-PCIC X=F
HC-PCIC X=Cl

HFO-PCIC R=OMe
OF-PCIC R=F

圖 4.10　DF－PCIC，HF－PCIC 和 HC－PCIC 的結構式

另外，透過在中間 2，5－二氟苯基單位的 3，6 位進行了修飾，分別引入甲氧基或者氟原子等，設計合成了 HFO－PCIC 以及 OF－PCIC 兩個新的非稠環受體材料。由於不同取代基對中間苯環單位的修飾會影響分子的立體構型，透過 DFT 理論計算，發現對於 HF－PCIC、HFO－PCIC 以及 OF－PCIC，中間苯環

與兩翼噻吩並環戊二烯之間的夾角分別為 14.20°、12.36°以及可以忽略的 0.05°。這主要是由於相鄰的 F—H 之間有弱的非共價鍵相互作用，因此 OF—PCIC 平面性最好，而 F—H、O—S 之間均有相互作用因此 HFO—PCIC 之間夾角適中，而 HF—PCIC 僅存在一側的 F—H 相互作用所以平面性最差。同上，筆者同樣採用了 PBDB—TF 作為聚合物供體材料，透過裝置優化，PBDB—TF：HF—PCIC 獲得 11.49％的光電轉換效率。這主要是因為立體構型的改變，導致分子產生不同的堆積形式進而影響其相尺度大小，從而造成了裝置太陽能性能的差異。

此外，隨著研究的深入，陳紅征教授等採用對位烷氧取代的苯基為中間核心，採用簡單的噻吩單位作為橋聯基團，透過兩步反應設計合成了目前合成路線最短，價格最便宜，光電轉換效率依然超過 10％的非稠環小分子受體 PTIC。由於分子內較好的 O⋯H、O⋯S 非共價相互作用，分子內形成較好的非共價構象鎖，因此 PTIC 分子表現出較好的共平面性。PTIC 分子在可見光區表現較好的光譜響應，其在薄膜狀態下的最大吸收峰位於 747nm，截止吸收波長可達到 810nm。當採用與其吸光互補且能階匹配的 PBDB—TF(PM6)作為聚合物供體時，裝置獲得高達 10.27％的光電轉換效率。

在此基礎上，陳紅征團隊在噻吩橋連單位上引入大位阻的二維側鏈，同時採用鹵化的末端基團作為缺電子的受體單位，透過兩步法設計合成了完全非稠環小分子受體 PTB4Cl，大位阻二維側鏈的引入可以有效地優化混合薄膜的堆積以及分子堆積取向，進而延長激子壽命獲得較快的電荷傳輸。最終基於 PBDB—TF：PTB4Cl 的太陽能裝置獲得 12.76％的光電轉換效率。這主要是由於分子內 O⋯S 和 O⋯H 的相互作用，使分子內形成有效的分子內構象鎖，可以保證分子形成較好的共平面構象，而分子內大位阻苯基側鏈的存在有助於調節非稠環受體材料之間的堆積性質，獲得多個分子間的短接觸，分別為基於 PTB4F 分子的 d_{inter}，C═O⋯H(2.47Å)和 d_{inter}，F⋯H (2.66Å)，和基於 PTB4Cl 分子的 d_{inter}，CN⋯H (2.62Å)。該工作獲得的 12.76％的光電轉換效率也是當時獲得的基於全非稠環受體材料的最高裝置效率。這為之後設計結構簡單、性能高效的分子提供了重要的實驗依據。

此外，陳永勝教授團隊和薄志山教授團隊分別報導了採用具有更大共軛體系長度，更強給電子能力的環戊二噻吩(CPT)作為橋連單位的小分子受體 DOC2C6—2F (UF—EH—2F)，由於聚合物供體 PBDB—T 與 DOC2C6—2F 具有更好的吸收光譜互補性質，基於 PBDB—T：DOC2C6—2F 的太陽能裝置獲得 13.24％的光電轉換效率。而當採用 J52 作為聚合物供體時，基於 J52—UF—EH—2F 的太陽能裝置獲得 13.56％的光電轉換效率，這也是當時基於非稠環受體材料的最高太

陽能裝置效率。結構式如圖 4.11 所示。

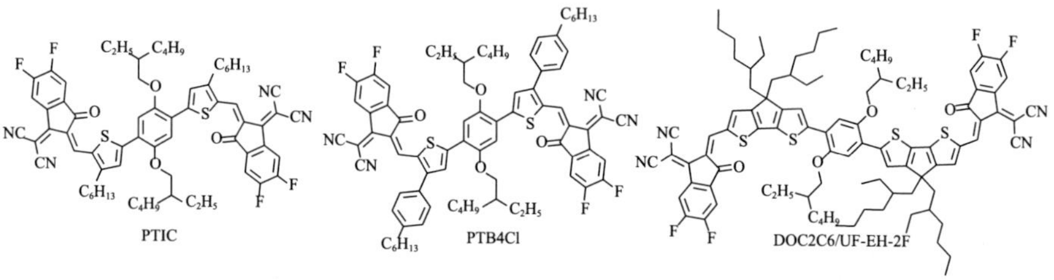

圖 4.11 PTIC、PTB4Cl、DOC2C6－2F（即 UF－EH－2F）的結構式

众所周知，噻吩單位是非常優異的太陽能材料構築單位，同時價格便宜非常適合用於未來有機太陽能電池大規模生產製備的太陽能材料，例如聚噻吩單位的聚合物供體P3HT，從材料價格到大規模生產，都是有機太陽能大規模生產製備的最佳選擇。儘管隨之發展起來的非稠環小分子受體材料也取得較好的太陽能性能，各構築單位仍有小部分的稠合單位，材料價格仍然有待商榷。基於此，薄志山教授團隊發展了基於噻吩單位作為構築單位的全非稠環寡聚噻吩單位作為小分子受體材料，採用 IN－2F 作為缺電子末端基團，同時研究骨架噻吩單位上烷基鏈的差異對材料的溶解度以及堆積性能進行調控，設計合成小分子受體 4T－1、

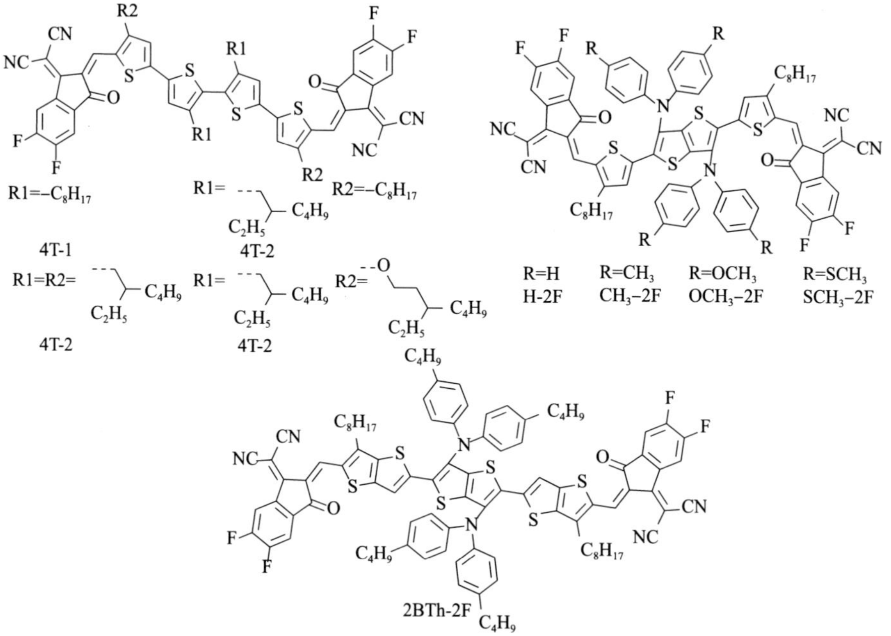

圖 4.12 4T－1、4T－2、4T－3、4T－4、H－2F、CH_3－2F、OCH_3－2F、SCH_3－2F 和 2BTh－2F 的結構式

4T－2、4T－3和4T－4(圖4.12)。當共軛噻吩主鏈上的烷基鏈均採用2－乙基己基(EH)時,材料具有最紅移的吸收光譜,薄膜狀態下的最大吸收峰位於667nm,截止吸收波長可達到817nm。透過裝置優化發現,當採用PBDB－T作為聚合物供體材料時,當供體/受體比例為1:1,加入0.5%(體積比)的1－氯萘作為添加劑,同時對活性層進行90℃加熱退火處理時基於PBDB－T:4T－3的裝置獲得10.15%的太陽能裝置效率。而當採用具有更低HOMO能階的D18作為聚合物供體材料,同時對裝置進行100℃加熱退火處理時,基於D18:4T－3的太陽能裝置獲得最高12.04%的光電轉換效率,這是當時基於全非稠環受體材料的最高裝置效率。

該研究說明,透過合成廉價的材料獲得高性能太陽能裝置是可行的。隨後薄志山等以3,6位二芳胺取代的噻吩並[3,2－b]噻吩為中間核心單位,以單噻吩為橋聯基團設計合成了一系列非稠環受體材料H－2F、CH₃－2F、OCH₃－2F和SCH₃－2F,研究了二芳胺上不同取代基對材料性質的影響,發現CH₃－2F在共混體系供受體介面處可以形成有序的分子堆積和面對面(face－on)堆積取向。同時其單晶數據表明CH₃－2F可以形成有效的二維電荷傳輸通道,因此基於PBDB－T:CH₃－2F的太陽能裝置獲得高達12.28%的光電轉換效率。隨後,在此研究基礎上他們又進一步研究了共軛橋聯基團的長度對材料基本性質及相應太陽能性質的影響。研究將發現,隨著共軛橋聯基團長度的延長,非富勒烯受體材料的莫耳吸光係數、電子遷移率逐漸提升。此外,採用噻吩並[3,2－b]噻吩單位作為橋聯基團的非稠環受體材料2BTh－2F透過分子內的S⋯N和O⋯S相互作用表現出較好的共平面構象,同時隨著共軛橋連單位的延長,材料的堆積方式由最初單噻吩橋聯基團的二維堆積方式轉變為以噻吩並[3,2－b]噻吩橋聯基團三維網絡堆積結構。因此基於PBDB－T:2BTh－2F的太陽能裝置獲得高達14.53%的光電轉換效率,當選用D18作為聚合物供體材料時更是獲得高達15.44%的光電轉換效率,這也是目前基於非稠環受體材料的最高太陽能裝置效率。

陳永勝教授等也報導了基於BDT單位的非稠環受體材料,採用噻吩並環戊二烯與中間BDT單位單鍵鍵連的受體材料BDTC－4Cl以及與二噻吩矽單鍵鍵連的受體材料BDTS－4Cl(圖4.13)。透過裝置優化,基於PBDB－T:BDTC－4Cl以及PBDB－T:BDTS－4Cl體系的裝置分別獲得9.54%以及3.73%的光電轉換效率,當採用PC₇₁BM作為第三組分製備三電子組件時,獲得了12.19%的光電轉換效率。這主要是因為BDTC－4Cl體系具有更高的LUMO能階,奈米互穿網絡結構的相分離形貌以及更加平衡的遷移率(μ_h/μ_e)。

圖 4.13　BDTS－4Cl 和 BDTC－4Cl 的結構式

除了上述介紹的基於苯基和苯並二噻吩(BDT)單位為中間核心的材料之外，苯並噻二唑單位(BTZ)單位具有缺電子性質，同時其中含有的氮(N)原子可以和硫(S)原子形成非共價構象鎖，可以使得中間骨架具有較好的共平面性質。2020年，研究人員繼續利用 BTZ 單位作為中間核心，利用環戊二噻吩(CPT)單位作為橋連單位，採用具有較強拉電子能力的雙氟取代雙氰基茚滿酮(IN－2F)作為末端拉電子基團設計合成了 BT2F－IC4F。當在 BTZ 單位引入具有給電子能力的烷氧基取代基時，設計合成了 BTOR－IC4F，或者氫(H)原子取代的 BT-IC4F 作為參比受體分子以研究在 BT 單位上引入不同推拉電子能力的取代基對材料吸收光譜、能階及太陽能性能的影響。研究發現，參比分子 BT－IC2F 在薄膜中的最大吸收峰位於 734nm，其截止吸收波長可達到 907nm。透過裝置工藝優化發現，基於 PBDB－T：BT－IC2F 的太陽能裝置獲得 9.83％的光電轉換效率，21.4mA·cm^{-2} 的 J_{sc} 和 0.664 的 FF。當在 BTZ 單位中引入具有缺電子能力的氟原子時，裝置僅獲得 8.45％的光電轉換效率。而當引入烷氧基時，裝置的空穴/電子遷移率變得更加平衡，其比值可達到 1.85，同時裝置的開路電壓可提升到 0.8V。透過裝置工藝的優化，基於 PBDB－T：BTOR－IC4F 的裝置獲得 11.48％的裝置效率。相應材料結構式如圖 4.14 所示。

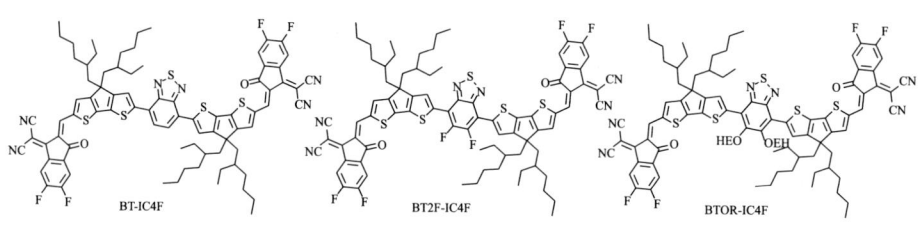

圖 4.14　BT2F－IC4F、BTOR－IC4F 和 BT－IC4F

對於具有 A－D－A 結構的稠環受體材料來說，中間稠環核心結構具有重要的作用，這是由於在這些稠環受體材料中，這些稠環構築單位需要具有共平面和

剛性結構，才能獲得較好的π電子離域和分子內的電荷傳輸。因為這些稠環構築單位通常都包含一些硫或者氮原子的五元雜環，進而具有富電子性質，當它們與缺電子的末端基團連接之後，材料表現出較強的分子內電荷轉移（ICT）效應，這就有利於有效地調節分子的吸收光譜和分子能階結構。另外稠環骨架上的大位阻的二維側鏈不僅確保材料具有較好的溶解度，而且可以確保材料透過末端基團獲得有效的分子間π—π堆積，這樣的堆積模式對於材料的缺電子能力是非常重要的。從這個角度考慮可知，採用非稠環材料替代稠環受體材料面臨著較大的挑戰。根據上述介紹的基於非稠環體系的有機太陽能電池裝置可知，限制非稠環受體材料發展的最大挑戰在於控制非稠環材料的分子構象和堆積模式，而這個挑戰目前還未研究清楚。因此，從非稠環受體材料的設計角度出發，材料的共平面性和剛性結構對於材料的聚集和電荷傳輸是至關重要的。另外，分子的共平面性越好，受體材料之間越有利於獲得有效的π—π堆積，隨著分子的剛性結構的提升，越有利於降低分子內 C—C 單鍵之間的扭轉作用，提升受體材料的構象穩定性。與稠環受體材料具有較好的共平面性和剛性結構不同，非稠環受體材料通常包含兩個或者更多較小的芳環結構，使得非稠環受體材料具有更容易扭轉的性質。因此，就分子的構象控制來說，一些功能化基團可以誘導產生分子間的相互作用（如 O···S、F···S、F···H、N···S 等），通常被用來獲得有效的分子內構象鎖來構築具有較高構象穩定性的共平面的非稠環受體，可以有效提升非稠環受體材料的太陽能性能（如 BTIC—EH、Ph—IC、PTIC、o—4TBC—2F 等）。然而想要實現類似於稠環受體材料的分子堆積模型，採用分子內功能化基團實現的非共價構象鎖遠遠不能滿足稠環受體材料的大位阻空間效應。因此，為了實現較低的合成成本，同時獲得與稠環受體類似的優異太陽能性能，非常有必要發展一種新型設計策略確保較好的分子共平面性和剛性非稠環共軛骨架，同時模擬稠環受體材料共軛骨架的空間位阻效應是獲得高效率非稠環受體材料的關鍵。

  基於上述考慮，侯劍輝研究員透過分子設計的角度設計合成了以 3，3′—雙（2，4，6—三異丙基苯）—2，2′—聯噻吩作為中間核，獲得了較好的分子平面性和較高的構象穩定性，較大空間位阻的側鏈就是為了實現上述提到的同時具有較好共平面性和剛性骨架結構的分子堆積模型。從 A4T—16 分子的單晶 X 射線衍射圖譜中可以看出分子透過末端基團形成了三維互穿網絡結構的π—π堆積，獲得提升的電荷傳輸。研究發現，A4T—16 分子同時顯示相對較高的電致發光（EL）效率，獲得較低的非輻射複合能量損失。因此，基於 A4T—16 的太陽能電池獲得高達 15.2% 的單結裝置效率，這不僅是基於非稠環受體材料的最高太陽能裝置效率之一，而且是具有相同水平骨架結構稠環受體材料中的最高太陽能裝

置效率。非稠環受體材料的一系列研究以及取得的高效太陽能性能，為低合成成本的太陽能材料設計提供了廣闊的發展應用平臺，在有機太陽能電池發展的進程中具有重要的意義。其結構式如圖4.15所示。

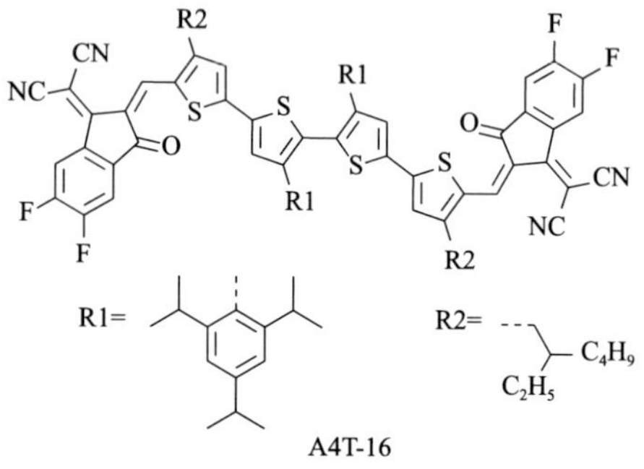

上述研究結果表明，得益於有機分子結構的多樣性，非稠環體系在合成路線簡單易行的情況下也能獲得與

圖4.15 A4T-16的結構式

稠環體系相當的太陽能性能，這也為設計合成更加高效的受體分子和獲得更高效率的太陽能裝置提供巨大的空間。

4.3.3 基於稠環骨架的小分子受體材料

在2015年，A-D-A型稠環受體分子ITIC的報導，為有機太陽能電池的發展打開了新的篇章，使得A-D-A型稠環受體材料成為研究的焦點。近年來，基於A-D-A型稠環受體材料的研究主要集中在中間給電子單位的稠環共軛骨架、末端基團以及側鏈調節等方面。透過新型高效受體材料的設計合成；基於前期的研究經驗對材料進行的簡單修飾；同時設計供受體材料（吸光能階匹配），在保證高電壓的同時盡可能獲得高電流從而不斷協調電流與電壓之間的相互制約關係；形貌及裝置的優化等使得有機太陽能電池在近期獲得了巨大的突破。其中單結裝置目前已經獲得超過19%的光電轉換效率，疊層裝置獲得超過20%的光電轉換效率。接下來，主要從中間給電子的稠環單位，末端基團，側鏈等三個方面介紹A-D-A型小分子受體材料的研究進展。

1. 中間給電子稠環核心單位的改變

2015年，占肖衛教授研究組報導了稠環受體材料ITIC，採用苯環與兩個噻吩並[3,2-b]噻吩透過sp^{3}碳稠合作為中間給電子的D單位，以4-己基苯作為二維側鏈單位，一方面抑制大稠環分子的過度堆積，另一方面增加分子的溶解度。ITIC同時採用具有強拉電子能力的雙氰基茚滿二酮作為拉電子的末端基團，使分子具有較寬的吸光範圍，並具有合適的能階（HOMO：-5.48eV，LUMO：-3.83eV）使之可以與當時報導的很多供體材料能階匹配。當與PTB7-Th共混時獲得了6.80%的光電轉換效率，在同等條件下PTB7-Th：PC$_{71}$BM體系獲得了7.52%的光電轉換效率。這在當時是非常大的突破，首次獲得了幾乎可與富勒烯衍生物媲美的受體材料。2016年，在ITIC的基礎上，占肖衛教授等報導了

IC－C6IDT－IC 受體分子（圖 4.16），與 ITIC 相比該分子在中間核部分採用單噻吩稠環，使得分子的 HOMO/LUMO 能階均向下移，尤其是 HOMO 能階下移到 －5.69eV。且該材料顯示出較高的電子遷移率，在不進行任何後處理或者添加劑的情況下，與聚合物供體材料 PDBT－T1 共混時獲得了 8.71% 的光電轉換效率，這也是當時非富勒烯體系太陽能電池的最高效率。

圖 4.16 ITIC 和 IC－C6IDT－IC 的結構式

2017 年，占肖衛教授等在之前的研究基礎上進一步拓寬中間核的共軛體系長度，採用並三噻吩作為稠合單位，設計合成了 INIC、INIC1、INIC2 和 INIC3 四種稠環分子（圖 4.17）。這四種分子在 550～850nm 範圍內具有較強的吸光範圍，其中 INIC3 的莫耳吸光係數可達到 $2.1 \times 10^5 M^{-1} \cdot cm^{-1}$。同時，氟原子的引入，使得分子的 HOMO/LUMO 能階均向下移。相比於沒有氟化端基的 INIC，含有雙氟端基的 INIC3 的短路電流密度由 $13.51 mA \cdot cm^{-2}$ 提升到 $19.44 mA \cdot cm^{-2}$，最終獲得高達 11.2% 的光電轉換效率。基於 FTAZ：INIC3 的體系中，具有雙氟原子取代末端基團的受體材料 INIC3，保持了聚合物供體材料 FTAZ 以及其自身的半結晶狀態的堆積形式，使之獲得了較高的且平衡的電子遷移率。其共混薄膜顯示出奈米互穿網絡結構的形貌，這也有利於激子的有效分離。

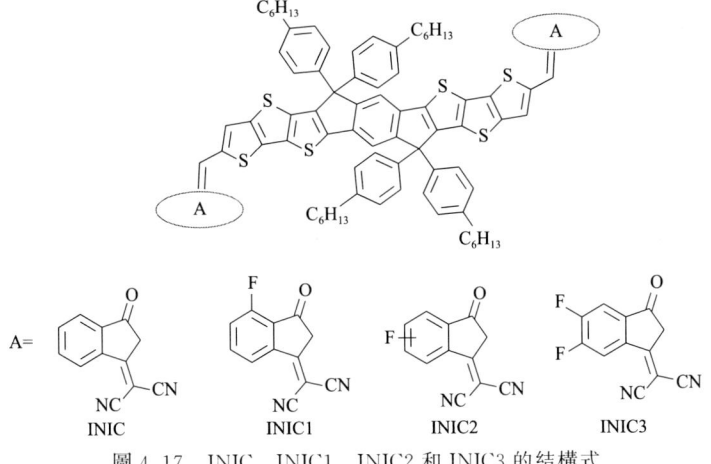

圖 4.17 INIC、INIC1、INIC2 和 INIC3 的結構式

為了降低 IDTT 核的給電子能力，朱曉張研究員等透過將 IDTT 中間稠環單位邊緣的噻吩單位替換為苯並噻吩單位的策略，以削弱 IDTT 單位的給電子能力，獲得提高的開路電壓值，報導了引達省並苯並噻吩（IDBT）單位，合成了 NIDBT 分子。相比於 ITIC，NIDBT 吸收光譜發生藍移，能隙變寬，當與 PTB7－Th 搭配時，經優化，效率僅有 4.45％。此外，唐衛華教授等將在 IDTT 共軛骨架中的邊緣 TT 稠環單位的 3 號位點引入柔性側鏈正己基，取代原有的氫原子，合成了 ITC6－IC，進一步增大分子的空間位阻，抑制分子的進一步扭轉，實現構象鎖定的目的。透過理論計算模擬發現，共軛骨架兩端烷基側鏈的引入，提高了分子的平面性，增加了其溶解度，使得 ITC6－IC 比 ITIC 的 LUMO 能階略有升高，吸收略微藍移，但莫耳吸收係數升高。當與 PBDB－T 搭配，獲得了 0.97V 的高開壓和 0.73 的 FF，以及高達 11.61％的光電轉換效率。

此外，為了更多地利用太陽光，進一步拓寬受體材料的吸光範圍，占肖衛等在 IDTT 構築單位的基礎上進一步延長共軛骨架長度，合成了一個新的小分子受體 INIC。相比於 ITIC，中間供體共軛單位的延長，材料的能隙變窄，吸收光譜發生紅移。當選用與之能階匹配、吸收光譜互補的聚合物 FTAZ 與之搭配時，太陽能裝置獲得了 7.7％的光電轉換效率。為了進一步拓寬材料的吸光範圍，他們透過在末端基團引入具有拉電子能力的氟原子，研究氟原子的位置和個數對材料性質的影響。最終，基於 IN－2F 端基的分子 INIC1－3 獲得了超過 10％的光電轉換效率，這主要依賴於雙氟取代端基的引入使材料的能隙進一步變窄，同時增強了分子的堆積性能。由此可見，中間共軛單位的擴展可視為拓寬光譜吸收範圍的一個重要策略。基於此，在 ITIC 中間核 IDTT 兩端，分別增加兩個稠環單位，以 INCN－2F 作為末端基團，設計合成了具有十一個稠環單位的小分子 IUIC，其能隙為 1.41eV，薄膜有效吸收邊達到了 879nm。較大的共軛單位及較強的給電子能力，使得 IUIC 的能階較 IT－4F 有所提升，尤其是 HOMO 能階，有利於開壓的增加及吸收光譜的拓寬。最終，基於 IUIC 的裝置其效率為 11.2％，由於 IUIC 近紅外吸收的特性，也製備了基於 PTB7－Th：IUIC 體系的半透明電池，效率達到了 10.2％，表明 IU 單位在設計合成近紅光區分子以及半透明裝置中具有較大的潛力。

為了系統地研究中間給電子單位稠環單位的數量對裝置性能的影響，占肖衛等以 IDT 為中心單位，逐漸向兩邊增加噻吩單位的數量，合成了 5～11 個環不等的小分子受體 F5IC、F7IC、F9IC 和 F11IC。研究發現，隨著中間給電子單位稠環數量的增加，HOMO 和 LUMO 能階逐漸上升，尤其是 HOMO 能階，由－5.82 上升到－5.44eV，分子的堆積更為緊密，電子遷移率也逐漸增加。與聚合

物供體 FTAZ 共混，基於 F9IC 的二電子組件獲得了 11.7% 的效率，明顯高於 F5IC 的 5.6%。此外，由於 F11IC 的結晶性過強，使其溶解度過差，基於該體系的二電子組件沒有明顯的太陽能響應，然而，當將少量的 F11IC 加入上述三個二元體系中時，由於 F11IC 較高的 LUMO 能階，較強的結晶性以及較高的電子遷移率，使得其三電子組件的 V_{oc}、FF 和 J_{sc} 均有所提高，其中，基於 F9IC 的二元體系在加入 5% 的 F11IC 後，其 PCE 從 11.7% 提高到了 12.6%。廖良生等則將兩個 IDT 單位稠合作為中間單位，以 INCN 為末端基團，合成了一個含 10 個共軛稠環單位的小分子受體 IDTIDT-IC，擴大的稠環結構使材料的吸收光譜進一步紅移，薄膜截止吸收波長達到了 810nm，當採用窄能隙聚合物 PTB7-Th 作為供體時，電流達到了 14.49mA·cm^{-2}。但由於 IDTIDT-IC 較低的電子遷移率，導致裝置的 FF 較差，最終裝置的光電轉換效率僅為 6.48%。為了提高其電子遷移率，將 IDTIDT 末端的兩個硫原子換成了具有更大原子半徑的硒原子，設計合成了 IDTIDSe。硒原子的引入增強了相應材料基態的醌式共振特性，不僅提高了裝置的電子的遷移率，而且也降低了其能隙。選用 J51 作為聚合物供體時，基於 IDTIDSe 的裝置獲得了一個較高的效率 8.02%。相應結構式如圖 4.18 所示。

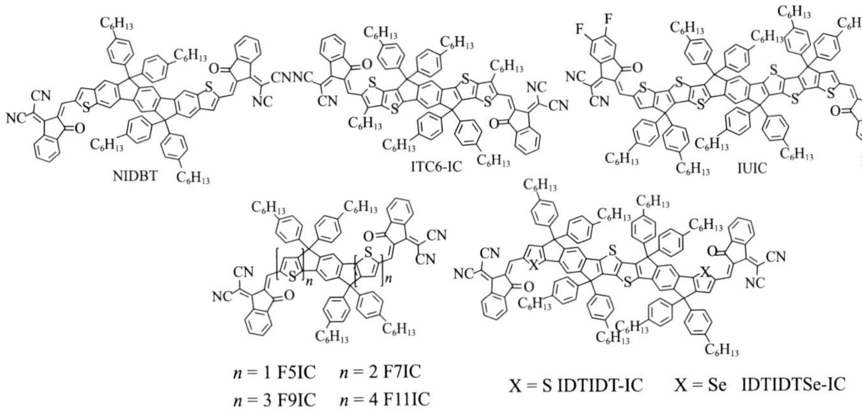

圖 4.18 NIDBT、ITC6-IC、IUIC、F5IC、F7IC、F9IC、F11IC、IDTIDT-IC、ITDITDSe-IC 的結構式

2017 年，占肖衛教授等報導了基於噻吩並[3,2-b]噻吩六元芳雜環受體分子 IHIC（又名 TTIC 或者 4TIC），該分子在可見光區（600～900nm）有較強的吸收光譜，其光學能隙為 1.38eV。因其較紅移的吸光範圍筆者採用 PTB7-Th 作為聚合物供體材料，製備了半透明裝置，在平均透光率 36% 的情況下獲得了高達 9.77% 的光電轉換效率，這也是當時半透明裝置的最高效率。鑑於 6T 核具有較

強的給電子能力，使得 6TIC 分子的吸收截止波長達到 905nm。Alex 教授等報導了將 3 個噻吩並[3，2-b]噻吩稠合的受體分子 6TIC。由於共軛體系的進一步拓寬，相比於 4TIC 來說，6TIC 的 HOMO/LUMO 能階均有一定程度上移，當與 PTB7-Th 共混時獲得了 20.11mA·cm^{-2} 的短路電流密度以及 11.07％的光電轉換效率。同時，他們也製備了半透明裝置，獲得了超過 7％的光電轉換效率。隨後占肖衛教授等連續報導了基於 6T 核的稠環受體分子 FOIC 以及 F8IC，分別採用了單氟取代的雙氰基茚滿二酮以及雙氟取代的雙氰基茚滿二酮端基。透過引入具有強拉電子作用的氟原子，分子吸收光譜進一步紅移，分子的 HOMO/LUMO 能階逐漸下移。當採用同一種聚合物供體材料 PTB7-Th 時，由於 FOIC 分子 LUMO 能階的下移動，裝置開路電壓由最初的 0.83V 降低到 0.74V，由於吸光範圍的拓寬，短路電流密度提高到 24.0mA·cm^{-2}，因此獲得超過 12％的光電轉換效率。與單氟端基 FOIC 相似，雙氟端基的 F8IC 吸光範圍進一步變寬、能隙變窄、能階下移，開路電壓進一步下降到 0.64V，但是卻獲得了高達 25.12mA·cm^{-2} 的短路電流密度以及 10.9％的光電轉換效率。幾乎同一時間，陳永勝教授等設計合成了基於 6T 核(3TT-FIC)、雙氟取代雙氰基茚滿二酮端基，以及 2-乙基已基苯為側鏈的受體分子，並且製備了基於此材料的反向裝置，當加入第三組分 PC$_{71}$BM 後，三電子組件在 300～700nm 範圍內的 EQE 響應值明顯高於二電子組件，透過裝置優化最終獲得了 13.53％的光電轉換效率。隨後顏河教授等報導了基於單氯以及雙氯取代雙氰基茚滿二酮端基的該系列分子(IXIC-2Cl，IXIC-4Cl)，當採用 PBDB-T 聚合物供體材料時也均獲得了超過 11％的光電轉換效率。其結構式如圖 4.19 所示。

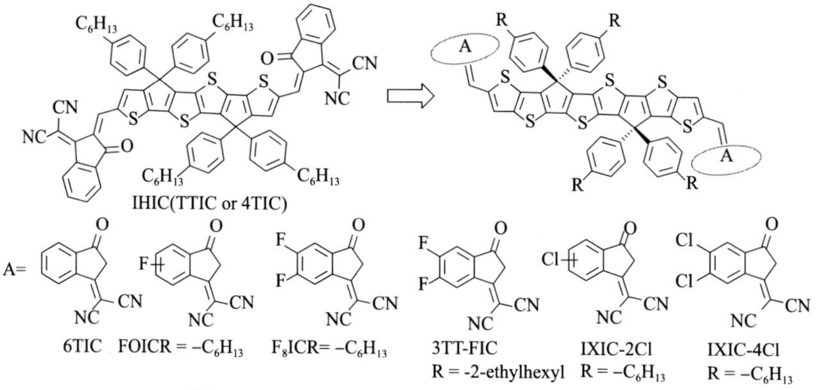

圖 4.19　IHIC、6TIC 及其衍生物的結構式

對於稠環共軛骨架來說，除了增加其共軛單位的長度來拓寬材料的吸收光譜，調節其太陽能性能以外，還可引入一些雜原子以改进材料的光學和電學性

質。2018 年，丁黎明研究員等報導了基於碳氧鍵橋聯六元雜環梯形受體分子 COi_6DFIC（圖 4.20），該分子具有較窄的光學能隙 1.31eV，當採用寬能隙聚合物供體 FTAZ 與之搭配時，裝置獲得了超過 20mA·cm^{-2} 的短路電流密度，但由於該體系 FF 值較低(0.58)，因此當時只獲得了 8.25％的光電轉換效率。早在 2017 年，丁黎明研究員等報導了基於碳氧鍵橋聯八元雜環受體材料 COi_8DFIC，該分子在 600～1000nm 範圍內顯示較強的光吸收，並且其光學能隙僅為 1.26eV。COi_8DFIC 的 HOMO/LUMO 能階分別為－5.50eV 以及－3.88eV，PTB7－Th 的 HOMO/LUMO 能階分別為－5.39/－3.12eV，當兩者共混時獲得了超過 26mA·cm^{-2} 的短路電流密度以及 12.16％的光電轉換效率。隨後，製備了以 PC$_{71}$BM 為第三組分的三電子組件，以 PC$_{71}$BM 作為第三組分，當供受體比例為 1∶1.05∶0.45 時，裝置獲得了 28.20mA·cm^{-2} 的短路電流密度，0.71 的填充因子以及 14.08％的光電轉換效率。

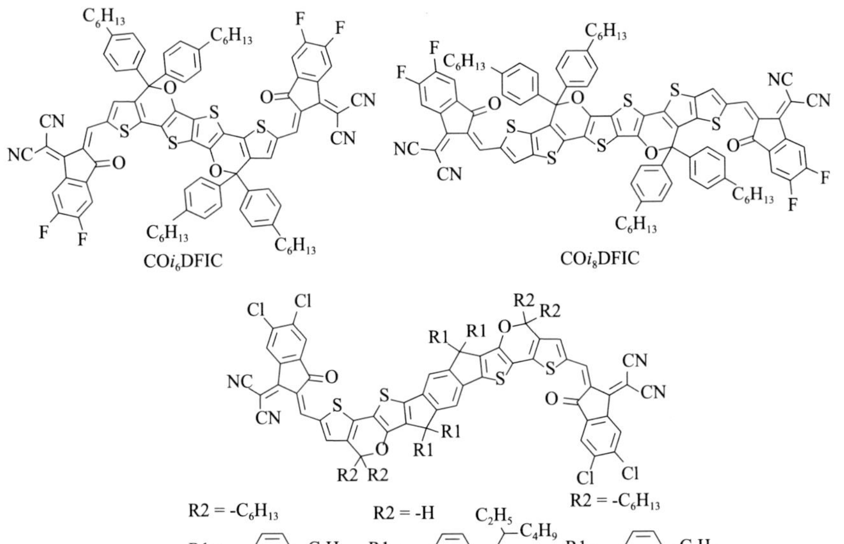

圖 4.20 COi_6DFIC、COi_8DFIC、IDTODT、IDTODT3 和 IDOT－4Cl 的結構式

此外，朱曉張研究員等將 IDTT 單位中兩個稠合噻吩環打開，引入了一個含氧原子的六元雜環，進一步擴展了中間核的共軛長度，設計合成了 IDTODT 系列分子（圖 4.20）。氧原子的引入，使其吸收範圍較 ITIC 系列有較為大的紅移，最大吸收峰可達 846nm。同時，研究了不同烷基側鏈對裝置性能的影響，發現可以在 IDT 稠環核的基礎上進一步擴展分子中間核的共軛程度，設計了 IDTODT

系列分子。研究發現不同烷基側鏈對材料的堆積及載流子的分離具有較大的影響，其中，基於 IDTODT－3 的分子，吸收光譜最為紅移，當與 PBDB－T 搭配後，其光電轉換效率最高，為 8.34％。此外，陳永勝教授等也合成了類似的分子 IDOT－4Cl，將氧原子的位置換到了靠近內側噻吩的位置，並採用雙氯取代的 INCN 端基，IDOT－4Cl 的最大吸收峰為 813nm，當採用寬能隙聚合物 PBDB－T 與之搭配，相應太陽能裝置的光電轉換效率為 12.50％。為了進一步改善材料的結晶性，調控活性層形貌，當選用 F－Br 作為第三組分，可有效改善其活性層形貌，提高載流子傳輸能力，最終基於該材料的三元效率可到 14.29％。

2017 年，鄒應萍教授等報導了基於苯並三氮唑稠環受體分子 BZIC（圖 4.21），其具有較高的 LUMO 能階（－3.88eV），以 BDT 與喹喔啉共聚的供體材料 HFQx－T 與該受體共混製備了太陽能電池裝置，獲得了 6.30％的光電轉換效率，這也是苯並三氮唑單位首次應用於稠環受體材料的供體 D 單位中。接下來，鄒應萍教授等設計合成了 Y6 分子，以 PM6 作為供體材料製備裝置，獲得了 15.7％的光電轉換效率。理論計算顯示該分子中 N－C－C－N 之間顯示了 15.5°的二面角，共軛骨架上的二面角以及烷基側鏈的存在，有效地抑制了分子的過度堆積。透過原子力顯微鏡（AFM）以及透射電鏡（TEM）發現，PM6 與 Y6 共混薄膜形成奈米纖維網狀結構，具有合適的相分離尺度。最近，鄒應萍與楊陽教授等報導了與 Y6 類似的稠環受體分子 Y1 和 Y2，在中間核引入了缺電子的苯並噻二唑單位，這種非傳統的缺電子中間核產生較低的非輻射複合損失，因此裝置具有較低的開路電壓損失，僅 0.57eV。透過裝置優化該體系獲得了 13.4％的光電轉換效率。隨後基於 Y6 及其衍生物受體材料不斷被研究報導，目前基於該類受體材料的二電子組件效率已獲得超過 19％的光電轉換效率，將非富勒烯受體類有機太陽能電池的發展推向新紀元。如劉烽教授等分別利用氯仿（CF）和氯苯（CB）為溶劑，研究不同溶劑對共混體系中受體分子結晶性的影響及其對相應太陽能裝置性能的影響。以 PM6：Y6 體系為例，當利用 CF 作為溶劑時，經過系統地優化，裝置效率可達 16.88％，而選用 CB 作為溶劑時，效率僅為 12.15％。這主要是由於受體分子 Y6 在 CB 溶劑中晶體取向較為無序，其分子間的 $\pi-\pi$ 堆積作用較弱，而在 CF 中，其 $\pi-\pi$ 堆積作用較強，主要呈現 face－on 堆積，有利於電荷的傳輸和收集。張志國等同樣採用 PM6：Y6 作為活性層材料，利用自行設計的一種新型的電子傳輸層材料 PDINN，可與活性層薄膜形成良好的介面接觸，並且獲得了高達 17.23％的效率。丁黎明研究員等在聚合物單位中引入了具有更強給電子能力的二噻吩並苯並噻二唑單位，設計合成了寬能隙聚合物供體 D18。當與 Y6 搭配時，其二電子組件的效率提高到了 18.2％，同時該裝置在 460～

740nm 的範圍內其 EQE 相應高達 80％以上，在 540nm 處達到了 87％。

圖 4.21　BZIC、Y6、Y1 和 Y2 的結構式

為了進一步調節 Y6 分子的溶解度，侯劍輝研究員等將其吡咯環上的側鏈改為更長的 2－丁基辛基側鏈，合成了 BTP－4F－12。研究表明，BTP－4F－12 分子具有較好的溶解性，當與 PM6 搭配，獲得了 16.4％的效率。此外，由於其較好的溶解度，當選用非鹵素的二甲苯或四氫呋喃作為溶劑時，仍可獲得 15.3％和 16.1％的裝置效率。此外，為了進一步拓寬其吸收範圍，將 BTP－4F－12 分子的末端基團換為採用雙氯取代的雙氰基茚滿二酮，合成了 BTP－4Cl－12，基於 PBDB－T：BTP－4Cl－12 的裝置最終獲得了超過 17％的光電轉換效率。隨後，透過調控中間給電子共軛核心單位兩側的烷基鏈，將原本的兩條 C11 的烷基鏈換為了較短的 C9 的烷基鏈，設計合成了 BTP－eC9（圖 4.22），透過對共軛骨架兩側烷基鏈長度的調控，使材料分子間的堆積變得更有序，因此，基於 PM6：BTP－eC9 的太陽能裝置獲得了 17.8％的光電轉換效率。

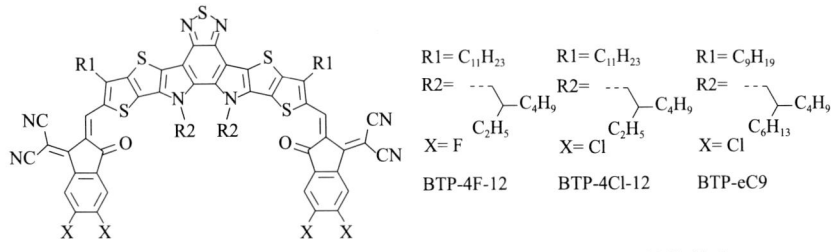

圖 4.22　BTP－4F－12、BTP－4Cl－12 和 BTP－eC9 的結構式

吳宏濱教授等透過在原本 Y1-4F 分子中間核兩端噻吩單位上引入烷基側鏈設計合成了小分子受體 Y11，由於烷基鏈的引入進一步限制了材料的空間構象，使之更難進行扭轉。透過該策略的調控，Y11 分子的能量無序性得到了有效的降低，有利於其獲得較低的開路電壓能量損失。因此，基於 PM6：Y11 的太陽能裝置其非輻射複合能量損失僅為 0.17eV，裝置的能量損失僅為 0.43eV，並獲得 16.54％的裝置效率。

顏和教授等對 Y6 的側鏈的長度、取向，側鏈分叉位點等進行了系統的研究，合成了一系列類 Y6 的衍生物、N3、N4 和 N-C11 等（圖 4.23），發現側鏈分叉位點的不同會對其分子的堆積和電學性質產生影響。結果顯示，將 Y6 中間和中間核兩邊側鏈調換位置得到的 N-C11 展示出了較差的溶解度，在混合膜中的自聚集情況較為嚴重，其效率只有 12.91％。相反地，另外兩個將 Y6 中吡咯 N 上的烷基鏈的分叉位置改為 3 號位和 4 號位置上的 N3 和 N4，其太陽能性能較好，尤其是 N3，有著相對較好的溶解度、結晶性能和顯著的 face-on 堆積取向，基於 PM6：N3 的二元體系獲得了接近 16％的效率。以上結果說明，吡咯環上烷基鏈的長短及分叉位點的改變都會對分子的溶解性和電荷傳輸能力產生較大的影響。

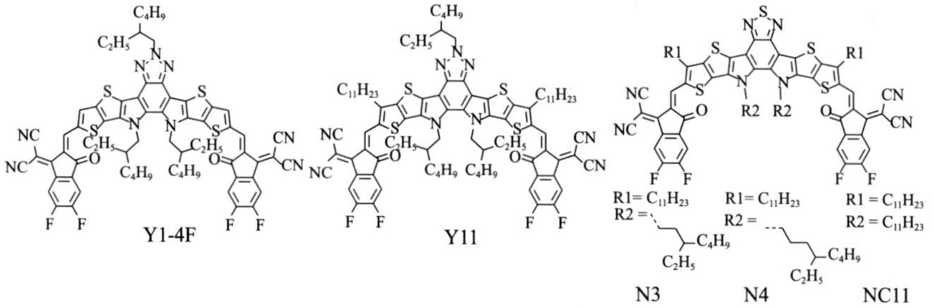

圖 4.23　Y1-4F、Y11、N3、N4 和 N-C11 的結構式

中間核心除了使用具有缺電子基團的 BTz 單位之外，鄒應萍教授和 YangYang 教授等將原來的苯並噻二唑單位換成了苯並三氮唑，並選用不同的末端基團，設計了兩個窄能隙分子 Y1 和 Y2。其中，其中採用噻吩取代 INCN 末端基團的 Y2 分子的吸收光譜更加紅移，當與 PBDB-T 搭配，都取得了接近 13.4％的裝置效率，其中 Y1 的 V_{oc} 更高些，Y2 的 J_{sc} 更大。研究結果表明，苯並三氮唑的引入可以有效降低電荷複合，使裝置的電致發光效率得到增強，從而可以在滿足電荷有效的產生和分離，即保證較高的 J_{sc} 下，降低開壓損失。對於 Y1 分子，將氟原子引入末端基團，所合成的 Y1-4F 擁有更為紅移的吸收，同時選用 HOMO 能階更低的 PM6 與之搭配，將裝置的效率進一步提升到了 14.8％。

朱曉張研究員等將缺電子的喹喔啉單位引入到中間核單位中，設計合成了小分子受體 Aqx1 和 Aqx2，其中 Aqx1 為含甲基取代的喹喔啉單位。微小的結構變化對它們的吸收光譜和光學能隙影響很小。然而它們的裝置性能展示出了巨大的差異，基於 Aqx2 的體系其效率為 16.64％，而 Aqx1 的僅為 13.31％，這主要是由於共混薄膜形貌的差異引起了這些差異。當與 PM6 共混後，Aqx2 比 Aqx1 的 $\pi-\pi$ 相互作用更強，更有利於空穴的傳輸，抑制雙分子複合，因此具有更高的太陽能性能參數。

硒原子與硫原子屬於同一主族的元素，同時比硫元素具有更大的半徑，當將硒原子引入到太陽能材料中時，有利於材料具有更大的 π 共軛重疊面積，同時材料表現出優異的電荷傳輸性能，已經廣泛應用於太陽能材料的構築中。任廣禹教授等將硒原子引入到 BTP－4F－12 分子中間核兩側中，將原本的噻吩單位換為硒酚，設計合成了類 Y6 分子 CH1007。硒酚的引入增強了分子間和分子內的相互作用，與 Y6 相比，CH1007 的光譜紅移了近 60nm，光學能隙僅為 1.30eV，且其 $\pi-\pi$ 間距離變短，相互作用增強。經過系統的裝置優化，基於 PM6：CH1007：$PC_{71}BM$ 的三元體系效率超過了 17％，電流高達 27.48mA·cm^{-2}。隨後，在原本硒原子取代的類 Y6 衍生物基礎上，將中間的苯並噻二唑單位換成了具有較弱給電子能力的苯並三氮唑，同時縮短了兩端的烷基側鏈長度，以調節分子的形貌，合成了 mBzS－4F，進一步將分子能隙降低至 1.25eV，最終，基於 mBzS－4F 的二電子組件獲得了超過 17％的效率，電流提升至 27.72mA·cm^{-2}。相應材料結構式如圖 4.24 所示。

降低裝置的非輻射電荷複合是獲得高效率太陽能裝置至關重要的策略之一，同時，激子的行為與非輻射電荷複合之間的關係還未完全明晰。因此侯劍輝研究員等在 BTP－eC9 分子基礎上，在中間核兩側引入了氧烷基鏈，設計合成了小分子受體 HDO－4Cl，當在原本二元體系 PBDB－TF：eC9 中加入 HDO－4Cl 後，可以有效地延長受體相中激子的擴散長度。相比於 eC－9，HDO－4Cl：eC－9 的激子擴散長度從 12.2nm 增加大 16.3nm。激子擴散長度的進一步提升可以有效地降低裝置的非輻射電荷複合、提升裝置的光利用率。因此，在該工作中他們不僅獲得高達 18.86％的三元太陽能裝置效率，而且論證了非輻射複合能量損失與激子行為之間的關係。該工作說明，透過調節裝置中激子的行為是一個有效降低裝置非輻射複合能量損失，獲得高性能太陽能裝置的方法。隨後，利用了三電子組件的策略獲得了裝置效率為 19％，驗證效率為 18.7％的三電子組件。其中基於 PBQx－TF：eC－2Cl 的二電子組件獲得 17.7％的裝置效率，當引入第三組分 F－BTA3，使得裝置的太陽能參數同時獲得提升。這主要是由於第三組分引

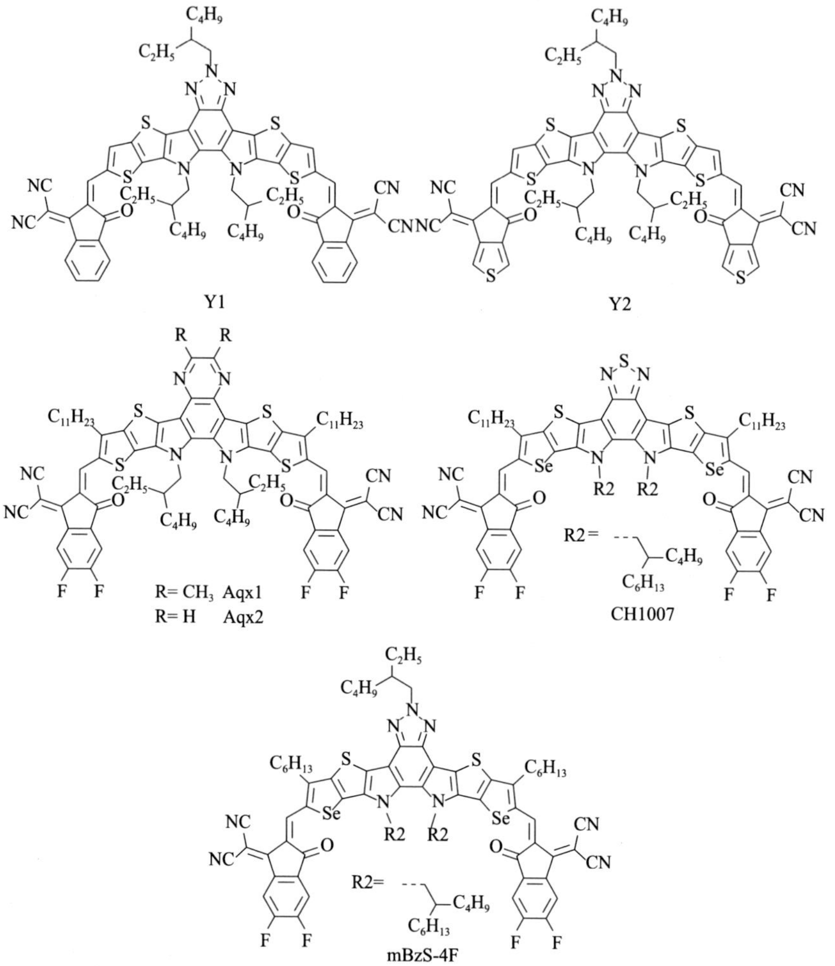

圖 4.24　Y1、Y2、Aqx1、Aqx2、CH1007 和 mBzS－4F 的結構式

入之後使裝置的光利用能力提升，階梯狀的能階排布和提升的分子間堆積模式使其 V_{oc} 提升至 0.897V，J_{sc} 提升為 26.7mA・cm^{-2}，其 FF 更是高達 0.809。該工作說明，進一步精細地調控材料的電子結構和活性層形貌是進一步獲得裝置 PCE 提升的有效策略。相應材料結構式如圖 4.25 所示。

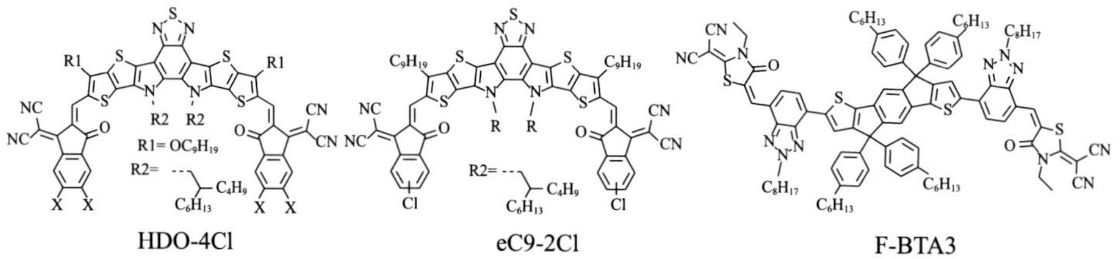

HDO-4Cl　　eC9-2Cl　　F-BTA3

圖 4.25　HDO－4Cl、eC－2Cl 和 F－BTA3 的結構式

第4章　有機太陽能電池：受體材料

針對目前具有最佳太陽能性能的Y6及其衍生物受體材料，除了透過材料結構優化、活性層形貌調控、三電子組件等策略提升裝置光電轉換效率之外，疊層裝置具有更大的潛力獲得更高效率的太陽能裝置。因此，侯劍輝研究員等採用他們之前報導的優異前電池材料PBDB－TF：ITCC作為疊層裝置的前電池，以PBDB－TF：BTP－eC－11為後電池材料。同時，系統優化的後電池活性層薄膜的厚度及供受體比例，發現當後電池為300nm，供體/受體比例為1：2時疊層裝置獲得高達19.64％的光電轉換效率，同時其第三方官方驗證效率也高達19.50％，這是目前有機太陽能獲得的最高裝置效率。

2016年，陳永勝教授研究組等報導了非稠環的DICTF受體材料，當與PCE10共混時獲得了7.93％的光電轉換效率。在此基礎上，他們將上述分子中的噻吩橋聯單位與中間的芴單位稠合到一起獲得稠環受體分子FDICTF。與DICTF相比，FDICTF顯示紅移的吸收光譜與提升的LUMO能階，當以PBDB－T作為供體材料時，同等條件下DICTF、FDICTF以及$PC_{71}BM$體系分別獲得了體系獲得了5.93％、10.06％以及7.33％的光電轉換效率。2017年，Hsu教授等在以上研究基礎上，採用噻吩咔唑為中間稠合單位，以己基苯作為側鏈單位，設計合成了DTCCIC－C17。與FDICTF相比，其HOMO能階基本不變，而LUMO能階向上提高了0.06eV。因此，該裝置獲得了高於PBDB－T：FDICTF的開路電壓(0.94V到0.98V)，由於相對低的短路電流密度，該體系獲得了9.48％的光電轉換效率。其結構式如圖4.26所示。

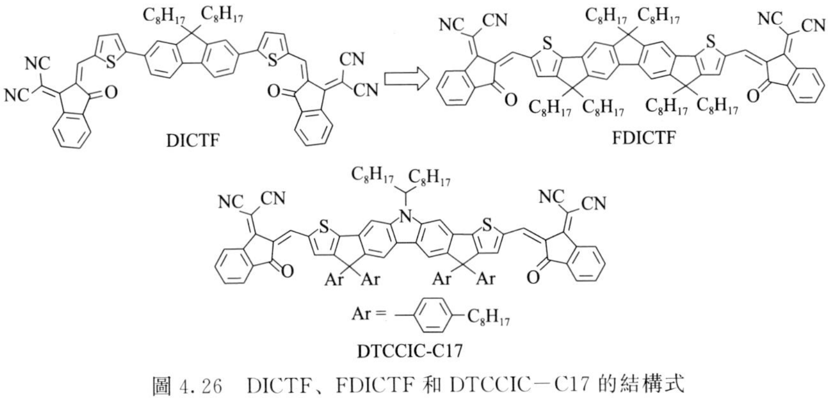

圖4.26　DICTF、FDICTF和DTCCIC－C17的結構式

相比於IDT單位，BDT單位具有更強的給電子能力，可以進一步拓寬分子的吸收光譜。如圖4.27所示，2017年，陳永勝教授研究組首次報導了以BDT作為中間單位，透過五元環稠合為七元雜環受體分子NFBDT，該分子的光學能隙為1.56eV，並且在600～800nm範圍內具有有效的光吸收，當採用PBDB－T為供體

材料時，裝置獲得 10.42％的光電轉換效率，其短路電流密度可達 17.85mA·cm^{-2}。這也是當時報導的最高單結裝置效率之一。與此同時，占肖衛等也報導了相同的分子，命名為 ITIC1，當與 FTAZ 共混時，僅獲得了 8.54％的裝置效率。隨後，選用噻吩基團替換雙氰基茚滿二酮（IN）基團中的苯基，設計合成了 ITIC5。相比於 ITIC1，ITIC5 具有增強的分子間的相互作用，具有更窄的分子能隙，更強的結晶性和明顯提高的載流子遷移率。當採用 K71 作為聚合物供體時，裝置的 FF 和 J_{sc} 均有提升，最終裝置獲得高達 12.5％光電轉換效率，揭示了末端基團的改變對材料太陽能性能的影響。相關材料的結構式如圖 4.27 所示。

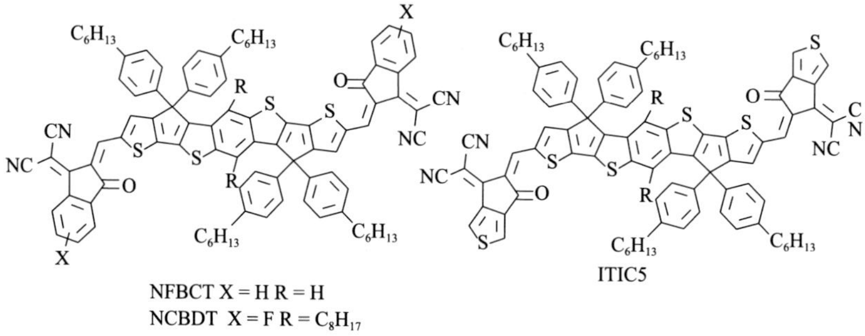

圖 4.27　NFBDT、NCBDT 和 ITIC5 的結構式

此外，科學研究工作者們對 BDT 中間構築單位進行了不同程度的修飾，調節材料相應的光學、電化學及太陽能性能。陳永勝教授團隊等透過在 BDT 單位引入二維側鏈的方式，同時採用具有氟原子取代的末端基團，設計合成了小分子受體 NCBDT。BDT 二維烷基鏈的引入，使得分子的 HOMO 能階有所提升，同時，單氟取代末端基團的引入進一步拉低了材料的 LUMO 能階，兩者的共同作用使得 NCBDT 的能隙變窄，為 1.45eV，光譜吸收能力變強。同時，與 NFBDT 相比，烷基鏈的引入也使得其分子間的 π－π 堆積距離變短，裝置獲得更有效的電荷的傳輸能力，當與 PBDB－T 搭配時，太陽能裝置獲得了 12.12％的光電轉換效率，其 J_{sc} 為 20.33mA·cm^{-2}，遠高於基於 NFBDT 的 17.35mA·cm^{-2}，然而其 V_{oc} 並沒有降低太多，為 0.839V，僅略低於 NFBDT 的 0.868V，這為我們提供了一個很好的平衡 V_{oc} 和 J_{sc} 的分子設計策略。隨後，採取相同的策略，將烷基側鏈換成了氧烷基側鏈，合成了 NOBDT，氧原子的引入，進一步增加了 D 單位的給電子能力，提高了分子的 HOMO 能階。選用窄能隙的 PTB7－Th 作為供體材料，與之搭配作為疊層裝置的後電池，選用 PBDB－T：F－M 作為前電池，透過裝置優化，最終此疊層裝置獲得了高達 14.11％的光電轉換效率，是當時疊層裝置的最高值之一。廖良生教授等也將氧烷基側鏈引入到 BDT 單位中，

不同於 NOBDT 所使用的 C8 直鏈，使用了 2－乙基己基的支鏈，合成了近紅外小分子受體 BT－IC，與 J71 搭配，獲得了超過 10％ 的效率，證明氧烷基鏈的引入，對拓寬分子的吸收光譜具有一定的效果。隨後，將雙氯取代的 INCN 端基引入到 BT－IC 分子中，合成了 BT－CIC，增強了分子間的電荷傳輸效應，光學能隙較窄，為 1.33eV。同時，Cl⋯S 和 Cl⋯Cl 的分子間相互作用使其在混合膜中的堆積更加有序，最終，與 PTB7－Th 共混，獲得了 11.2％ 的光電轉換效率，其 J_{sc} 高達 22.5mA·cm^{-2}。此外，由於其在 650～800nm 的 EQE 響應高達 75％，是製備半透明電池較好的材料。不同於以上的引入烷基側鏈，占肖衛等將共軛的噻吩側鏈單位引入到 BDT 單位中，命名為 ITIC2，使得其相比 ITIC1（即 NFBDT），擴大了分子的共軛範圍，HOMO、LUMO 能階都有所升高，能隙變窄，吸收光譜紅移了 12nm，其莫耳吸光係數也進一步提高。同時，GIWAXS 結果表明，噻吩側鏈的引入，使得 ITIC2 的晶體相干長度（CCL）變大，表明 ITIC2 的堆積能力更強。當選用 FTAZ 作為供體材料時，獲得了 11.0％ 的效率，遠高於 ITIC1 的 8.54％。

  A－D－A 小分子中間給電子單位的富電子能力對其能階和能隙有著巨大的影響，對於基於 BDT 單位的小分子受體的「D」部分，除了透過對其二維側鏈進行修飾來改變其富電子能力外，研究者們將更多的目光集中在了透過引入其他共軛單位拓寬其共軛長度上。基於 NCBDT 體系，丁黎明研究員等在其中間核的兩邊分別增加了一個噻吩單位，合成了 NNFA 系列分子，並研究了烷基苯和 BDT 單位上側鏈的長度對裝置性能的影響。研究發現，BDT 上側鏈的引入可以降低分子的能隙，與上述結論類似，無論是哪種側鏈的長度，對分子的溶解度會造成較大的影響。並且溶解度較為適中的 NNFA[6，6]分子與 NNFA[12，3]和供體 FTAZ 搭配時，其混溶性較為適中，有利於獲得合適相分離和電荷的傳輸，進而獲得較好的裝置性能，分別為 10.56％ 和 10.81％。陳永勝教授等在前期的分子 NOBDT 中，採取相同的策略，在中間核的兩端各增加一個噻吩單位，合成了小分子受體 OBTT－F，與 NOBDT 相比，薄膜的最大吸收峰紅移了 3nm，為 784nm。為了進一步拓寬其吸收光譜，並研究鹵素端基對裝置性能的影響，也合成了端基為雙氟取代的小分子 OBTT－2F，薄膜的最大吸收峰紅移至 811nm，且與 OBTT－F 相比，OBTT－2F 的 π－π 堆積更為緊密，結晶性更強，與 PBDB－T 搭配，J_{sc} 高達 20.83mA·cm^{-2}，獲得了 11.55％ 的效率。隨後，在 OBTT－2F 中間核的末端引入了兩個烷基側鏈，合成了 TTCn－4F 系列分子，並研究了側鏈長度對太陽能性能的影響。研究表明，側鏈的引入，使得分子的 HOMO 和 LUMO 能階有所上升，有利於提高其開路電壓，同時，選用具有較

深 HOMO 能階的 PM6 作為供體，進一步提高其開路電壓。此外，GIWASX 結果表明，側鏈的長度過短，其自身的 $\pi-\pi$ 堆積能力較差，過長其自身堆積過強，其中，辛基側鏈的堆積較為適中，與 PM6 搭配，可以形成較好的互穿網絡結構，較為平衡的空穴和電子遷移率以及電荷分離及傳輸效率，最終，基於 PM6：TTC8－4F 的二元體系獲得了 13.95％的效率，為了進一步提高其性能，選用與 TTC8－4F 吸收互補的受體 F－Br 作為第三組分，所製備的三電子組件其三個性能參數都有所提高，最後獲得了高達 15.34％的效率。基於 BDT 系列稠環受體材料的結構式如圖 4.28 所示。

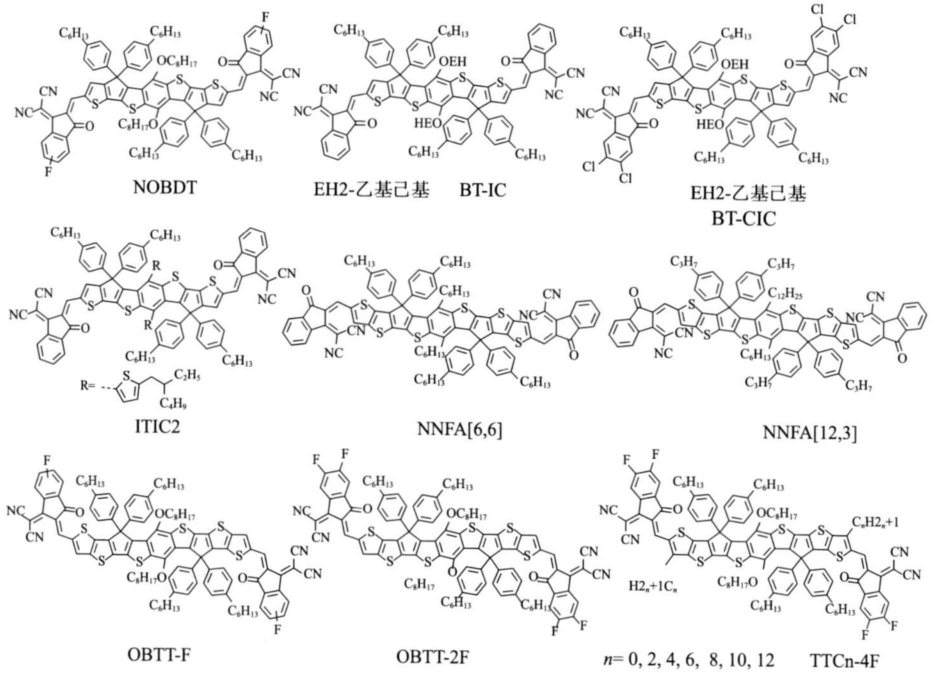

圖 4.28　基於 BDT 系列稠環受體材料的結構式

同時，占肖衛等也基於 ITIC2 展開了研究。將 ITIC2 的噻吩烷基上的 2－乙基己基側鏈換成了較短的己基鏈，採用雙氟取代的 INCN 端基，在 ITIC2 的中間核的兩端各稠合一個噻吩單位，合成了 FNIC2，以及它的同分異構體 FNIC1，如圖 4.29 所示。擴大的共軛單位以及具有較強的拉電子能力的端基使它們的吸收光譜發生紅移。與 FNIC1 相比，FNIC2 的吸收光譜更加紅移，結晶性也更強，更有利於電荷的傳輸和分離。透過優化，基於 PTB7－Th：FNIC2 的體系獲得了 13.0％的效率，J_{sc} 為 23.93mA·cm^{-2}，FF 高達 0.734，遠遠高於 PTB7－Th：FNIC1 的 10.3％的效率。隨後，基於該體系製備了半透明裝置，當可見光區的

透光率為 20.3%～13.6% 時，其裝置效率可達 9.1%～11.6%。

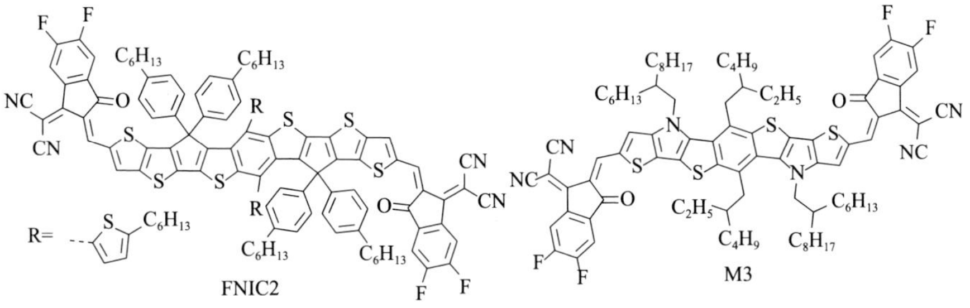

圖 4.29　FNIC2 和 M3 的結構式

另外，鄭慶東研究員等則對 A－D－A 型小分子受體中 D 單位上的側鏈單位展開了研究，傳統的 sp³ 碳的空間位阻效應可能不利於分子間的 π－π 堆積，因此，基於 BDT 單位的小分子受體，將 D 單位中 BDT 與噻吩單位中間的五元環上的 sp³ 碳橋換為 sp² 氮橋，設計合成了一系列基於 BDT 單位含有五元氮雜環稠環的 M 系列小分子受體材料。透過調節 BDT 單位二側鏈和五元雜環中氮烷基鏈的長度，來調節分子的溶解性、結晶性、能階和電子遷移率等。最終合成的小分子受體 M3 與 PM6 共混，其活性層能獲得良好的互穿網絡結構、較高的載流子遷移率以及電荷傳輸和分離效率，獲得了高達 16.66% 的效率，其中，V_{oc} 為 0.91V，J_{sc} 為 24.03mA·cm^{-2}，FF 達到 76.22%，是目前基於非富勒烯體系的最高值之一。

除此之外，還有一些其他核心為中間給電子單位的小分子受體材料。如陳永勝教授等報導了基於萘單位為中間核的受體分子 NTIC，並考察了不同取代基取代的末端基團對分子電化學性質的影響。相比於 NTIC 來說給電子的甲基和甲氧基使得分子的 LUMO 能階分別提升了 0.03eV 和 0.06eV，這對於裝置獲得較高的開路電壓是有利的，而拉電子的氟原子使得其 LUMO 能階降低了 0.01eV。當採用 PBDB－T 為供體材料時，透過裝置優化，NTIC 獲得了 8.63% 的光電轉換效率，而 NTIC－Me 獲得了高達 0.965V 的開路電壓，這就說明萘單位可以作為高效的有機太陽能材料。在此基礎上，陳永勝教授研究組也報導了採用蒽環作為中間核的稠環受體材料，該分子具有可達到 774nm 的截止吸收波長，以及相對較高的 LUMO 能階(－3.89eV)。當與 PM6 共混時製備的反向裝置獲得了 0.9V 的開路電壓，19.52mA·cm^{-2} 短路電流密度以及 13.27% 的光電轉換效率。透過上述研究發現，透過不斷延長分子的共軛體系長度(由萘環到蒽環)裝置短路電流密度逐漸提升，裝置的太陽能性能也在逐漸提升。其結構式如圖 4.30 所示。

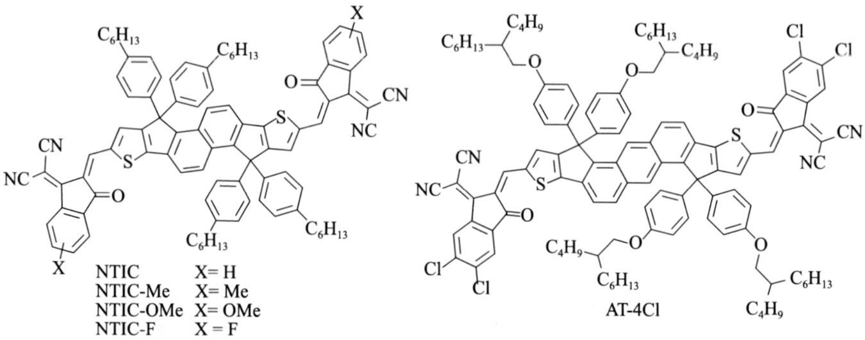

圖 4.30　NTIC 及其衍生物和 AT－4Cl 的結構式

　　2017 年，占肖衛教授等以萘二噻吩為中間核，雙氟取代雙氰基茚滿二酮為末端基團，設計合成了稠環受體材料 IOIC2。相比於萘環中間核受體材料 IHIC2，IOIC2 吸收光譜紅移 48nm，且 HOMO/LUMO 能階分別向上移動了 0.17eV 和 0.07eV。由於 IOIC2 的吸光範圍變寬，且 LUMO 向上移動，有利於同時獲得更高的短路電流密度與開路電壓。透過裝置優化，FTAZ：IOIC2 體系獲得了 12.3% 的光電轉換效率。2018 年，王春儒研究員與魏志祥研究員等在 IOIC2 的基礎上，在萘並二噻吩中間核分別稠合兩個噻吩並[3，2－b]噻吩，進一步擴大分子共軛體系長度，使得分子的最大的吸收光譜相比於 IOIC2 紅移 33nm（其結構式如圖 4.31 所示）。在此筆者也採用了 FTAZ 作為供體材料，當採用氯萘和 1,8－二碘辛烷作為混合添加劑時，獲得了 0.87V 的開路電壓，提升的短路電流密度（21.98mA·cm^{-2}）以及 13.58% 的光電轉換效率。他們發現在裝置製備過程中，當同時選用溶解度較好以及溶解度較差的混合添加劑時，可以有效調節活性層的形貌並且獲得較高的裝置性能。

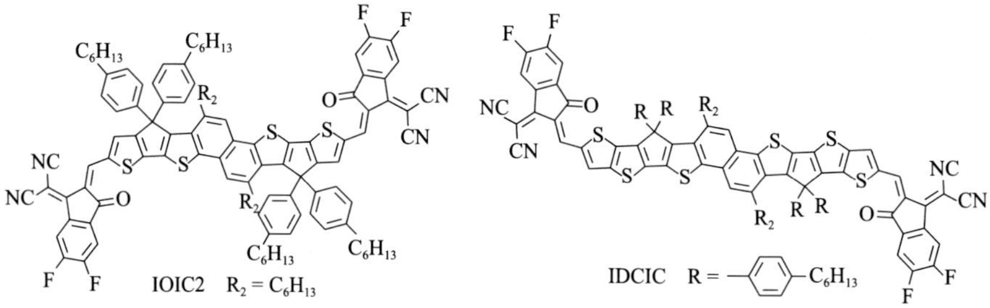

圖 4.31　IOIC2 和 IDCIC 的結構式

　　2018 年，唐衛華教授等報導了以二噻吩[3，2－b：2′，3′－d]吡咯稠環的非富勒烯受體材料 INPIC 和 INPIC－4F。由於氟原子的強拉電子作用，相比於 IN-PIC 來說，INPIC－4F 具有更窄的光學能隙 1.39eV 以及降低的 HOMO/LUMO

能階。從其 AFM 以及 TEM 圖像上可以發現，氟原子的引入增強了 INPIC-4F 的結晶性，使其混合薄膜擁有更為適中的結晶能力以及更明顯的纖維狀結構，這有利於形成合適的相分離以及電荷的傳輸。當採用聚合物 PBDB-T 作為供體材料時，透過裝置性能優化獲得了高達 13.13% 的光電轉換效率。隨後，筆者將 INPIC 分子中氮原子取代位點上的正辛基換為 2-丁基辛基，並分別採用雙氰基茚滿二酮，雙氟以及雙氯取代雙氰基茚滿二酮作為末端基團合成一系列非富勒烯受體材料。與以上實驗類似當換用支鏈取代烷基鏈時 PBDB-T：IPIC-4Cl 體系獲得了 13.4% 的光電轉換效率，同時也伴隨著非常低的能量損失(0.51eV)。同時他們也製備了三電子組件，以 PC$_{71}$BM 作為第三組分，裝置的效率也從二元的 13.4% 提升到三元時的 14.3%。其結構式如圖 4.32 所示。

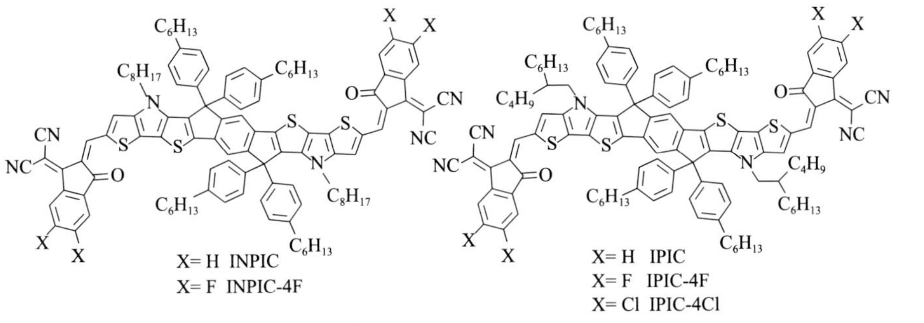

圖 4.32　INPIC，INPIC-4F，IPIC，IPIC-4F 和 IPIC-4Cl 的結構式

在 A-D-A 型小分子受體材料的設計合成中，在 D 和 A 單位之間引入次級給電子以及拉電子的橋聯基團來調節分子的吸收光譜、能階等是一個有效的策略。早在 2016 年，朱曉張研究員等在 IDT 與末端雙氰基繞丹寧單位之間引入缺電子的酯基取代噻吩並[3,4-b]噻吩基團設計合成了 ATT-1。ATT-1 分子由於末端官能團拉電子能力弱於雙氰基茚滿二酮基團，因此具有較高的 LUMO 能階，這就有利於裝置獲得較高的開路電壓。同時，ATT-1 分子在薄膜狀態下最大吸收光譜到達 736nm，相比於溶液狀態下紅移 46nm，這就說明分子在固態下發生很好的 π-π 堆積且其截止吸收超過 800nm，這就有利於獲得較高的短路電流密度。因此當採用 PTB7-Th 為供體材料時，獲得了 16.48mA·cm^{-2} 的短路電流密度，0.70 的填充因子以及超過 10% 的光電轉換效率。而在同等條件下 PTB7-Th：PC$_{71}$BM 體系僅獲得 9.02% 的效率。這也是當時基於 PTB7-Th 作為供體材料的非富勒烯體系獲得的高效率之一。2017 年，朱曉張研究員等在 ATT-1 的基礎上，換用拉電子能力更強的雙氰基茚滿二酮端基設計合成了 ATT-2。該分子在 600~940nm 範圍內有較強的近紅外光譜吸收並且光學能隙僅為

1.32eV。在這裡筆者採用 PTB7－Th 為聚合物供體材料製備了單層裝置，在沒有任何後處理的情況下就獲得了 9.58％的效率以及 20.75mA·cm^{-2} 的短路電流密度。基於上述體系的半透明裝置，在平均透光率為 37％的情況下，獲得了 7.7％的能量轉換效率，這是當時報導的最高的半透明裝置。其結構式如圖 4.33 所示。

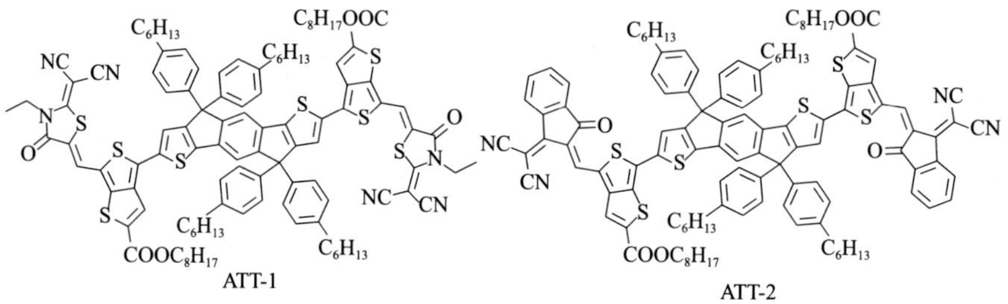

圖 4.33　ATT－1 和 ATT－2 的結構式

2018 年，朱曉張研究員等報導了一種以茚並茚為中間單位，烷基取代噻吩並[3，4-b]噻吩為橋聯基團，連接末端基團與中間給電子單位，雙氟取代雙氰基茚滿二酮為末端基團的受體分子 NITI。該分子是由兩個 sp^3 碳橋聯具有 14-π 電子的共軛體系，這就使得這種結構的分子的電子結構和薄膜形貌具有更多地可調節性。由於噻吩並[3，4-b]噻吩給電子橋聯基團的引入使得分子光學能隙變為 1.49eV。透過 DFT 理論計算發現，在 NITI 分子中橋聯基團與中間核具有 25°的夾角，然而裝置仍獲得了較好的太陽能性能。說明稠環分子中存在一定扭轉角，透過裝置優化合適供受體材料的選擇也可以獲得高性能的太陽能裝置。因此當選用聚合物 PBDB－T 為供體材料時，不僅與 NITI 之間形成較好的光譜互補以及能階匹配，也獲得了 12.74％較高的裝置效率。在此工作基礎上，採用了兩個單噻吩基團與中間茚並茚基團稠合，製備了全稠合的受體材料 ZITI（其結構式如圖 4.34 所示）。分別採用 PBDB－T 以及 J71 為聚合物供體材料，其均與 ZITI 具有很好的光譜互補性，有利於獲得較高的電流值。當分別與兩種供體材料搭配，透過裝置優化，分別獲得了 13.03％以及 13.24％的光電轉換效率。

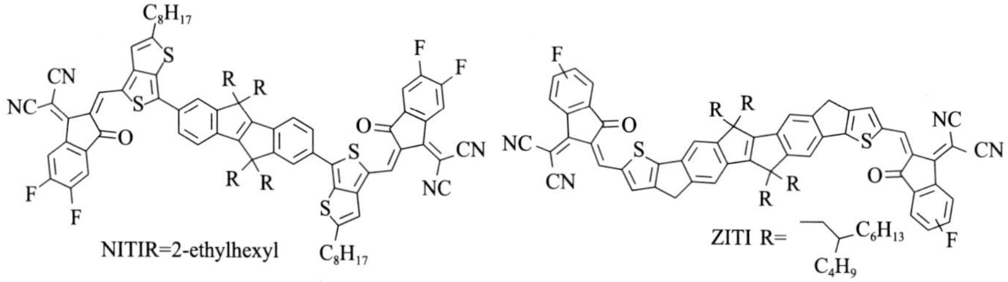

圖 4.34　NITI 和 ZITI 的結構式

為了進一步拓寬分子的吸收光譜，降低其分子能隙，一系列基於 IDT 中間核的受體材料受到廣泛關注。2015 年，占肖衛教授研究組首次報導了基於 IDT 中間核，引入兩個給電子噻吩橋聯基團的受體材料 IEIC。相比於溶液狀態下的吸收光譜，IEIC 在薄膜狀態下吸收光譜紅移 50nm 並且出現較強的肩峰，說明分子存在一定程度的自組裝並且產生很好的 π-π 堆積。IEIC 分子顯示較寬的吸收光譜，其最大吸收波長位於 790nm，該體系中採用 PTB7-Th 作為聚合物供體材料，獲得了 6.31％的光電轉換效率，並在一個太陽光持續照射下效率僅降低 17％。在 IEIC 基礎上，侯劍輝研究員等報導了在噻吩橋聯單位上引入氧烷基鏈設計了新型非富勒烯受體材料 IEICO。氧烷基鏈的引入使得 IEICO 吸光範圍進一步擴寬，其光學能隙降低為 1.34eV，由於氧烷基鏈的給電子作用，IEICO 的 HOMO 能階進一步提升，且仍然具有與 IEIC 相似的 LUMO 能階，這就意味著以 IEICO 為受體材料所製備的裝置在不損失開路電壓的情況下能更多地吸收太陽光。IEICO 在 600～850nm 範圍內具有較強的光吸收能力，且最大吸收峰比 IEIC 紅移 90nm，因此基於 IEICO 製備的裝置獲得了高達 17.7mA·cm^{-2}的短路電流密度及 8.4％的光電轉換效率。緊接著在 IEICO 基礎上，設計合成了 IEICO-4F，強拉電子作用的雙氟取代末端基團的引入，使 IEICO-4F 的能隙變得更窄(1.24eV)，其吸光範圍超過了 1000nm。由於強拉電子作用端基的引入使得 IEICO-4F 的 LUMO 能階降低到-4.19eV，當與窄能隙的 PTB7-Th 共混時獲得了高達 22.8mA·cm^{-2}的短路電流密度以及 10.0％的光電轉換效率。同時筆者也製備了三電子組件，以 J52 作為第三組分，當供受體比例為 0.3：0.7：1.5 時獲得了 25.3mA·cm^{-2}的短路電流密度以及 10.9％的光電轉換效率。這是當時報導的最高短路電流密度值。

2018 年，顏河教授等報導了 ICIES-4F，將 IEICO-4F 分子中氧烷基鏈換為硫烷基鏈。透過硫原子的引入大大增強了分子的結晶性與電子遷移率，使 IEICS-4F 的吸收範圍由 300 到 1000nm。由於其相對寬的吸收光譜，分別製備了單結裝置以及半透明裝置，分別獲得了 10.3％以及 7.5％的光電轉換效率。同時為了更多地吸收並利用太陽光，也製備了疊層半透明裝置，以該紅光區材料為後電池材料，P3TEA：FTTB-PDI4 為前電池材料，在平均透光率為 20％時獲得了 10.5％的光電轉換效率。其結構式如圖 4.35 所示。

2. 基於末端基團的調控

稠環受體 IDIC 和 ITIC 等的出現，將有機太陽能電池的發展推向了新的發展階段。目前已經報導多個效率超過 13％的非富勒烯受體材料。在這個發展過程中，在較佳的體系中透過分子結構，特別是末端基團的微調，成為獲得高效率太

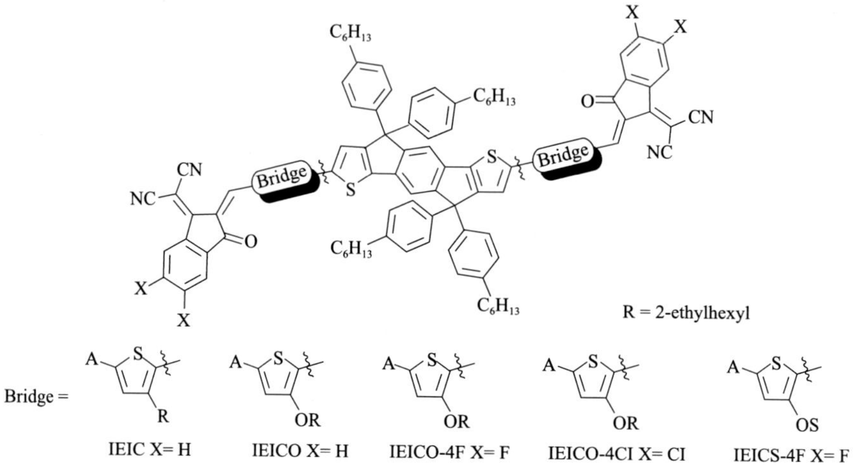

图 4.35　IEIC、IEICO、IEICO－4F、IEICO－4Cl 和 IEICS－4F 的结构式

　　阳能装置的有效策略。而当前 A－D－A 小分子受体的端基多是基于氰基茚满二酮的微调或修饰。

　　2017 年，侯剑辉研究员等透过在 ITIC 的双氰基茚满二酮末端基团上引入甲基，报导了 IT－M 以及 IT－DM，甲基的引入使得分子的吸收光谱基本不变，而其 LUMO 能阶分别提升了 0.04 以及 0.09eV。当采用 PBDB－T 聚合物供体材料时，其开路电压由 0.90V 提升到 0.94V 再到 0.97V，而 IT－M 的短路电流密度仍保持在 17.44mA·cm^{-2}，并且获得了 12.05% 的光电转换效率。同年，李韦伟研究员等在 IDTT 中间核的基础上研究了卤素取代的末端基团对场效应电晶体及有机太阳能体系太阳能性能的影响。相比于非卤素取代的分子，卤素取代的分子具有更深的前线轨道能阶以及更好的结晶性，这主要是由于卤素原子的电负性以及重原子效应。因此本文中报导的氟、氯、溴、碘四种卤素取代的有机半导体材料获得了超过 1.3cm^2·V^{-1}·s^{-1} 的电子迁移率，而当作为非富勒烯受体应用于有机太阳能电池领域时获得了超过 9% 的光电转换效率。

　　2017 年，侯剑辉研究员等提出供体与受体分子协同优化设计策略，首先设计合成了受体材料 IT－4F 分子，由于四个氟原子的引入，使得分子的 LUMO/HOMO 能阶均下降，其 LUMO 能阶降低到－4.14eV，此时为了保证获得较高的开路电压，同时，设计了供体分子 PBDB－T－SF，在 PBDB－T 供体分子的二维噻吩侧链上引入硫烷基链，使得 PBDB－T－SF 的 LUMO 能阶降低到－3.60eV。相比于 PBDB－T 来说，PBDB－T－SF 的吸收光谱并未发生变化但吸光能力增强。因此相比于 PBDB－T：IT－4F 体系来说，PBDB－T－SF：IT－4F 体系的短路电流密度由 17.03mA·cm^{-2} 提升到 20.50mA·cm^{-2}，其开路电

壓及填充因子分別為 0.88V 和 0.72V，並未發生較大改變，因此該體系最終獲得了高達 13.0％的光電轉換效率，是當時報導的最高光電轉換效率。隨後引入了雙氯取代的端基，合成了 IT－4Cl 分子，其中碳氯鍵的存在增強了供受體分子間的電荷轉移效應。同時由於氯原子的拉電子作用，與上述考慮相同，強拉電子基團的引入使得分子 LUMO 能階下降，為了盡可能在保持開路電壓不降低的情況下獲得較高的短路電流密度，筆者採用了氟取代 BDT 二維噻吩側鏈的聚合物供體材料 PBDT－TF(PM6)。經過系統的裝置優化，PBDB－TF：IT－4Cl 體系獲得了 0.79V 的開路電壓，22.67mA·cm^{-2} 的短路電流密度以及高達 13.45％的光電轉換效率。同時他們也用單氯取代的 IT－2Cl 分子與之製備了三電子組件，由於 IT－2Cl 具有較高的 LUMO 能階以及兩種受體分子間存在很好的兼容性，因此獲得了開路電壓進一步提升的結果(0.842V)，進而獲得了高達 14.18％的單結裝置效率。近期，侯劍輝研究員等同樣採用 IT－4F 作為受體分子，在聚合物 PBDB－TF 基礎上，進一步加入 3－噻吩甲酸乙酯單位，設計合成了一系列無規共聚物，在 T1：IT－4F 體系中獲得了高達 0.899V 的開路電壓，21.5mA·cm^{-2} 的短路電流密度以及 15.1％的光電轉換效率。

在末端基團的研究進展中，也出現了一系列基於噻吩基團的端基，比如 2017 年，侯劍輝研究員等報導了噻吩甲基端基，設計合成了 ITCC－M 分子。由於噻吩基團的給電子能力，使得 ITCC－M 相比於 ITIC 來說，HOMO 能階提升了 0.2eV，LUMO 能階基本不變(提升了 0.03eV)。因此 ITCC－M 分子的吸收光譜藍移 50nm，基於 PBDB－T：ITCC－M 裝置的開路電壓提高到 1.03V，基於此筆者設計了疊層裝置，並將其應用於前電池材料獲得 13.8％的光電轉換效率。隨後也報導了不帶甲基的噻吩端基，並設計了 ITCC，同時透過 DFT 理論計算，筆者也模擬了 ITIC 與 ITCC 兩種受體分子之間的堆積情況，發現兩個分子之間的結合能分別為－24.06 以及－26.65kcal·mol^{-1}，其中 ITCC 分子之間的結合能降低了 2.59kcal·mol^{-1}，這就說明該分子有相對較強的分子間堆積情況，這也與其 GIWAXS 衍射峰獲得的結果是一致的。同時楊楚羅教授等也報導了一系列噻吩稠合的末端基團(CPTCN)，並合成了一系列受體分子 ITCPTC、MeIC、DM－MeIC 等，同時也利用了很多其他的中間核，透過合適中間核的選擇，供體分子的選擇及裝置優化等策略獲得了超過 12％的光電轉換效率。同時近期也出現了一系列基於雙氰基茚滿二酮端基修飾的末端基團，例如引入炔基以及炔基苯等基團設計的受體分子 ITEN、ITPN，在末端基團引入 3，5－二氟苯基端基合成的 ITIF 等分子也都獲得了超過 10％的裝置效率。其相關材料的結構式如圖 4.36 所示。

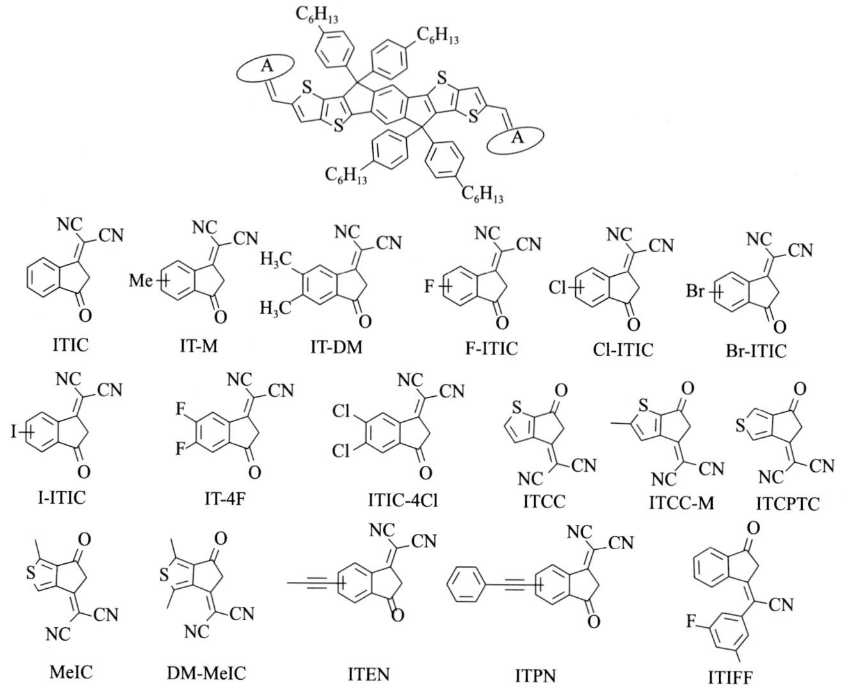

圖4.36　ITIC、IT－M、IT－DM、X－ITIC、IT－4F、IT－4Cl、ITCC、ITCC－M、ITCPTC、MeIC、DM－MeIC、ITEN、ITPN 和 ITIF 的結構式

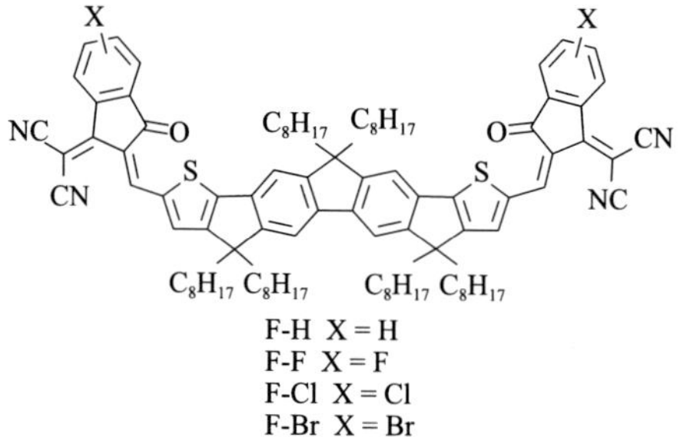

　　2018年，陳永勝教授等在之前報導的FDICTF稠環受體分子的基礎上，設計合成了分別以氟，氯，溴取代末端基團的受體分子F－F，F－Cl，F－Br等受體分子（圖4.37）。透過鹵素的取代探究鹵素效應對裝置吸收光譜，結晶性，遷移率及裝置太陽能性能的影響。研究發現，相比於F－H分子來說，氟、氯、溴三種元素的引入，使得

圖4.37　F－H、F－F、F－Cl 和 F－Br 的結構式

三種分子吸收光譜分別紅移了14nm、22nm以及31nm。而鹵素原子的引入，使其HOMO/LUMO能階均有所下降，因此，裝置的開路電壓均有不同程度的下降，相反其短路電流密度有相應的提升，尤其F－Br獲得了高達18.22mA·cm^{-2}的短路電流密度，0.76的填充因子以及12.05%的光電轉換效率。同時從其遷移率數據看出鹵素原子的引入有效提升了裝置的遷移率。從其GIWAXS數

第4章　有機太陽能電池：受體材料

據發現，鹵素原子的引入也有效增強了分子的結晶性。因此，在末端基團引入鹵素原子是一種有效的調節分子吸收光譜以及結晶性的策略。

2018 年，鄭彥如和許千樹教授等首次提出了透過分子末端基團的設計，獲得了同時提高開路電壓以及短路電流密度的策略。基於已報導的 BDT 稠合中間核分子，設計合成了噻吩並[3，2-b]噻吩的末端基團。採用已報導的 BDCPDT 為參比，對比新端基的引入對分子吸收光譜，能階，形貌及太陽能性能的影響（結構式如圖 4.38 所示）。由於噻吩基團的給電子能力，基於噻吩並[3，2-b]噻吩的末端基團拉電子能力有所下降，因此相比於 BDCPDT－IC，其溶液吸收光譜藍移 20nm，這主要是由於富電子的噻吩並[3，2-b]噻吩單位減弱了分子間的電荷轉移過程（ICT）。然而由於並噻吩端基的光學過渡態，BDCPDT－TTC 分子在350～470nm 範圍出現額外的吸收帶，也就有利於獲得更高的短路電流密度。鑑於噻吩並[3，2-b]噻吩的末端基團相對較弱的拉電子能力，使得分子的 HOMO/LUMO 能階均提升，值得注意的是 PBDB－T 聚合物供體與 BDCPDT－TTC 的 HOMO 能階差僅有 0.02eV，這就有助於降低裝置的能量損失從而獲得較高的開路電壓。而從純膜的 GIWAXS 衍射峰積分曲線來看，BDCPDT－TTC 在面內方向上顯示很強的層間堆積峰，BDCPTDT－FIC 顯示的面內方向上的層間堆積峰。同時 BDCPDT－FIC 在面內方向上出現 1.68 $Å^{-1}$ 的 π－π 堆積衍射峰，這就說明純膜狀態下該分子主要存在 edge－on 的堆積，而混合薄膜在面內與面外方向分別出現 1.75 和 1.72 $Å^{-1}$ 的衍射峰，說明該體系混合薄膜既存在 face－on 的堆積又存在 edge－on 的堆積形式。而 PBDB－T：BDCPTDT－TTC 只在面外(010)方向顯示 1.72 $Å^{-1}$ 的衍射峰，這種 face－on 的堆積形式有利於裝置中垂直方向載流子的傳輸。因此該體系最終獲得了 0.92V 的開路電壓，17.72mA·cm^{-2} 的短路電流密度，以及 10.29% 的光電轉換效率，相比於 BDCPDT－IC 體系（V_{oc}＝0.86V，J_{sc}＝16.56mA·cm^{-2}，PCE＝9.33%），該體系獲得了開路電壓與短路電流密度均有所提升的裝置參數。

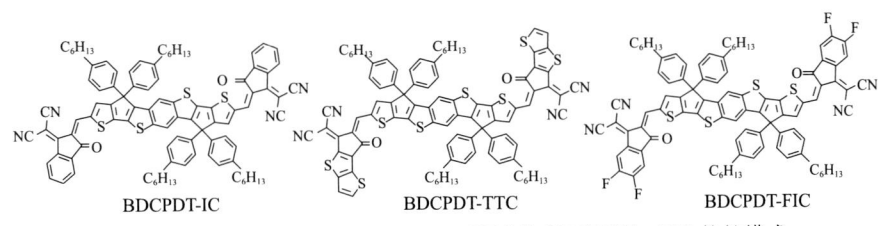

圖 4.38　BDCPDT－IC、BDCPDT－TTC 和 BDCPDT－FIC 的結構式

3. 基於側鏈單位的調控

側鏈單位選擇的不同，也會對分子光學性能有一定的影響，也是細微調控分子吸收光譜及能階的有效策略。例如透過將常規應用於稠環受體材料中的4－己基苯側鏈換為噻吩側鏈，改變烷基鏈的長度及引入雜原子等對分子的結構進行精細化調控，從而獲得更高的太陽能裝置效率。

占肖衛教授等在ITIC分子基礎上，將苯烷基側鏈換為噻吩烷基側鏈，使得ITIC－Th的HOMO/LUMO能階相比於ITIC均下降，其中$HOMO = -5.66eV$，$LOMO = -3.83eV$。這也就使ITIC－Th可以與很多高性能的窄能隙以及寬能隙聚合物能階匹配。同時由於噻吩側鏈中，S－S相互作用增強了分子之間相互作用，在選用PDBT－T1作為聚合物供體材料時獲得了高達9.6％的光電轉換效率。隨後在同一年，李永舫院士等採用間位取代的苯烷基側鏈設計合成了m－ITIC。相比於ITIC來說，兩者的吸收光譜沒有發生顯著變化，而在薄膜狀態下，m－ITIC的莫耳吸光係數增大，GIWAXS數據顯示，其晶體相干長度也增大，同時電子遷移率也有所增加。這些內在的優點使得J61：m－ITIC體系獲得高達11.77％的光電轉換效率。

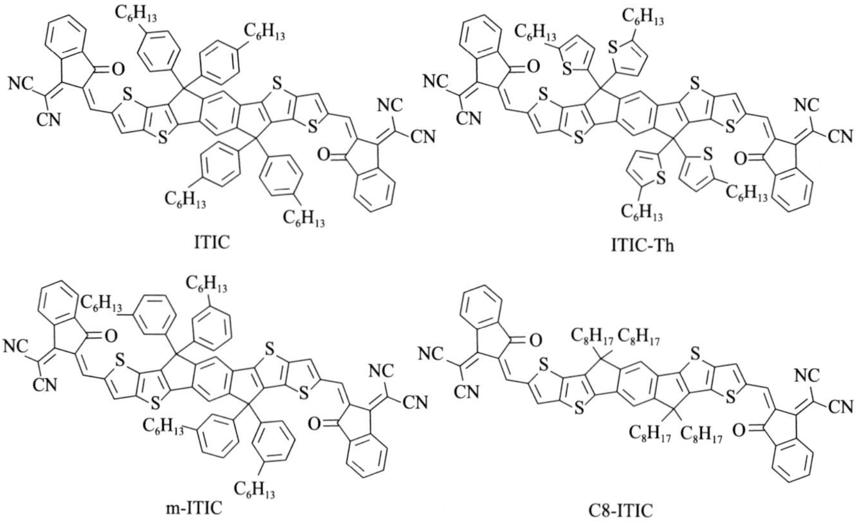

圖4.39 ITIC，ITIC－Th，m－ITIC和C8－ITIC的結構式

為了進一步改善裝置的太陽能性能，基於高性能的IDTT中間核，Heeney教授等設計合成了C8－ITIC分子，將ITIC中苯烷基側鏈換為純烷基鏈。相比於ITIC來說，C8－ITIC分子莫耳吸光係數增大且吸收光譜發生紅移。因此在選用中等能隙聚合物PBDB－T時獲得了12.41％的光電轉換效率。同時筆者也同

時設計合成了 BDD 單位中，氟取代噻吩的聚合物 PFBDB－T，氟原子的引入使得分子的 HOMO/LUMO 能階均下降，且能與 C8－ITIC 很好地能階匹配，從而可以在獲得高電流的情況下獲得更高的開路電壓。在 PFBDB－T：C8－ITIC 體系中，獲得了 0.94V 的開路電壓（PBDB－T：C8－ITIC，$V_{oc}=0.87$V）以及 13.2％的光電轉換效率。其相關材料的結構式如圖 4.39 所示。

4.3.4 小分子受體材料的總結與展望

得益於海內外研究工作者的不斷努力，有機太陽能電池在過去的幾十年已經取得突破性的研究進展。尤其是近十年來，隨著明星聚合物供體 PBDB－T、PBDB－TF、PCE10、D18 等的發展將基於富勒烯體系的太陽能裝置推向新的研究進展。隨著 2015 年 ITIC 的出現，拉開了非富勒烯受體材料的研究高潮，使得基於非富勒烯受體材料的太陽能裝置的光電轉換效率不斷攀升，已經獲得超過 14％的 PCE。緊接著，在 2019 年，鄒應萍教授等報導的 Y6 系列具有 A－D－A－D－A 結構的非富勒烯受體，使得有機太陽能電池的研究進入新的研究篇章，其光電轉換效率不斷被刷新，從最初的 15.7％，提升到目前單結裝置的超過 19％，疊層裝置超過 20％的光電轉換效率。有機太陽能電池的裝置效率已經幾乎可以與鈣鈦礦以及矽基太陽能電池相提並論。在不久的將來，隨著研究工作者的不斷努力、材料的創新、裝置工藝的進步、裝置穩定性的提升等技術的進步，有機太陽能電池的研究必將獲得更大的突破。太陽能材料的大規模生產製備，太陽能裝置的大面積、柔性、半透明等獨特性能的開發，筆者相信有機太陽能的規模化生產製備必將到來。

參考文獻

[1] Chen S., Liu Y., Zhang L., Chow P. C. Y., Wang Z., Zhang G., Ma W., Yan H. A wide－bandgap donor polymer for highly efficient non－fullerene organic solar cells with a small voltage loss[J]. J. Am. Chem. Soc., 2017, 139(18): 6298－6301.

[2] Chen Z., Zheng Y., Yan H., Facchetti A. Naphthalenedicarboximide－vs perylenedicarboximide－based copolymers. synthesis and semiconducting properties in bottom－gate N－Channel organic transistors[J]. J. Am. Chem. Soc., 2009, 131(1): 8－9.

[3] Duan Y., Xu X., Yan H., Wu W., Li Z., Peng Q. Pronounced effects of a triazine core on photovoltaic performance－efficient organic solar cells enabled by a PDI trimer－based small molecular acceptor[J]. Adv. Mater., 2017, 29(7): 1605115.

[4] Guo Y., Li Y., Awartani O., Zhao J., Han H., Ade H., Zhao D., Yan H. A vinylene

—bridged perylenediimide—based polymeric acceptor enabling efficient all—polymer solar cells processed under ambient conditions[J]. Adv. Mater., 2016, 28(38): 8483—8489.

[5] Hu H., Jiang K., Yang G., Liu J., Li Z., Lin H., Liu Y., Zhao J., Zhang J., Huang F., Qu Y., Ma W., Yan H. Terthiophene—based D—A polymer with an asymmetric arrangement of alkyl chains that enables efficient polymer solar cells [J]. J. Am. Chem. Soc., 2015, 137(44): 14149—14157.

[6] Lin H., Chen S., Li Z., Lai J. Y. L., Yang G., McAfee T., Jiang K., Li Y., Liu Y., Hu H., Zhao J., Ma W., Ade H., Yan H. High—performance non—fullerene polymer solar cells based on a pair of donor—acceptor materials with complementary absorption properties[J]. Adv. Mater., 2015, 27(45): 7299—7304.

[7] Liu Y., Mu C., Jiang K., Zhao J., Li Y., Zhang L., Li Z., Lai J. Y. L., Hu H., Ma T., Hu R., Yu D., Huang X., Tang B. Z., Yan H. A tetraphenylethylene core—based 3D structure small molecular acceptor enabling efficient non—fullerene organic solar cells[J]. Adv. Mater., 2015, 27(6): 1015—1020.

[8] Zhao J., Li Y., Hunt A., Zhang J., Yao H., Li Z., Zhang J., Huang F., Ade H., Yan H. A difluorobenzoxadiazole building block for efficient polymer solar cells [J]. Adv. Mater., 2016, 28(9): 1868—1873.

[9] Zhao J., Li Y., Lin H., Liu Y., Jiang K., Mu C., Ma T., Lai J. Y. L., Hu H., Yu D., Yan H. High—efficiency non—fullerene organic solar cells enabled by a difluorobenzothiadiazole—based donor polymer combined with a properly matched small molecule acceptor [J]. Energy Environ. Sci., 2015, 8(2): 520—525.

[10] Chen S., Liu Y., Zhang L., Chow P. C. Y., Wang Z., Zhang G., Ma W., Yan H. A wide—bandgap donor polymer for highly efficient non—fullerene organic solar cells with a small voltage loss[J]. J. Am. Chem. Soc., 2017, 139(18): 6298—6301.

[11] Chen Z., Zheng Y., Yan H., Facchetti A. Naphthalenedicarboximide— vs perylenedicarboximide—based copolymers. synthesis and semiconducting properties in bottom—gate N—Channel organic transistors[J]. J. Am. Chem. Soc., 2009, 131(1): 8—9.

[12] Guo Y., Li Y., Awartani O., Zhao J., Han H., Ade H., Zhao D., Yan H. A vinylene—bridged perylenediimide—based polymeric acceptor enabling efficient all—polymer solar cells processed under ambient conditions[J]. Adv. Mater., 2016, 28(38): 8483—8489.

[13] Hu H., Jiang K., Yang G., Liu J., Li Z., Lin H., Liu Y., Zhao J., Zhang J., Huang F., Qu Y., Ma W., Yan H. Terthiophene—based D—A polymer with an asymmetric arrangement of alkyl chains that enables efficient polymer solar cells [J]. J. Am. Chem. Soc., 2015, 137(44): 14149—14157.

[14] Lin H., Chen S., Li Z., Lai J. Y. L., Yang G., McAfee T., Jiang K., Li Y., Liu

Y., Hu H., Zhao J., Ma W., Ade H., Yan H. High-performance non-fullerene polymer solar cells vased on a pair of donor-acceptor materials with complementary absorption properties[J]. Adv. Mater., 2015, 27(45): 7299.

[15] Liu Y., Mu C., Jiang K., Zhao J., Li Y., Zhang L., Li Z., Lai J. Y. L., Hu H., Ma T., Hu R., Yu D., Huang X., Tang B. Z., Yan H. A tetraphenylethylene core-based 3D structure small molecular acceptor enabling efficient non-fullerene organic solar cells[J]. Adv. Mater., 2015, 27(6): 1015-1020.

[16] Zhao J., Li Y., Hunt A., Zhang J., Yao H., Li Z., Zhang J., Huang F., Ade H., Yan H. A difluorobenzoxadiazole building block for efficient polymer solar cells [J]. Adv. Mater., 2016, 28(9): 1868-1873.

[17] Zhao J., Li Y., Lin H., Liu Y., Jiang K., Mu C., Ma T., Lai J. Y. L., Hu H., Yu D., Yan H. High-efficiency non-fullerene organic solar cells enabled by a difluorobenzothiadiazole-based donor polymer combined with a properly matched small molecule acceptor[J]. Energy Environ. Sci., 2015, 8(2): 520-525.

[18] Chang L., Sheng M., Duan L., Uddin A. Ternary organic solar cells based on non-fullerene acceptors: A review[J]. Org. Electron., 2021, 90: 106063.

[19] Cheng P., Li G., Zhan X., Yang Y. Next-generation organic photovoltaics based on non-fullerene acceptors[J]. Nat. Photon., 2018, 12(3): 131-142.

[20] Cheng P., Yang Y. Narrowing the band gap: the key to high-performance organic photovoltaics[J]. Acc. Chem. Res. 2020, 53(6): 1218-1228.

[21] Gurney R. S., Lidzey D. G., Wang T. A review of non-fullerene polymer solar cells: from device physics to morphology control[J]. Rep. Prog. Phys., 2019, 82(3): 036601.

[22] Hong D., Li P., Li W., Manzhos S., Kyaw A. K. K., Sonar P. Organic interfacial materials for perovskite-based optoelectronic devices[J]. Energy Environ. Sci., 2019, 12 (4): 1177-1209.

[23] Hou J., Inganas O., Friend R. H., Gao F. Organic solar cells based on non-fullerene acceptors[J]. Nat. Mater., 2018, 17(2): 119-128.

[24] Jiang W., Li Y., Wang Z. Tailor-made rylene arrays for high performance n-channel semiconductors[J]. Acc. Chem. Res., 2014, 47(10): 3135-3147.

[25] Li C., Fu H., Xia T., Sun Y. Asymmetric nonfullerene small molecule acceptors for organic solar cells[J]. Adv. Energy Mater., 2019, 9(25): 1900999.

[26] Liang N., Meng D., Wang Z. Giant rylene imide-based electron acceptors for organic photovoltaics[J] Acc. Chem. Res., 2021, 54(4): 961-975.

[27] Lin Y., Zhan X. Non-fullerene acceptors for organic photovoltaics: an emerging horizon [J]. Mater. Horiz., 2014, 1(5): 470-488.

[28] Lin Y., Zhan X. Oligomer molecules for efficient organic photovoltaics [J].

Acc. Chem. Res.，2016，49(2)：175-183.

[29] Liu Z.，Wu Y.，Zhang Q.，Gao X. Non-fullerene small molecule acceptors based on perylene diimides[J]. J. Mater. Chem. A，2016，4(45)：17604-17622.

[30] Roncali J.，Grosu I. The dawn of single material organic solar cells[J]Adv. Sci.，2019，6(1)：1801026.

[31] Said A. A.，Xie J.，Zhang Q. Recent progress in organic electron transport materials in inverted perovskite solar cells[J]. Small，2019，15(27)：1900854.

[32] Sonar P.，Lim J. P. F.，Chan K. L. Organic non-fullerene acceptors for organic photovoltaics[J]. Energy Environ. Sci.，2011，4(5)：1558-1574.

[33] Sorrentino R.，Kozma E.，Luzzati S.，Po R. Interlayers for non-fullerene based polymer solar cells：distinctive features and challenges[J]. Energy Environ. Sci.，2021，14(1)：180-223.

[34] Wang G.，Melkonyan F. S.，Facchetti A.，Marks T. J. All-polymer solar cells：recent progress，challenges，and prospects[J]. Angew. Chem. Int. Ed.，2019，58(13)：4129-4142.

[35] Yan C.，Barlow S.，Wang Z.，Yan H.，Jen A. K. Y. Marder S. R.，Zhan X. Non-fullerene acceptors for organic solar cells[J]Nat. Rev. Mater.，2018，3：18003.

[36] Yao H.，Wang J.，Xu Y.，Zhang S.，Hou J. Recent progress in chlorinated organic photovoltaic materials[J]Acc. Chem. Res.，2020，53(4)：822-832.

[37] Yu R.，Wu G.，Tan Z. Realization of high performance for PM6：Y6 based organic photovoltaic cells[J]. J. Energy Chem.，2021，61：29-46.

[38] Yue Q.，Liu W.，Zhu X. n-Type molecular photovoltaic materials：design strategies and device applications[J]. J. Am. Chem. Soc.，2020，142(27)：11613-11628.

[39] Zhang G.，Zhao J.，Chow P. C. Y.，Jiang K.，Zhang J.，Zhu Z.，Zhang J.，Huang F.，Yan H. Nonfullerene acceptor molecules for bulk heterojunction organic solar cells[J]. Chem Rev，2018，118(7)：3447-3507.

[40] Zhang J.，Tan H. S.，Guo X.，Facchetti A.，Yan H. Material insights and challenges for non-fullerene organic solar cells based on small molecular acceptors[J]. Nat. Energy，2018，3(9)：720-731.

第 5 章　有機太陽能電池：三元結構

三元有機太陽能電池，因其在活性層材料中同時含有兩個供體或者兩個受體組分，在組分設計比較合理的情況下，其太陽能裝置的某個或某幾個參數相比於傳統的二電子組件會有所提升。目前高效非富勒烯受體材料的不斷發展，為三電子組件的第三組分選擇提供了更多的選擇，這也為三元有機太陽能電池裝置的發展提供新的機遇。目前獲得高效有機太陽能電池裝置的策略主要有三種。第一，設計新型高效的非富勒烯受體材料並且選擇與之匹配的聚合物供體材料從而獲得高效太陽能裝置；第二，採用疊層裝置，盡可能多地利用太陽光，來獲得高效的疊層裝置結構；第三，三電子組件，與前兩種方案相比，三電子組件可以充分利用已經獲得的高效太陽能材料並且是簡單易製備的單結裝置結構，也不用考慮中間連接層的問題，製備工藝簡單。因此，自 2016 年之後，基於非富勒烯受體材料的三電子組件獲得了較快的發展。目前由於基於 Y6 及其衍生物受體材料的出現，三電子組件的光電轉換效率已取得持續性改變。基於 Y6 類衍生物受體的三電子組件最高已獲得超過 19% 的 PCE，獲得幾乎可與鈣鈦礦及無機太陽能電池等相媲美的太陽能性能。

下面主要圍繞三電子組件的發展現狀，基於兩個供體一個受體的(2D1A)型以及基於一個供體兩個受體的(1D2A)型三元有機太陽能電池著手系統介紹基於非富勒烯受體材料的高效三電子組件的研究進展。

5.1　三元有機太陽能電池的概述

三電子組件由於在體系中引入第三組分的策略是一種簡單高效的獲得高效率太陽能裝置的調控手段。第三組分的加入不僅可以與主體二元體系獲得良好的吸光互補，提升裝置的光擷取能力，進而獲得提高的短路電流密度，而且可以作為形貌調節劑有效調控共混體系的活性層型形貌，材料的結晶性及電荷傳輸性能。在某些案例中第三組分的加入可以與主體二元組分形成階梯狀能階排布，獲得多通道的電荷傳輸通道；此外若選用與主體組分結構相似，具有較好相容性的材料也可以實現合金結構，均可以有效地調節原本二電子組件的太陽能性能，進而獲

得性能進一步提升的有機太陽能電池裝置。

其中，三電子組件的活性層材料根據引入的第三組分是供體材料或者是受體材料的不同，可以分為具有兩個供體一個受體型的 2D1A 型和具有一個供體兩個受體型的 1D2A 型三元有機太陽能電池。而在三電子組件中，透過精心地挑選主體供受體材料有較好互補吸收的第三組分，活性層材料的吸光範圍被有效地拓寬，可以利用更多的光子、調控共混體系形貌、形成合金結構等進一步提升裝置的太陽能性能。如侯劍輝研究員等利用具有相似化學結構的類似 Y6 小分子受體 HDO－4Cl 和 eC9 構築了基於 1D2A 型非富勒烯型三元有機太陽能電池，由於 HDO－4Cl 和 eC9 具有相似化學結構以及良好的互溶性，共混體系中表現出合金結構的受體材料獲得了降低的非輻射電荷複合和延長的激子擴散長度，因此基於 PBDB－TF：HDO－4Cl：eC9 的三電子組件獲得了接近 19% 的光電轉換效率。此外，也利用具有噻吩並喹喔啉結構作為缺電子的 A 單位，替換原本 PBDB－TF 聚合物供體材料中的 BDD 單位，設計合成了聚合物供體 PBQx－TF，當與類 Y6 受體材料 eC9－2Cl 和具有弱拉電子能力雙氰基羅丹寧端基的寬能隙 F－BTA3 作為第三組分加入原本二元體系中，同樣構築了具有 1D2A 型結構的三元有機太陽能電池，寬能隙第三組分的引入進一步拓寬了共混體系的吸光範圍，獲得了目前最高 19.0% 的單結有機太陽能電池裝置。這是由於第三組分 F－BTA3 提升了太陽光利用率，形成階梯狀能階排布，同時提升了材料分子間的堆積。因此，該三電子組件獲得了太陽能參數的協同提高，並且其 FF 可高達 0.809。

縱觀有機太陽能電池的發展歷程不難發現，隨著材料的持續創新、裝置工藝的優化及活性層形貌的調控策略等的研究，都在不同程度上促進了有機太陽能電池裝置效率的不斷提升。作為一種最簡單的性能調控手段，三元有機太陽能電池策略已經逐漸引起了廣大研究工作者的關注，並且也取得了一系列研究進展，目前最高光電轉換效率的單結太陽能裝置便出自三元有機太陽能電池技術。

5.1.1 三元有機太陽能電池的工作原理

為了進一步深入地了解三元有機太陽能電池的工作過程及獲得高效率三電子組件的基本要求，研究三元有機太陽能電池的工作原理十分重要。一般來說，第三組分在三電子組件中有兩種運行機理（圖 5.1），分別為電荷傳輸機理和能量轉移機理。電荷傳輸機理是主要提供額外的電荷傳輸途徑使得激子也可以透過第三組分來進行分離和傳輸。該機理的一個典型的策略就是使三個組分形成臺階狀的能階排布，受體 1 作為橋梁來傳輸空穴給供體分子並且運輸電子供受體分子 2。另外，在三電子組件中，能量轉移機理是一種提升光擷取能力的有效途徑。在大

第5章　有機太陽能電池：三元結構

多數基於能量轉移機理的三元體系中，在其中的三個組分或者兩種組分中會發生非輻射熒光共振能量轉移（Förster 能量轉移，FRET）。這需要能量供體的光致發光與能量受體的吸收帶有重疊，也就是說在兩個非富勒烯受體之間存在能量轉移過程。實際上在三電子組件中，電荷傳輸機理和能量轉移機理非常複雜，許多細節還需要進一步深入研究。

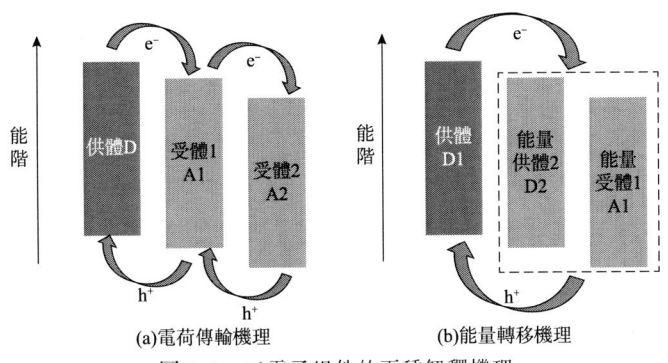

圖 5.1　三電子組件的兩種解釋機理

一般認為，在特定樣品中加入第三組分其運行機理主要依賴於加入第三組分後形貌的改變。研究發現，第三組分的加入會與主體組分混合或者會形成自身單獨的相。為了解釋差別，研究人員提出了合金（alloy）結構和平行連接（Parallel－linkage）模型。他們認為，在平行連接模型中，三個組分形成了獨立的供受體網絡，在兩個受體分子之間並沒有發生電荷轉移或者能量轉移過程，也就是說在供體/受體 1 或者供體/受體 2 介面形成了有效電荷傳輸路徑。這就意味著這些三電子組件像兩個獨立的子電池一樣獨立工作。而合金結構的模型需要兩個材料之間密切的混合，形成相同的前線軌道能階（主要由混合體系組分決定）。如圖 5.2 所示，受體合金如同一個單獨組分一樣工作，獨立提取電子傳輸空穴。另外，當兩個材料有較好的光譜重疊且有很好的相溶性時，在合金結構模型中也會存在能量轉移機理。

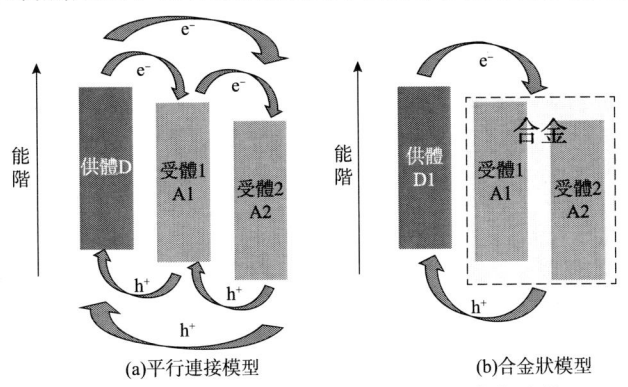

圖 5.2　三電子組件的形貌模型和相關的電荷傳輸過程

通常情況下，二元體異質結(BHJ)結構太陽能電池活性層材料主要包括一種供體和一種受體材料。根據第三組分的存在位置，基於多重供體或者多重受體的三電子組件模型的形貌可以分為以下三類：(1)第三組分鑲嵌入主要的供體或受體組分內；(2)第三組分位於主體供受體介面處；(3)第三組分形成獨立的相。在真實的裝置中通常是兩種或者更多模型的結合，在不同體系中具體的形貌、形貌如何影響電荷動力學等也有詳細的研究。

5.1.2 三元有機太陽能電池的發展現狀

過去十年有機太陽能電池經歷了快速的發展，截至目前，高效率的有機太陽能電池已經獲得超過 20% 的光電轉換效率(目前最高超過 19% 的單結裝置即為三電子組件)，顯示出光明的發展前景。其中，相比於二電子組件，透過在活性層中引入第三組分作為第二供體或者受體，具有實現太陽能性能較大提升的潛力。因此，根據活性層材料化學組成，可以將三元體系劃分為四類，包含聚合物/小分子/小分子、聚合物/聚合物/小分子、全聚合物和全小分子體系。根據供受體組分的差異，又可將三元體系劃分為兩個供體一個受體(2D1A)的型和一個供體兩個受體(1D2A)型。太陽能材料的化學結構、添加比例，活性層形貌和太陽能性能之間的關係還未完全明晰。因此，本書將從供受體電子特性角度出發，系統分析研究具有 2D1A、1D2A 型以及多元組分的案例中材料的化學結構、裝置工藝、活性層形貌等各個方面著手闡述三元有機太陽能電池的發展現狀。

5.2 基於兩個供體一個受體的三元有機太陽能電池

在原本二電子組件中引入第三組分不僅可以有效地擴寬光子擷取的範圍(就如同疊層裝置，拓寬材料吸光範圍)，而且單結裝置有利於簡化裝置的製備工藝。除此之外，第三組分在優化共混體系活性層形貌方面扮演著重要的角色，可以有效地促進激子解離，同時提升電荷的傳輸。三電子組件的太陽能參數 J_{sc}、V_{oc} 和 FF 可以透過優化摻雜的供受體材料的比例、選擇最佳的吸光互補材料、改變共混體系的相分離形貌和採用合適的介面層材料進行有效的調控。其中，三電子組件最早之一的案例就是在 2010 年，Koppe 等利用窄能隙聚合物 PCPDTBT 作為第三組分加入 P3HT：$PC_{71}BM$ 二元共混薄膜中，促使活性層材料在近紅外區具有較強的吸收光譜，獲得額外的電荷傳輸通道，使得裝置的 J_{sc} 進一步提升。

5.2.1 早期關於 2D1A 型三電子組件的研究

在早期的研究中，富勒烯及其衍生物受體材料獲得了大規模的應用，因此，

第5章 有機太陽能電池：三元結構

大部分的三電子組件都選擇富勒烯及其衍生物受體($PC_{61}BM$、$PC_{71}BM$)材料作為電子受體。然而，這些基於富勒烯受體材料的三元有機太陽能電池的裝置效率由於富勒烯及其衍生物具有較弱的可見光區吸光能力、受限制的能階可調控性和較弱的穩定性等原因受到較大的限制。基於此，非富勒烯受體材料獲得快速的發展，比如基於聚合物或者小分子的受體材料相繼出現。與富勒烯及其衍生物受體材料不同，非富勒烯受體材料具有較強的吸光能力、簡單的合成路線和相對可調控的前線軌道能階。截至目前，已經設計合成出大量的具有較好性能的非富勒烯受體材料，例如基於苝二醯亞胺/醯亞胺、茚並二噻吩(IDT)和吡咯並吡咯二酮(DPP)等的小分子受體。值得注意的是，目前基於非富勒烯受體的三元有機太陽能電池已經獲得超過17％的光電轉換效率。例如，張福俊教授及其合筆者報導的高效率三電子組件獲得17.4％的 PCE，主要是透過向原二電子組件 PM6：BTP-4F-12 中加入 MeIC 作為第三組分，第三組分的引入不僅提升了裝置的光擷取能力，而且極大地降低了裝置的能量損失(E_{loss})。第三組分 MeIC 作為形貌調節劑，MeIC 在共混薄膜中可以獲得有序的面對面(face-on)堆積取向，同時提供了更加有序的電荷傳輸通道。此外，隨著第三組分的引入，三電子組件的雙分子複合效應可以被有效地抑制，這利於三電子組件獲得更低的 E_{loss}。研究發現，三電子組件的 E_{loss} 比相應的兩個二電子組件的 E_{loss} 都要低，這就使得三電子組件獲得了最高的太陽能裝置性能。

三電子組件中的第三組分可以是一個受體或者是一個供體，也可以是一個固體添加劑。來構築具有2D1A(即 D1：D2：A)或者1D2A(D：A1：A2)型的三元體系。這個額外加入的供體或者受體組分具有多重功能可以提升裝置的 PCE，例如拓寬吸光範圍、阻止電荷複合和提升共混體系的相分離形貌等。三元體系中具有多重受體的體系可以被進一步割分為兩個部分，即利用或者沒有利用富勒烯受體材料的體系。儘管富勒烯及其衍生物受體材料有自身的一些缺點，它們也具有很多優點，如高的電子遷移率、較強的缺電子性、各向同性的電荷傳輸。研究表明，向聚合物/富勒烯體系引入一少部分的非富勒烯受體可以促進體系的吸光能力，優化活性層形貌，獲得能階相容性，最終獲得更有效的電荷傳輸。例如丁黎明研究員等發展的在近紅外光驅具有較強吸光能力的高效率非富勒烯受體 COi_8DFIC。當 PTB7-Th：COi_8DFIC 的質量比為1：1時，二電子組件獲得高達12.16％的裝置效率和26.12mA·cm^{-2}。當加入質量分數為30％的非富勒烯受體($PC_{71}BM$)時，裝置的 J_{sc} 和 FF 均有所提高，其光電轉換效率提高到14.08％。隨著活性層材料的發展，基於 PM6：Y6 體系以及 Y6 及其衍生物的體系中，加入第二受體或者與 Y6 分子具有相似化學結構的小分子受體材料，已經大幅度地

提升三電子組件的光電轉換效率。相比於目前應用較好，性能較優異的 1D2A 體系，具有 2D1A 體系的三電子組件的性能相對較低。這是由於非富勒烯受體對於供體/受體體系的選擇非常挑剔，必須具有匹配的能階和相容的三元共混型膜。比如 Doo—Hyun Ko 等分別在經典的 PBDB—T：PC$_{71}$BM 二元體系中引入 PTB7—Th 和 ITIC—Th 作為第三組分分別構築具有 D1：D2：A 和 D：A1：A2 體系的三電子組件。經過一系列測試之後，這兩個聚合物三電子組件均獲得更高的 PCE，而 D：A1：A2 體系具有更加明顯的性能提升，這是由於該體系獲得了更好的共混薄膜形貌。這些都說明三元聚合物太陽能電池中，採用兩個供體的體系相對於具有兩個受體的體系發展相對緩慢的原因。因此，在具有兩個供體的三電子組件中，在選擇第二供體作為第三組分時，吸光範圍和獲得優異的表面薄膜形貌可以進一步研究開發。

在早期關係三電子組件的研究工作中，具有兩個受體材料的基於非富勒烯受體的聚合物太陽能電池和聚合物太陽能電池研究較多，而基於兩個供體一個受體的 (2D1A，即 D1：D2：A) 體系研究較少。因此，下面將圍繞 2D1A 體系的三元太陽能裝置發展情況，詳細闡述三元有機太陽能電池的發展情況。

在三元有機太陽能電池中，基於 2D1A 型的有機太陽能裝置，第二供體有四個主要的作用：(1)提供互補的吸收光譜；(2)調節能階；(3)優化形貌；(4)提升形貌穩定性。首先，在二元體系中引入第三組分，可以有效地拓寬材料的吸光範圍；其次，引入第三組分可以調節體系的能階，透過能量的驅動、階梯狀能階排布或者分離的傳輸網絡可以獲得更有效的電荷分離；除此之外，第三組分可以有效地促進形成更優異的共混形貌，使裝置獲得更有效的激子分離和電荷傳輸過程。因此，大多數 2D1A 體系中，選擇的第三組分都是需要平衡兩個供體和受體之間的能階獲得能階排布體系。透過改變共混體系的活性層形貌，獲得更有序的相區，進而獲得聚合物太陽能電池裝置效率的進一步提升。

1. 互補的吸收光譜

裝置的 J_{sc} 通常與活性層薄膜吸收的光子數量成正比。然而，有機半導體材料通常具有較窄的吸光窗口，導致很多無效的光子損失。在三電子組件中，透過引入第二供體獲得進一步拓寬的吸光範圍，可以有效地提升太陽能裝置的 J_{sc}，使三電子組件獲得 PCE 的進一步提升。因此，一個最直接的策略就是在主體二元體系中引入與之具有互補吸收光譜的第三組分化合物，透過引入具有互補吸光範圍的第三組分使裝置獲得更寬的光譜響應範圍，一些三元體系甚至選擇全可見光吸收的材料。例如，第一個利用兩個聚合物供體材料和一個非富勒烯受體三電子組件的案例就是 2016 年，S. A. Jenekhe 等報導的，他們利用 PSEHTT 和

PTB7－Th 聚合物供體，和一個非富勒烯受體 DBFI－EDOT。新設計的三電子組件獲得高達 8.52% 的 PCE 高於相應的基於 PSEHTT：DBFI－EDOT(PCE 為 8.10%)和基於 PTB7－Th：DBFI－EDOT(PCE 為 6.70%)的二電子組件。此外，2019 年，顏河教授等以 PM7：ITC－2Cl 為主體二元體系，並利用具有更寬吸光範圍的 IXIC－4Cl 為第二受體設計構築了三電子組件。由於 IXIC－4Cl 具有更寬的光譜響應範圍，相比於原本的主體二元體系來說，三電子組件 PM7：ITC－2Cl：IXIC－4Cl(1：0.5：0.5)的共混薄膜在 619，748 和 856nm 有明顯提升的最大莫耳消光係數。第二受體第三組分的引入有效地擴寬了共混體系的吸光範圍，使其由原來的 350～820nm 紅移至 350～1000nm，這也就使得裝置獲得了最高 23.99mA·cm^{-2} 的 J_{sc}。整體來說，透過引入第三組分，有效地拓寬三元體系的吸光範圍，使裝置的 PCE 由原來的 13.72% 提高到 15.37%。

2. 調節能階

在太陽能電池中，有效的激子拆分和電荷解離涉及供體材料和受體材料適合的能階差值。此外，裝置的 V_{oc} 與供體材料的 HOMO 能階和受體材料的 LUMO 能階之間的差值成正比例關係。因此，透過調節供受體材料的 HOMO－LUMO 能階差可以有效地提升供受體對的電荷和能量傳輸性能。在設計聚合物材料時，三元共聚是一種簡單的方法可以在分子內整合一個額外的組分，可以有效地調節聚合物材料的能階分布。同時，相比於烷基側鏈的調控，三電子組件透過引入第三組分也是調節三元太陽能裝置能階最有效和簡單的方法。目前，在有些三電子組件中有一些能階結構可以有效地促進電荷的傳輸。首先一點就是階梯狀的能階排布，其中第二供體的 HOMO 能階處在主體供體和受體材料的 HOMO 能階之間，其 LUMO 能階處在主體供體和受體材料的 LUMO 能階之間。在這裡，第二供體扮演著橋梁的作用，提供額外的傳輸通道，使得體系同時具有有效的電荷和空穴傳輸。例如，梁子祺等將 PTB7－Th、PffBT4T－2OD 和 ITIC 共混構築了三元太陽能電池，其活性層材料具有階梯狀的能階排布。一部分來自 PTB7－Th 的電子可以首先轉移到第二供體 PffBT4T－2OD 上，然後再進一步轉移到受體 ITIC 上。相似地，空穴也可以由 ITIC 或者 PffBT4T－2OD 轉移到 PTB7－Th 上，該三電子組件最高獲得了 8.22% 的 PCE，高於基於 PTB7－Th：ITIC 的二電子組件效率 6.48%。

另一種模型就是第二供體的 LUMO 能階處在主體供體和受體材料的 LUMO 能階之間，然而這兩個供體材料具有相似的 HOMO 能階，這類模型具有不同的傳輸機理。比如黃飛教授等結合寬能隙聚合物供體 PBTA－BO 和窄能隙聚合物供體 PNTB 與聚合物受體 N2200 構築了非富勒烯全聚合物太陽能電池。該裝置

中電子的傳遞是由 PBTA－BO 到 PNTB，最後再到 N2200。值得注意的是，大多數產生於 N2200 的空穴最終會轉移到第二供體 PNTB，最終被電極收集。

除此之外，還有另外一種模型，其能階結構不是階梯狀排布的模型。陽任強教授等構築了聚合物：聚合物：非富勒烯受體的 2D1A 型三電子組件，採用 PBDTPS－FTAZ，P(p－DBND－2T)作為聚合物供體，ITIC 作為非富勒烯受體，兩個聚合物供體材料的 LUMO 能階差非常小，難以實現激子的有效解離。然而 P(p－DBND－2T)的 HOMO 能階比 PBDTPS－FTAZ 低，甚至低於 ITIC 的 HOMO 能階。其結果就是導致較少的空穴從 PBDTPS－FTAZ 或者 ITIC 轉移到 P(p－DBND－2T)。透過進一步的研究發現，三元體系具有更強的 FRET 能量轉移可能是該三元體系獲得較高太陽能性能最主要的原因。

3. 對共混薄膜的活性層形貌調節

除了上述提到的除了三元體系有效的光吸收能力和調控分子能階之外，本體異質結共混薄膜形貌(包括相區尺寸、結晶性、分子堆積和堆積取向等)對三電子組件的太陽能性能影響起到重要的作用，特別是在提升自由載流子的再生、電荷的傳輸性能和 FF 值方面。透過第三組分的引入、可調節的結晶性和合適的互溶度以形成較小的相區尺寸，可以產生理想的奈米尺度互穿網絡結構的活性層形貌，進而獲得平衡的空穴和電子遷移率，降低的雙分子複合等性質。相比於二元體系，三電子組件具有兩個聚合物供體材料，兩條聚合物側鏈誘導使之具有較大範圍降低的熵變，不利於有效地混合。因此，三元體系的表面形貌可以透過利用兩個聚合物供體材料的調控獲得提升的相容性、結晶性或者其他性質，比如透過改變處理的溶劑種類、改變熱退火的條件，甚至是優化其化學結構和聚合物的添加比例等。Li Kim 等的實驗表明，較小的相區尺寸有利於獲得提升的激子解離和電荷傳輸能力，進而獲得提升的 PCE。為了進一步促進非富勒烯受體體系的相分離，利用具有較強結晶性的第二供體作為第三組分是非常有效的。與球形的富勒烯及其衍生物受體材料具有較強的相分離不同的是，非富勒烯受體和供體材料通常具有平面構型，使之具有較強的相容性。在富勒烯體系的三電子組件的共混形貌已經取得了較多的研究進展，這對於獲得優異的非富勒烯體系活性層形貌至關重要。梁子祺等研究了基於 PTB7－Th：PffBT4T－2OD：ITIC 三元體系的形貌性質。從其形貌研究中可知，基於 PffBT4T－2OD：ITIC 的二元體系比基於 PTB7－Th：ITIC的二元體系具有明顯的相分離。當加入質量分數為 20% 的 PffBT4T－2OD 作為第三組分時，三元共混薄膜顯示出互穿網絡結構。三元體系活性層型膜的轉變得益於兩個聚合物供體材料具有較弱的相容性，使得三元共混薄膜出現獨立的富集 PffBT4T－2OD 的相區和無定型的 PTB7－Th 相區，這有利於

第5章 有機太陽能電池：三元結構

促進激子有效解離的電荷的傳輸。然而，當第二聚合物供體的添加量（質量分數）增加到 40％時，三元共混薄膜的相區尺寸明顯增大。上述研究表明，三元體系活性層薄膜共混形貌主要取決於聚合物 PTB7－Th 和 PffBT4T－2OD 結晶性和穩定性的平衡。得益於三元共混體系的最佳活性層形貌，當加入質量分數為 20％的第三組分 PffBT4T－2OD 之後，裝置獲得明顯提升的 PCE 為 8.22％，其 J_{sc} 為 15.36mA · cm^{-2}，V_{oc} 為 0.84V，FF 為 62.6％。

　　由於共混薄膜較強的結晶性，在一些二元或者三元體系中常具有較大的相分離。因此，採用不同的第三組跟調節形貌是非常重要的。李永舫院士等利用兩個聚合物供體 J51，PTB7－Th 和一個非富勒烯受體 ITIC 研究了三電子組件活性層形貌的調控。他們首先利用軟 X 射線衍射研究了共混薄膜的相分離，發現 J51：ITIC 未經任何後處理的共混薄膜表現出較好的混合性能，展現出較寬的駝峰 0.004～0.02$Å^{-1}$(30～150nm)。當加入質量分數為 20％TB7－Th 的三元薄膜經過加熱退火處理之後在 0.006～0.02$Å^{-1}$(30～150nm)處表現出相對較弱的駝峰。二元薄膜表現出較大的相分離主要是由於 ITIC 分子在經過加熱退火處理之後表現出較強的結晶性。當加入第三組分 PTB7－Th 之後，其與 ITIC 表現出較好的兼容性，三電子組件共混薄膜的相分離得到了良好的平衡，使三電子組件獲得了較好的薄膜形貌。發現第三組分 PTB7－Th 的引入可以起到協同提升吸光能力、更平衡的電子/空穴遷移率。J51 和 PTB7－Th 之間較好的能量轉移和提升的共混薄膜形貌，使三電子組件獲得提升的 J_{sc} 為 17.75mA · cm^{-2} 和 9.7％的 PCE。

　　在主體二元體系中加入少量的第三組分已經被證明是簡單有效的方法來進一步提升共混薄膜的奈米尺度相分離形貌。在 J71：ITIC 體系中，Adil 等透過引入具有三維聚集－誘導效應的四苯乙烯（TPE）小分子獲得了有效的相分離。AIE 是一個光物理過程，形成的聚集可以產生非輻射的光發射，這個結果是聚集產生淬滅（ACQ）效應的翻轉。第三組分 TPE 的加入，在提升材料在薄膜表面的富集和優化裝置三個組分之間的形貌，提升裝置 FF 方面具有重要的作用。當該體系中引入第三組分 TPE 之後，相對於二電子組件，三電子組件的 PCE 提高了 21.23％，達到了 12.16％。最近，O. Inganas 等利用 TQ1 和 PCE10 作為兩個聚合物供體，PNDI－T10 作為非富勒烯受體，構築了高效率三元全聚合物太陽能電池。三電子組件的活性層比例為 1：1：1 時，裝置獲得 4.08％的 PCE，當將裝置經過加熱退火處理之後，裝置的 PCE 提高到 12.08％。這就說明了利用活性層材料的創新，結合裝置優化工藝，特別是熱退火技術，有望實現三元全聚合物太陽能電池性能和穩定性的進一步突破。一般的策略就是根據不同供受體二元聚合物太陽能電池的活性層形貌，選擇具有可接受結晶性和兼容性的供體材料。

除此之外，分子的堆積結構和分子取向是另外一些需要著重考慮的因素。一個合適的分子間 π−π 堆積不僅可以構築互穿的和連續的電荷傳輸通道，而且可以獲得最好的空穴電導性。一般情況下，活性層材料由兩種分子取向情況，具有面對面的（face−on）和邊對邊的（edge−on）的堆積取向。當分子主要採取 face−on 的堆積取向時，體系的 π 平面會形成垂直的電荷傳輸通道，有利於電荷有效地傳輸到電極表面。當體系主要出現 edge−on 的堆積取向時，貫穿主鏈的電荷傳輸需要透過水平的電荷傳輸，這就使得電荷的收集變得相對困難。最近，很多研究表明，當體系同時具有 face−on 和 edge−on 混合的堆積取向時，有利於體系構築三維的電荷傳輸路徑，這對於極大地提高電荷的傳輸是有利的。為了進一步提升共混體系的薄膜形貌，研究人員發現許多有效的方法，比如利用添加劑、加熱退火和溶劑蒸汽退火等後處理工藝。整體來說三元體系，尤其是對於具有 2D1A 型的三元共混體系，採用第二供體來形成合適的分子堆積和三維電荷傳輸通道是提升三電子組件 PCE 的關鍵策略。

4. 提升活性層形貌的穩定性

透過廣泛的研究表明，形貌的不穩定性是聚合物太陽能電池裝置不穩定性最大的問題。一個明顯的案例就是，當供體和受體材料趨向於進一步聚集，由於相對的分子間相互作用的差異，相比於最合適的相區尺寸 20nm，會進一步變為更大的相區尺寸。相比於基於早期的富勒烯及其衍生物受體材料的體系來說，基於非富勒烯小分子受體的裝置顯示更好的分子兼容性和更加穩定的形貌穩定性。然而，對於未來進一步的大規模商業化生產製備來說，還需要進一步提升其穩定性。提升共混薄膜活性層形貌的穩定性的策略就是提升薄膜的玻璃轉變溫度 T_g，進一步形成交叉網狀的活性層。一個提升活性層薄膜形貌穩定性的有效策略就是構築三電子組件結構，透過向體系中引入第三組分可以提升裝置熱力學的混合熵。黃飛教授等透過向原本主體二元體系中引入具有液晶性質的小分子供體 BTR 來構築三電子組件。第三組分 BTR 的引入有利於提升裝置的光擷取能力、電荷的分離和傳輸、激子和形貌的穩定性。李永舫院士等報導了一個透過引入質量分數為 20% 的 IBC−F 作為第二供體的三元聚合物太陽能電池。研究結果表明：裝置的 PCE、熱穩定性和裝置的光誘導穩定性都要高於原本的二電子組件。Ade 教授等也在 PTB7−Th：IEICO−4F：PC$_{71}$BM 體系獲得了相似的研究結果。透過系統地探究材料的低混溶性，發現了熱力學、形貌和太陽能性能之間的結構性能關係。最終提出了一個行之有效的形貌穩定層構築策略，即加入的第三組分需要與主體供體聚合物具有互溶度，同時也需要與結晶性受體具有合適的混溶度。

第5章 有機太陽能電池：三元結構

除了向體系中引入小分子材料作為第三組分之外，研究人員也發現了向體系中引入聚合物材料作為第三組分提升活性層形貌穩定性的方法。比如向體系中引入聚合物受體 N2200 提升裝置的穩定性，進一步向體系引入第二聚合物供體提升裝置的穩定性。明顯地，由於聚合物材料較高的兼容性和聚集性質，很難透過引入聚合物第三組分調節共混體系的薄膜形貌。相反地，由於聚合物材料較強的分子相互作用，透過向二元體系中引入聚合物材料作為第三組分對於提升裝置的形貌穩定性非常有效。此外，對三電子組件工作機理的研究有助於更深入的研究，進一步推動三元策略在提升形貌穩定性方面的應用。

具有 2D1A 型三電子組件與二電子組件在電荷轉移和傳輸性能方面有著巨大的差異，不僅僅是獨立相電荷轉移和傳遞性能的簡單疊加，而主要依賴於材料的能階、能隙、活性層材料中第三組分的位置和三元共混體系的微觀結構。在具有 2D1A 的三電子組件中主要存在四種獨立的工作機理，但在很多案例中它們是交疊在一起的，比如王二剛等報導的 PTB7－Th：PBDTTS－FTAZ：PNDI－T10 體系就同時具有電荷轉移和能量轉移機理。接下來，將從四種機理闡述在 2D1A 體系的三電子組件中，裝置的工作機制及其對相應裝置性能的影響規律。

(1) 電荷轉移機理 (Charge transfer model)

在電荷轉移機理占主導地位的案例中，第三組分的 HOMO 和 LUMO 能階需要形成階梯狀的能階排布狀態。一般來說，兩個供體材料與受體材料在介面處可以直接產生自由的載流子。在主體供體上的電子可能會轉移到受體材料上，也可能會轉移到第二供體上，然而在第二供體上的所有空穴會在抽提之前，由於較高的 HOMO 能階，可能會轉移到主體供體上。電荷轉移機理裝置的 V_{oc} 受到兩個供體材料的 HOMO 能階限制。因此，這些體系的 V_{oc} 要比相應二電子組件的 V_{oc} 高。第三組分應當位於主體供體和受體材料的介面處，用以形成互穿的路徑來獲得電荷的傳輸和轉移。當第三組分位於供受體介面處，透過主要的電荷傳輸通道，來自第三組分的電子或者空穴僅可以有效地被相應的電極收集。

光致發光 (PL) 是測試不同材料之間電荷轉移或者能量轉移非常簡便的方法。一般來說，如果兩個供體材料具有相似的量子產率，在兩個供體之間能量轉移時，具有較低能隙的供體具有發射強度增強，而另外一個供體材料的發射強度減弱。另外，如果在兩個供體材料之間存在電荷轉移，其中一個供體材料的發射強度會被淬滅，另外一個的發射強度也不會得到提升。S. W. Kang 教授等報導了一類存在這種工作機理的三電子組件，利用 P3HT：PCBTDPP：$PC_{61}BM$ 作為活性層材料。發現在 P3HT 上的電子可以直接轉移到 $PC_{61}BM$ 上或者由 P3HT 轉移到 PCBTDPP 上。此外，陳義旺教授等利用 P3HT 作為第二供體報導了兩個該類

三電子組件的案例，並且獲得 6.92% 的 PCE。透過在 PBDB－T：ITIC 體系中加入質量分數為 5% 的 P3HT 構築了具有階梯結構能階排布的三電子組件，其電荷轉移發生在聚合物供體 P3HT 和 PBDB－T 上。從 P3HT：PTBD－T 共混薄膜的光致發光測試中可以看出，隨著第三組分 P3HT 的加入，相比於在 PBDB－T(688nm) 的 PL 光譜和 P3HT(688nm) 純膜處的 PL 光譜有所降低，說明在體系中，在 PBDB－T 和 P3HT 之間存在著電荷轉移過程。

(2)能量轉移機理(Energy transfer model)

在一些能量轉移機理占主導地位的案例中，第二供體的激發態不再額外產生電子，而是產生德克斯特(Dexter)或者福斯特(Förster)能量轉移路徑(FRET)到主體供體或者受體。這就需要光敏劑分子，供體或者受體的發射和吸收必須充分地重疊。值得注意的是，收集和轉移的能量主要發生在相同的三電子組件中，這可以獲得進一步提高的 J_{sc} 和更有效的電荷收集。在有些三元聚合物太陽能電池體系中，能量供體或能量受體可能是加入的第三組分。當第三組分僅僅變為能量供體時，所有的空穴僅會在主體供體材料中形成，第三組分僅作為裝置的吸光材料存在。毫無疑問，能量轉移過程也會發生在兩個受體分子之間。

陳義旺教授等報導的其他的三元體系就是基於 PBDB－T：PDCBT：ITIC。其能量轉移過程發生在 PBDB－T 和 PDCBT 之間，PDCBT 作為能量供體吸收更多的光子同時產生更多的激子。從它們共混體系的光致發光 PL 圖譜中可知，647nm 和 688nm 處的 PL 發射峰分別主要對應於 PDCBT 和 PBDB－T。隨著 PDCBT 的添加比例逐漸增多，在 647nm(對應於 PDCBT)和 688nm(PBDB－T)的 PL 發射峰逐漸增強。這就說明 PBDB－T 吸收了來自 PDCBT 的 PL 發射峰，因此從 PDCBT 到 PBDB－T 逐漸存在的德克斯特能量轉移。另外，在聚合物太陽能電池的共混薄膜中，電荷和能量的轉移反映著相反的過程。

(3)平行連接模型(Parallel－linkage model)

在平行連接模型中，第三組分會形成自己獨立的空穴傳輸網絡。當向主體二元體系中加入第三組分之後，在兩個供體或者受體之間產生了獨立的電荷傳輸網絡。每一個聚合物供體都會獨立地產生激子，轉移到對應的聚合物/受體介面，然後解離為自由的電子和空穴。這樣的模型通常會出現在兩個聚合物供體或者受體具有較弱的相容性的三元聚合物太陽能電池中。在這些案例中，裝置的光電流密度等於各自獨立的子二電子組件光電流密度之和。三電子組件的 V_{oc} 處在兩個不同二電子組件的 V_{oc} 之間，並且不是保持不變的，會隨著三元體系組分的改變隨著變化。這樣具有級聯結構模型的太陽能電池具有不同的能隙，可以利用兩個或者更多的聚合物，而對其 HOMO 或者 LUMO 能階沒有要求。這種具有級聯

結構模型的工作機理與疊層聚合物太陽能電池比較接近,其中兩個聚合物供體的轉移能力與其性能有著重要的關係。

2012 年,尤為教授等利用 TAZ:DTBT:PCBM(質量比 0.5:0.5:1)和 DTffBT:DTPyT:PCBM(質量比 0.5:0.5:1)首次構築了具有這種平行連接結構的三電子組件。從其吸收光譜曲線上可以發現,這種具有平行連接結構的聚合物太陽能電池的共混體系吸收光譜是兩個二元子裝置吸收光譜的疊加。從裝置的 EQE 曲線上可知,三電子組件的 EQE 數值也是兩個二元子裝置的 EQE 加和,三電子組件的短波範圍內的 EQE 是所測試的二電子組件 EQE 的平均值,在短波區三電子組件的 J_{sc} 也是兩者的平均值。因此,最終三電子組件的 V_{oc} 處在兩個子二電子組件的 V_{oc} 之間,其 J_{sc} 和 PCE 幾乎呈現加和的結果。

2015 年,張福俊教授等利用 PBDT-TS1:PTB7:$PC_{71}BM$ 作為活性層材料構築了一系列三電子組件。透過系統研究發現,在兩個聚合物供體 PBDT-TD1 和 PTB7 之間存在較弱的電荷轉移,兩個聚合物供體與受體 $PC_{71}BM$ 可以獨立地構築子電池,形成平行連接結構模型。當加入質量分數為 80% 的第三組分 PBDT-TS1 時,三電子組件獲得 7.91% 的 PCE。相比於基於 PTB7 或者 PBDT-TS1 相應的二電子組件,三電子組件的 PCE 分別各自提升了 12.8% 或者 28.2%。此外,詹傳郎研究員等在 PM6:Y6 體系中引入 PhI-Se 作為第二聚合物供體構築了三電子組件來提高裝置在 300～600nm 範圍的太陽光吸收,同時提高了平行連接三電子組件的 J_{sc} 和 V_{oc}。由於兩個聚合物供體材料間較弱的兼容性,使得三電子組件形成了具有平行連接結構的太陽能裝置。從它們的形貌表徵中可以發現,PM6、Y6 和 PhI-Se 的聚集相同時存在於其二元和三元共混薄膜中。在 PM6:Y6 二元共混薄膜中,電子由 PM6 轉移至 Y6,空穴由 Y6 轉移至 PM6。在基於 PM6:Y6:PhI-Se 形成的平行連接結構模型中,電荷的分離分別發生在 PM6 和 Y6 以及 PhI-Se 和 Y6 之間。當加入質量分數為 15% 的 PhI-Se 時,三電子組件獲得高達 17.2% 的 PCE,其 V_{oc} 為 0.848V,其 J_{sc} 為 24.8mA·cm^{-2} 和 FF 為 72.1%。

(4) 合金模型(Alloy model)

在一些平行連接模型中,在兩個供體材料間會存在電子和空穴的複合,這就會導致發射造成的能量損失。在合金模型中,兩個供體或者兩個受體會形成一個電子結構的合金,具有平均的 HOMO 和 LUMO 能階,可以以此來描述該類三電子組件的工作機理。如果兩個供體材料具有良好的相容性,兩個供體透過電子耦合會進入到一個新的電荷轉移態(Charge Transfer State,CT 態)。合金體系的 CT 態能量是混合結構的一個性質,會產生 V_{oc} 的差異。合金結構的兩個供體材料

保持自身本徵的特性，它的 HOMO 和 LUMO 能階取決於三電子組件中第三組分的添加量。此外，由於良好的相容性，能量轉移也可能發生在受體合金兩種材料之間，具有良好的光譜重疊，使得太陽能裝置的工作機制相對複雜化。

在 2015 年，魏志祥研究員等首次以 PTB7－Th 和 p－DTS(FBTTH$_2$)$_2$ 作為聚合物供體，PC$_{71}$BM 作為受體材料製備了具有合金結構模型的三元聚合物太陽能電池。經過形貌分析發現，當 p－DTS(FBTTH$_2$)$_2$ 的添加量（質量分數）超過 15％時，共混薄膜具有較強的層間(100)、(200)甚至是(300)衍射峰。這就說明 p－DTS(FBTTH$_2$)$_2$ 可以混合進入主體的聚合物供體材料中。另外，從其示差量熱掃描(DSC)結果可知，當 p－DTS(FBTTH$_2$)$_2$ 的添加量（質量分數）為 15％時，譜圖中未出現 p－DTS(FBTTH$_2$)$_2$ 的吸熱峰；當加入 20％時，共混薄膜中出現 p－DTS(FBTTH$_2$)$_2$ 的吸熱峰。這就說明兩個聚合物供體材料是以合金形式存在的。

也有研究工作者報導了基於 PBDB－T：PBDTTPD：ITIC 的具有合金機理模型的三元聚合物太陽能電池。由於 PBDB－T 和 PBDTTPD 相似的層間結構，兩個供體材料形成了合金相。合金相的形成改變了三元共混薄膜的能量狀態，使其裝置的 V_{oc} 沒有出現明顯的改變。三元共混薄膜具有協同提高激子再生/解離和提升電子、空穴遷移率的作用。當向 PBDB－T：ITIC 體系中加入質量分數為 10％的 PBDTTPD 時，三元聚合物太陽能電池獲得高達 9.36％的 *PCE*，16.75mA·cm^{-2} 的 J_{sc}，0.80V 的 V_{oc} 和 66.03％的 *FF*。

5.2.2 其他關於 2D1A 型三電子組件的研究

除了上述類型以外，研究者也研究了許多其他不同類型的 2D1A 型三元聚合物太陽能電池。對於 2D1A 型的三元聚合物太陽能電池除了採用兩個聚合物供體作為供體材料，非富勒烯受體作為受體材料之外，也有許多全聚合物體系的三元太陽能電池和其他包含小分子供體的體系。基於這些採用兩個聚合物供體或者小分子供體的三元太陽能電池，具體可分為五類，全聚合體系的 PD1：PD2：PA、聚合物供體和小分子受體的 PD1：PD2：SMA、聚合物供體搭配小分子供體和小分子受體的 PD1：SMD2：SMA、全部小分子供體搭配聚合物受體的 SMD1：SMD2：PA 和全部採用小分子體系的 SMD1：SMD2：SMA。接下來從此角度展開系統闡述不同類型的 2D1A 型三元太陽能電池的發展現狀。

1. PD1：PD2：SMA 體系的三元聚合物太陽能電池

在不同的 2D1A 體系中，利用兩個聚合物供體和一個小分子受體搭配構築的三元太陽能電池方面的研究比較多，研究者們也投入了較大的研究興趣。2016

第5章 有機太陽能電池：三元結構

年，Hwang 教授等報導了具有高度扭轉非共平面三維構象的非富勒烯受體 DBFI-EDOT，這是第一個與兩類聚合物供體噻唑噻唑二噻吩並噻唑的 PSEHTT 和 PBDTT-FTTE 分別獲得高達 8.1%和 7.6%光電轉換效率的非共平面受體材料。值得注意的是，當將非富勒烯受體 DBFI-EDOT 與上述兩種聚合物供體共混製備三電子組件時且 SEHTT：PBDTT-FTTE：DBFIEDOT 的質量比為 2：0.9：0.1 時，三元共混體系獲得高達 8.52%的 PCE。三電子組件效率的提升主要歸功於三元體系獲得更加拓寬的可見光區光譜響應範圍使其 J_{sc} 提高至 15.67mA·cm^{-2}。

2019 年，Ade 教授等將具有中等能隙的聚合物供體 PBDB-T 作為第三組分加入 FTAZ：IT-M 體系中構築了三電子組件。當基於 FTAZ：PBDB-T：IT-M 體系的質量比為 0.8：0.2：1 時三電子組件獲得了最高 13.2%的 PCE，同時具有高達 0.95V 的 V_{oc}，18.1mA·cm^{-2} 的 J_{sc} 和高達 73.6%的 FF，這要明顯高於相應的二電子組件的 PCE。第三組分 PBDB-T 的加入填補了主體 FTAZ 聚合物供體在 600～660nm 範圍內的吸收光。另外，由於剛性聚合物 PBDB-T 的加入也在一定程度上抑制了 IT-M 的結晶，這有利於獲得更優異的三元共混薄膜形貌。研究表明，相比於主體聚合物供體，具有剛性骨架結構，有較弱延展性和相對高 HOMO 能階的聚合物供體是未來較好地設計第三組分的設計策略。

研究者們也利用聚合物 J51、PDBD-T 作為兩個聚合物供體，ITIC 作為非富勒烯受體，構築三電子組件。透過對三元共混薄膜的優化，當加入 0.75%體積比的 1，8-二碘辛烷(DIO)，三電子組件獲得 8.75%的 PCE。從許多的測試結果可知，由於三元共混薄膜的構築，體系表現出較好的吸光互補，階梯狀的能階排布和優異的共混薄膜形貌，三電子組件的效率展現出明顯優異相應二電子組件的性能。隨後，張福俊等首次在 PM6：Br-ITIC 二元體系中引入了聚合物供體 J71 來構築三電子組件，並且獲得高達 14.13%的三電子組件效率，伴隨著高達 19.39mA·cm^{-2} 的 J_{sc}、0.93V 的 V_{oc} 和高達 78.4%的 FF，主要是由於三個材料表現出吸光互補、較好的兼容性和合適的能階結構引起的。透過對純膜和共混薄膜的光致發光 PL 和時間分辨光致發光(TRPL)數據分析可知，該三元體系是由 J71 到 PM6 的能量轉移工作機理。此外，由於兩個聚合物供體具有較好的相容性，它們可以形成合金供體結構，有利於提升裝置的光生空穴傳輸效率。

除了上述介紹的寬能隙或者中等能隙聚合物供體作為第三組分之外，窄能隙聚合物 PTB7-Th 也被成功地用作第三組分加入二元體系中構築三電子組件。比如，基於 J51：PTB7-Th：ITIC(質量比 0.8：0.2：1)、J51：PTB7-Th：BT-IC(質量比 0.5：0.2：1)和 PBDB-T：PTB7-Th：IEICO-4F(質量比

0.8：0.2：1)分別獲得了 9.70％、10.32％和 11.62％的 PCE。研究者們也構築了基於 ITIC 和 4TIC 的聚合物太陽能電池，利用 PTB7－Th 和卟啉功能化的共軛聚合物 PPor－1 作為藍光區添加劑的第三組分供體材料。隨著第三組分 PPor－1 的加入，三電子組件的 J_{sc} 進一步增加，其共混薄膜形貌也被優化，分別獲得 7.21％和 9.21％的裝置效率。與此同時，基於 PTB7－Th：ITIC 和 PTB7－Th：4TIC 的二電子組件僅分別獲得 6.70％和 9.10％的 PCE。

此外，基於 PTB7－Th：IEICO－4F 的二元聚合物太陽能電池獲得 10.0％的 PCE。2017 年，研究者也將 J52 作為第三組分聚合物供體加入該體系中(J52：PTB7－Th：IEICO－4F 的質量比為 0.3：0.7：1.5)，獲得了 10.9％的三電子組件效率。隨後，研究者也進一步利用環境友好型的溶劑和紫外可交聯增塑劑聚合物 P2FBTT－Br 和 P2FBTT－H 加入 PTB7－Th：IEICO－4F 二元體系中，研究了基於該三電子組件的性能和穩定性，相應的三電子組件分別獲得 9.80％和 10.50％的 PCE 和更穩定的太陽能裝置。隨後，也出現了一系列新型的基於 PTB7－Th：IEICO－4F的三電子組件，他們設計合成了一系列寬能隙聚合物，命名為 P1－P3。其中，當將 P1 加入 PTB7－Th：IEICO－4F 體系時，三電子組件獲得 12.11％的 PCE 和高達 25.18mA・cm^{-2} 的 J_{sc}，這主要是由於三個材料展現出互補且較寬的可見光區至近紅外光區的光譜響應。

2018 年，馬偉教授等利用高效率窄能隙小分子受體 FOIC，兩個聚合物供體 PTB7－Th 和 PBDB－T 構築三電子組件，同時採用手工刮塗技術，可以有效地提升聚合物純組分薄膜的有序排列程度。最終，基於 PBDB－T：PTB7－Th：FOIC(質量比為 0.5：0.5：1)的三電子組件，經過手工刮塗獲得高達 12.02％的 PCE 和 65.78％的 FF。從其共混薄膜形貌數據可以看出，透過手工刮塗的薄膜的晶體相干長度(CCL)進一步增加，說明其結晶性增強，相對於基於旋塗法製備的薄膜，其衍射峰變得更強更尖銳，說明手工刮塗技術使三電子組件表現出更強的結晶性和載流子遷移率。隨後，孫艷明教授等構築了基於 PTB7－Th：PBDTm：FOIC(質量比為 0.8：0.2：1.5)的三元聚合物太陽能電池，並獲得 13.8％的 PCE。第三組分的引入導致了負載複合，同時降低了負載穩定性，而對薄膜形貌沒有明顯的影響。彭強教授等報導了基於共聚合 PBT－EDOTS 和共聚物 J71 與非富勒烯受體 ITIC－Th 結合的三元有機太陽能電池，連接在 BDT 單位上的 EDOT 單位在綠色溶劑四氫呋喃(THF)的處理下有效提升了共聚物的溶解度。值得注意的是，三元共混薄膜在 CB/CN 共混溶劑處理之後表現出平滑的表面形貌，卻具有不合適的相分離，抑制了活性層共混體系的電荷擴散。然而，當採用甲基四氫呋喃(MeTHF)處理共混薄膜時，薄膜表現出較大的相區，這對

電荷的有效傳輸是有利的。當加入質量分數為20％的J71，採用綠色溶劑處理共混薄膜時，三電子組件獲得12.26％的PCE和較高的J_{sc}為18.02mA·cm^{-2}，V_{oc}為0.90V和75.6％的FF。三電子組件的性能提升主要得益於階梯狀能階排布、空穴停滯(hole back)現象、第二供體J71的FREA過程和提升的共混薄膜形貌引起的有效電荷轉移和能量轉移。隨後研究工作者利用非富勒烯受體IT－2F，兩個聚合物PBT1－C和J71發展了一系列具有合金模型結構的三元聚合物太陽能電池。選擇了兩個具有相似化學結構和互補吸收光譜的供體材料，獲得12.26％的三電子組件效率。其中，PBT1－C作為形貌調節劑可以有效地調節共混薄膜的相分離，因此其三電子組件的PCE遠高於相應二電子組件的效率10.45％。這主要得益於J71和PBT1－C具有較好的相容性和相似的HOMO能階，同時形成得到合金態的緣故。

隨後，研究工作者進一步利用PNDT－ST、PBDT－ST和Y6－T所謂活性層材料構築了具有合金結構模型的三元聚合物太陽能電池。透過取代Y6分子的二氟原子取代的末端基團IN－2F，利用CPTCN作為末端基團設計了小分子受體Y6－T。Y6－T的能階要高於Y6分子，因此選用了新型的寬能隙聚合物PNDT－DT和PBDB－T作為兩個聚合物供體，使三電子組件獲得高達16.57％的PCE。這是近幾年採用多重聚合物供體的最高裝置效率之一。PBDB－T作為一類應用非常廣泛的高性能聚合物供體材料，已經作為主體供體材料成功地應用於多種不同的三元太陽能裝置中。例如採用中等能隙PBDB－T和窄能隙PTB7－Th搭配作為兩重聚合物供體材料，與非富勒烯受體SFBRCN。三個材料表現出較好的吸收光譜互補、由PTB7－Th到PBDB－T的空穴傳輸、多重電子傳輸通道和供受體之間的非輻射的FRET，使得三電子組件獲得12.27％的PCE。加入第二供體PTB7－Th之後，三元共混薄膜獲得占主導地位的face－on堆積行為，使裝置獲得較大的電荷遷移率。此外當三元體系含有質量分數為0.7％的PTB7－Th時，展現出最高的相區純度，相應使之獲得最高的FF和J_{sc}。

除此之外，也有向PBDB－T：IT－M體系中加入寬能隙聚合物PDCBT的案例。第二供體PDCBT的加入有效地擴寬了體系的吸光範圍，然而第三組分明顯沒有提升三元薄膜的相分離。最終基於PBDB－T：PDCBT：IT－M(質量比為0.8：0.2：1)的三電子組件獲得最高11.2％的PCE。鑑於基於PBDB－R：ITIC體系是最成功的二元體系之一，許多研究工作者基於該體系構築了三電子組件。例如，將PBDTTPD加入該二元體系的情況，三電子組件獲得9.36％的PCE。陳義旺教授等在該二元體系的基礎上，選擇PDCBT和P3HT作為第三組分，也構築了系列三電子組件。當相應三元體系的比例分別為0.9：0.1：1和

0.95：0.05：1時兩個相應的三電子組件分別獲得了10.97％和6.92％的PCE。當PDCBT(或者P3HT)與PBDB－T共混之後，PDCBT的結晶性會提升，同時兩個供體材料會形成雙分子晶體，PDCBT的加入也會進一步增強共混體系供體和受體間的相分離，獲得提升的空穴和電子遷移率。此外，由於P3HT與ITIC之間較好的相容性和較強的相互作用導致了無定型的活性層形貌和較差的相分離，因此添加了P3HT的三電子組件僅獲得超過6％的PCE。

近3年內，隨著Y6及其衍生物受體的發展，基於PM6：Y6的二元體系被研究者進行了廣泛的研究，基於該二元體系，更是構築了數不勝數的三元太陽能電池。研究者利用PM6：Y6作為主體二元供受體組分，選擇PBDB－T、PDHP－Th、PDHP－Ph作為第二聚合物供體構築了三元具有2D1A型的三電子組件。需要指出的是PDHP－Th和PDHP－Ph是分別採用噻吩基和苯基作為側鏈的材料。PDHP－Th和PDHP－Ph結構剛性和可扭轉的骨架結構抑制了Y6分子的過度聚集行為。這些特性使得基於PDHP－Th和PDHP－Ph作為第三組分的三電子組件分別獲得16.8％和15.4％的PCE。說明這類具有不對稱結構的聚合物供體分子是設計高效率聚合物受體的有效設計策略。

最近，張福俊教授等報導了基於兩個較好相容性聚合物供體與Y6搭配構築的高效率三電子組件，並獲得高達17.53％的PCE。設計合成的聚合物供體S3相比於PM6吸收光譜藍移了10nm，同時，由於兩個供體材料具有相似的化學結構和較好的相容性，形成了合金狀的結構。由於三元體系較好的共混薄膜形貌、互補的吸收光譜和較低的能量損失，當加入質量分數為20％的S3之後，三電子組件獲得了超過17.5％的PCE，這也是當時報導的基於2D1A體系的最高裝置效率。

除了上述詳細闡述的基於PD1：PD2：SMA體系的案例之外，還有較多獲得較好性能的該體系三元太陽能裝置，鑑於篇幅，不再贅述。透過上述的介紹可知，透過合適第三組分的設計和挑選，來構築具有互補吸收光譜、較好相容性、匹配分子能階和小分子受體能夠較好搭配的材料可以獲得較高太陽能性能的三元聚合物太陽能電池。具有PD1：PD2：SMA體系的三電子組件除了可以獲得較高的太陽能性能之外，當選擇具有較高玻璃轉變溫度T_g或者更長鏈的第二聚合物供體材料，有助於進一步提升其形貌穩定性。

2. 基於PD1：PD2：PA的全聚合物三元聚合物太陽能電池

全聚合物的太陽能電池是指裝置的供體材料和受體材料均採用聚合物作為活性層材料的太陽能裝置。全聚合物太陽能電池在近幾年也獲得了快速的發展，這主要是由於全聚合物太陽能裝置具有以下優點：(1)聚合物材料在可見光區有較

高的吸光係數；(2)可以更有效地調節材料的能階，聚合物受體較低的LUMO能階可以產生更有效的光誘導電荷分離；(3)由於較好的黏度，展現出優異的熱穩定性和機械穩定性。由於三電子組件不僅需要互補地吸收光譜，而且需要有效的自由載流子再生和有效的電荷傳輸，基於全聚合物的三元太陽能並未得到大範圍的研究與應用。此外，還有一些因素進一步限制著全聚合物太陽電池的裝置效率，比如不理想的共混形貌、相比富勒烯受體來說，聚合物受體較低的電子遷移率等。獲得理想的相分離、奈米尺度的D/A互穿網絡有利於促進激子解離和載流子的傳輸。

基於萘二醯亞胺(NDI)的聚合物受體N2200是最成功，也是應用最廣泛的聚合物受體材料。2016年，Benten教授等首次報導了全聚合物三元太陽能電池，利用寬能隙聚合物PCDTBT作為寬能隙聚合物第三組分，加入PBDTTT－EF－T：N220二元體系中。其中PCDTBT在可見光區與主體供受體材料有較好的吸收光譜互補，當將其加入二元體系中後，三元薄膜在400nm和450～650nm的吸收有所增加。PDCTBT的激子可以透過遠端的Forster能量轉移，直接轉移到PBDTTT－EF－T和N2200上。在進行一系列裝置優化之後，基於PBDTTT－EF－T：PCDTBT：N2200的三元全聚合物太陽能電池獲得6.65%的 PCE。2017年，黃飛教授等設計合成了共聚物PBTA－Si，並將其作為第三組分加入PTzBI－Si：N2200二元體系中。由於PTzBI－Si較低的HOMO能階，加入PTzBI－Si之後的三電子組件獲得了較高的V_{oc}。同時從其光致發光數據中分析可知，體系中存在著有PBTA－Si到PTzBI－Si的Forster能量轉移。兩個供體聚合物之間較高的兼容性使體系獲得較強的結晶性，這有利於提升三元共混薄膜的共混形貌和電子遷移率以及三電子組件較弱的電荷複合。因此，基於PTzBI－Si：PBTA－Si：N2200(質量比為1:1:1)的三電子組件，在膜厚為150nm時獲得高達9.56%的 PCE，其 J_{sc} 為 14.65mA·cm^{-2}，V_{oc} 為 0.85V 和 FF 為75.65%。與此同時，基於 PBTA－Si：N2200(質量比為2:1)和PTzBI－Si：N2200的二電子組件僅分別獲得6.97%和7.24%的 PCE。

2019年，陳義旺教授等在PDBD－T：PNDI－2T－TR(5)主體供體/受體二元共混體系中引入聚合物J71。由於J71與主體供受體材料具有良好的吸光互補，同時在PBDB－T和J71之間存在具有階梯狀的能階排布和Forster共振能量轉移。此外，因為具有不同的互溶度，第二供體J71不僅可以優化水平方向的形貌，而且會促使供體和受體產生垂直方向的分離形貌。由於三元共混體系優異的共混形貌，最終獲得9.12%的 PCE、14.63mA·cm^{-2} 的 J_{sc}、0.88V 的 V_{oc} 和 71.02%的 FF。

目前，將高效率小分子受體材料聚合物化的高性能聚合物受體材料層出不窮，尤其是基於 Y6 及其衍生物受體材料的聚合物化，使得全聚合物太陽能電池的裝置效率已獲得超過 15％的 PCE。劉燾等利用含有 B—N 配位鍵的共軛聚合物 BN—T 作為第三組分加入 PMY：PY—IT 二元聚合物體系中，構築了三元全聚合物太陽能電池。研究發現，BN—T 的加入使三元共混薄膜表現出更強的結晶性和相對降低的相分離，使得激子收集和電荷傳輸都有所提升。從熱力學角度分析可知，第三組分 BN—T 傾向於處在 PM6 和 PY—IT 之間，可以微小地調控其共混形貌。此外，三電子組件的非輻射複合能量損失明顯降低，同時在兩個聚合物受體材料間存在著能量轉移和電荷轉移。這些性能的提升促使基於 PM6：PY—IT：BN—T（質量比為 1：1：0.1）的三元全聚合物太陽能電池獲得高達 16.09％的 PCE，同時伴隨著 J_{sc}，V_{oc} 和 FF 的提升。這也是當時報導的基於全聚合物太陽能電池的最高裝置效率之一。郭旭崗教授等利用具有超窄能隙的聚合物受體 DCNBT—TPC 和中等能隙聚合物供體 PTB7—Th 搭配寬能隙聚合物供體 PBDB—T 構築了三電子組件。三電子組件最佳獲得 12.1％的 PCE，獲得了顯著提升的 J_{sc} 為 21.9mA·cm^{-2}。實際上這個效率也是當時報導的基於全聚合物太陽能電池的最高裝置效率，遠高於相應的二電子組件的 PCE。同時也做了裝置穩定性測試，在光照下 400h 之後，最佳的裝置仍表現出相比於初始裝置效率約 68％的效率值。該工作說明，採用超窄能隙聚合物受體搭配兼容性聚合物供體是獲得全聚合物太陽能電池性能提升行之有效的策略。

2021 年，隨著高效率聚合物受體材料的開發，閔杰教授等發展了一個新型的聚合物受體 PY2F—T，當與聚合物供體 PM6 搭配時相應的二電子組件獲得 15.0％的 PCE。隨後，將聚合物受體 PYT 作為第三組分引入到主體二元組分中。由於第三組分 PYT 的引入，三元共混薄膜表現互補的吸收光譜和精細可調的三元微觀形貌，使得三電子組件的 PCE 提高至 17.2％，並且使其在可見光和近紅外光區的 EQE 超過 80％。令人驚喜的是，相比於相應的二電子組件，三電子組件具有較低的能量損失，較好的光洗脫和光熱穩定性。這也是目前報導的全聚合物太陽能電池的最高裝置效率。這些研究工作說明，發展高效率全聚合物太陽能電池對於推動有機太陽能電池的大規模商業化生產應用具有光明的研究前景。

全聚合物太陽能電池面臨的最大挑戰就是調控共混體系的活性層形貌，活性層形貌調控常用的策略為有效調控共混形貌提供了有效的方法。比如，有效地調控分子的堆積、相分離和相區尺寸。因此，尚有非常多可以嘗試的方法來進行基於 PD1：PD2：PA 體系的三元聚合物太陽能電池，來提高裝置的效率，同時保

持相應太陽能裝置較高的形貌穩定性。

3. 包含小分子供體的其他類型的 2D1A 型三元有機太陽能電池

在經典的聚合物供體/小分子受體的二元體系中，加入聚合物供體作為第二供體，通常會打破主要供體組分的結晶。而利用小分子供體作為第三組分的基於 PD1：SMD2：SMA 的三元非富勒烯太陽能電池中，由於小分子第三組分的加入會促進純相的相分離，誘導使得主要的供體材料獲得較強的結晶性。小分子材料通常具有特徵的化學結構，除了較高的純度和優異的可重複性，它們在很多方面具有優於聚合物供體的優點。占肖衛教授等報導了基於 PTB7－Th：FOIC 作為主體二電子組件，小分子供體 TR 作為第三組分的三電子組件，當第三組分 TR 的加入量質量分數達到 25％時，裝置最佳獲得 13.1％的 PCE，高於其相應的主體二電子組件(PCE 為 12.1％)。這是由於主體二電子組件在 450nm 附近顯示較弱的光譜響應，而三電子組件在 300～550nm 範圍內的 EQE 相應有所提升。因此，第三組分 TR 的加入有助於獲得更加互補的吸收光譜，進而得到 J_{sc} 的提升。就第三組分 TR 對活性層形貌的影響來說，第三組分小分子供體 TR 與主體聚合物供體 PTB7－Th 具有較好的互溶度，同時小分子 TR 具有較強的結晶性，促使 PTB7－Th 的堆積情況進一步增強，以獲得三電子組件提升的空穴遷移率和較高的 FF。

2019 年，D. Baran 教授等選擇以 ITD 與噻吩結合和二氟取代苯並噻二唑的小分子供體 BIT－4F－T 作為第三組分加入 PTB7－Th：IEICO－4F 二元體系中。當第三組分加入量質量分數為 10％時，三元共混薄膜不僅可以有效地促進激子分離和解離，而且可以降低單分子和雙分子複合。第三組分的加入可有效促進激子的解離，進而提升單電子組件的 FF 和 J_{sc}，因此三電子組件最終獲得高達 14.0％的 PCE。最近，研究者也利用 BDT 單位為中間核心，3－以及羅丹寧為末端基團構築了一系列小分子供體 SM－X(水平結構)、SM－Y(垂直結構)和 SM－XY(交叉結構)。透過系統分析可知，基於 SM－X 和 SM－Y 的三電子組件獲得了合金結構模型，同時具有由 SM－X 到 SM－Y 的能量轉移和電荷轉移。然而，基於 SM－XY 的三電子組件，由於其較強的結晶性，僅具有能量轉移。最終，基於 SM－X 的三電子組件獲得最高 11.96％的 PCE，基於 SM－Y 和 SM－XY 的三電子組件分別獲得 11.48％和 10.21％的 PCE。

除了上述介紹的利用聚合物供體的太陽能裝置之外，也具有全部採用小分子供體的 SMD1：SMD2：PA 和全部採用小分子材料 SMD1：SMD2：SMA 的三電子組件，這類全部採用小分子供體的三電子組件的光電轉換效率要遠低於上述介紹的其他類型的 2D1A 型三電子組件。2018 年，劉俊研究員等利用兩個小分子

供體材料 DR3TBDTT 和 BTR 與聚合物受體 P－BNBP 構築了三電子組件。從其共混體系的形貌分析數據可知，在三元共混薄膜中供體材料主要呈現出 face－on 的堆積取向。相比於基於 DR3TBDTT：P－BNBP－fBT 的二電子組件，三元共混薄膜的相區尺寸降低到 65nm。相區尺寸的降低，有效地增加了供體/受體的介面面積，因此有利於三電子組件獲得提升的 J_{sc}。最終，該三電子組件僅獲得 4.82% 的 PCE 和低的 J_{sc} 僅為 7.39mA·cm^{-2} 和高的 V_{oc} 為 1.18V。

2019 年，魏志祥研究員等設計合成了中等能隙的小分子供體 DR3TBDTT－S－E，並將其作為第三組分構築了三元全小分子太陽能電池 DR3TBDTT：DR3TBDTT－S－E：$PC_{71}BM$ 和 DCAO3TBDTT：DR3TBDTT－S－E：$PC_{71}BM$。第三組分的加入有效擴寬了裝置的吸光範圍，當加入質量分數為 5% 的 DR3TBDTT－S－E 時，三元薄膜在 300~600nm 範圍內的光擷取能力提升。當向 DR3TBDTT－S－E：IDIC 體系中加入 DCAO3TBDTT 時，三電子組件在 450~750nm 範圍內的光擷取能力提升。相比於二電子組件，無論向富勒烯或者非富勒烯體系中加入第三組分，都使得三元共混薄膜表現出更高的表面形貌和更合適的相分離。最終以富勒烯或者非富勒烯受體為第三組分構築的三元全小分子裝置分別達到 10.38% 和 10.04% 的 PCE。

另外一個全小分子的案例是 2019 年，葛子義研究員等選擇兩個具有相似化學結構的小分子供體 SM 和 SM－Cl 構築的基於 SM：SM－Cl：IDIC 的三電子組件。光致發光 PL 數據顯示，在供體和受體之間存在較好的電荷傳輸過程，同時經過電荷複合測試可知，三電子組件表現出最弱的雙分子複合，有利於獲得進一步提高的三電子組件 FF 和 J_{sc}。第三組分的加入降低了共混體系的結晶性，進而提升了其相分離形貌。因此，三電子組件獲得 10.29% 的 PCE、16.05mA·cm^{-2} 的 J_{sc}、0.921V 的 V_{oc} 和 69.58% 的 FF。

整體來說，基於非富勒烯受體的三電子組件是克服二電子組件性能限制的有效策略。相比於三電子組件具有兩個非富勒烯受體，具有兩個供體，特別是兩個聚合物受體的 2D1A 型三電子組件表現出獲得更穩定活性層形貌和高裝置穩定性的優勢。然而，基於 2D1A 型的三元非富勒烯聚合物太陽能電池發展相對緩慢，主要是由於聚合物材料具有受制約的熵變，使得兩個聚合物供體材料間具有較強的相分離。此外，非富勒烯受體材料對聚合物供體材料非常挑剔，特別是對於材料的能階和形貌方面。透過上述的分析可知，獲得高效率的 2D1A 型三元聚合物太陽能電池還需要進行以下探索：(1)選擇合適的第二供體材料，具有系統研究材料分子結構關係、能階、混溶性和聚集性；(2)2D1A 型三電子組件最大的優勢即形貌穩定性，可以進一步研究不同條件、不同類型該類三電子組件的形貌穩

定性及裝置穩定性；(3)二電子組件的能量損失已經獲得廣泛的研究與應用，進一步研究三電子組件的能量損失，透過裝置優化工藝、活性層材料微調、不同後處理工藝等的應用，進一步降低三電子組件的能量損失，獲得裝置V_{oc}的進一步提升；(4)針對不同2D1A型三電子組件的應用需要，進一步研究與大規模商業化生產製備接軌的材料體系，如大面積、厚膜、半透明、柔性等三電子組件等方面的研究工作。總之，大力發展2D1A型非富勒烯聚合物太陽能電池獲得裝置形貌穩定性和裝置穩定性，進一步提升的高效率三電子組件滿足未來大規模商業化生產的技術需要，具有重要的研究意義。

5.3　基於一個供體兩個受體的三元有機太陽能電池

隨著非富勒烯受體材料的發展，三電子組件中利用一個供體兩個受體材料的裝置也獲得快速發展，包括協同利用非富勒烯受體和富勒烯受體的優勢構築高效率三電子組件、利用兩個高性能，具有較好兼容性的非富勒烯受體構築高效率三電子組件以及三個材料均採用小分子材料的全小分子三電子組件都取得了不斷的突破，其能量轉換效率遠高於相應的採用2D1A型的三電子組件。比如，基於1D2A型的三元聚合物太陽能電池是目前領域中裝置效率最高的研究體系(*PCE*大於19％)，而基於1D2A型的三元全小分子太陽能裝置也已取得效率超過16％的高性能。系統分析基於2D1A型三電子組件的研究進展，揭示材料結構與相應裝置性能之間的結構－性能關係至關重要，也對未來的進一步研究提供重要的指導作用。

下面，將從聚合物供體/小分子受體1/小分子受體2(PD：SMA1：SMA2)、聚合物供體/小分子受體/富勒烯受體(PD：SMA1：PCBM)以及供受體材料全部採用小分子材料的SMD：SMA1：SMA2出發，系統分析基於1D2A型三元太陽能電池的研究進展。

5.3.1　基於PD：SMA1：SMA2的三元有機太陽能電池

非富勒烯受體材料的發展推動著有機太陽能電池轉換效率的不斷攀升。2015年占肖衛等報導了基於IDTT單位的稠環電子受體材料，當時與窄能隙聚合物供體搭配獲得與富勒烯及其衍生物受體裝置效率相當的6.8％的*PCE*。此後拉開了具有A－D－A型非富勒烯受體材料的發展，基於該類具有A－D－A結構的稠環受體材料，目前已獲得超過16％的裝置效率。2019年隨著鄒應萍等具有A－D－A－D－A結構的Y6分子，將具有弱拉電子能力的苯並噻二唑(BTz)單位引入

稠環給電子 D 核心基團中，獲得了當時最高 15.7％的 PCE。在最近三元基於稠環受體材料的有機太陽能電池裝置效率獲得不斷的突破。近三年基於 Y6 及其衍生物受體材料構築的具有 1D2A 型三電子組件的光電轉換效率節節攀升，也是目前獲得的單結裝置效率的最高性能（超過 19％）。

近期，唐衛華教授等設計合成了具有低結構有序性的小分子受體 DCB－4F，並將其加入主體 PM6：DTPSe－4Cl 體系中構築了三元太陽能電池，同時製備了半透明裝置。第三組分 DCB－4F 的加入，提升了分子在合適尺度範圍內的分子排列，提升了活性層共混體系的電荷傳輸能力。從其太陽能性能研究中可知，基於 DCB－4F：DTPSe－4Cl 的二電子組件與 PM6：DTPSe－4Cl 表現出良好的互補吸收光譜特性。當將第三組分 DCB－4F 加入基於 PM6：DTPSe－4Cl 的二電子組件中。隨著第三組分加入量的增加，三電子組件的 V_{oc} 逐漸增大，這與 DCB－4F 具有較高的 LUMO 能階是相對應的。透過優化供受體與第三組分的比例，發現當三者質量比例為 1：0.9：0.1 時，三電子組件獲得最高 15.93％的 PCE 和高達 24.62 mA·cm^{-2} 的 J_{sc}，遠高於相應的二電子組件的太陽能性能。同時，基於該三電子組件，也製備了半透明裝置，並獲得高達 12.58％的裝置效率。

張勇教授等利用 Y6 的衍生物受體分子 Y－T，採用 1,3－二乙基－2－硫代巴比妥酸為末端基團的受體分子為第三組分加入 PM6：Y6 二元體系中。使三電子組件的效率由原本二電子組件的 15.64％提升到 17.37％，獲得了三電子組件 V_{oc}、J_{sc} 和 FF 同時提升的太陽能參數。第三組分 Y－T 對三電子組件性能提升有這麼大的促進作用主要是由於提升的吸收光譜互補和由於額外提供的能量轉移路徑獲得了提升的激子利用率。除此之外，Y－T 客體受體分子對有效調控二元體系活性層形貌、促進三維相分離、獲得平衡的電荷傳輸和提升的 FF 有重要促進作用。該工作從分子設計角度為提升非富勒烯受體太陽能電池裝置效率提供了行之有效的策略。

何鳳教授等設計合成了兩個具有中等能隙的小分子受體 BTIC－EH－2ThBr 和 BTIC－BO－2ThBr，利用弱缺電子單位作為末端基團。透過弱缺電子末端的引入可以有效地調控材料的吸光和能階，使之作為有效的第三組分材料提升三電子組件的太陽能性能。研究發現，BTIC－EH－2ThBr 和 BTIC－BO－2ThBr 的發射光譜與 Y6 分子的吸收光譜表現出良好的重疊，說明在 BTIC－EH－2ThBr 或者 BTIC－BO－2ThBr 與 Y6 分子之間存在著有效的能量轉移。此外，三個材料也具有較好的階梯狀能階排布狀態。隨著第三組分 BTIC－BO－2ThBr 的加入，基於 PM6：Y6：BTIC－EH－2ThBr 的三元共混薄膜獲得良好的形貌。而中等能隙第三組分 BTIC－EH－2ThBr 的加入，可以有效地緩解活性層的過度聚

集行為和主體二元共混薄膜的結晶性。因此，三電子組件獲得良好的相分離、電荷的傳輸與收集和降低的激子複合。最終基於 PM6：Y6：BTIC－EH－2ThBr 的三電子組件獲得高達 17.54% 的 PCE。

侯劍輝研究員等利用寬能隙聚合物 PBQx－TF 作為主體供體材料，以明星窄能隙非富勒烯受體 eC9－2Cl 為主體聚合物受體材料作為二電子組件，採用以 IDT 為中間核心連接苯丙三氮唑為橋連單位的小分子受體 F－BTA3 作為第三組分。F－BTA3 的加入使得三元體系表現出提升的光譜利用率、階梯狀的能階排布和增強的分子間堆積，使得裝置的太陽能參數均出現提升，最終三電子組件的 PCE 達到 19.0%（其驗證效率為 18.7%）。這些工作說明透過對材料合適電子結構、活性層形貌的有效調控可以實現有機太陽能電池裝置效率的進一步提升。隨後利用具有相似化學結構的兩個非富勒烯受體材料 HDO－4Cl 和 eC9，採用 PBDB－TF 作為聚合物受體構築了三電子組件。第三組分 HDO－4Cl 的加入可以有效地優化激子的行為，起到抑制主體 PBDB－TF：eC9 的非輻射複合能量損失的作用，最終獲得超過 18.86% 的裝置效率。

總之，該類採用聚合物供體/小分子受體/小分子受體搭配的 PD：SM1：SMA2 型三電子組件獲得了裝置效率的不斷突破，這主要是由於高效率非富勒烯受體材料的發展，這也為有機太陽能電池未來的商業化生產製備提供了重要保障。

5.3.2　基於 PD：SMA1：PCBM 的三元有機太陽能電池

富勒烯及其衍生物受體材料在過去很長一段時間一直佔據著受體材料的主導地位。富勒烯受體材料具有較快的遷移率、較好的活性層相分離和各向同性等性質，但缺點就是其吸收光譜範圍有限，吸光係數小。非富勒烯受體材料剛好可以彌補富勒烯及其衍生物受體的這些缺陷。因此，將富勒烯受體與非富勒烯受體聯合使用，用以構築三電子組件，也是獲得有機太陽能電池裝置效率進一步提升的高效策略。

2018 年，陳永勝教授等在前期四並噻吩（TTIC）分子的基礎上，進一步延長中間共軛骨架的長度，設計合成了具有三個噻吩並[3，2－b]噻吩單位稠合的小分子受體 3TT－FIC，該材料在 550～1000nm 範圍內表現出優異的可見光－近紅外吸收光譜。當採用窄能隙聚合物供體 PTB7－Th 與之搭配時，當供體/受體質量比例為 1∶1.5 時，二電子組件獲得 12.21% 的 PCE，其 J_{sc} 高達 25.89mA·cm^{-2}。為了進一步調節活性層的形貌，同時充分利用 PC$_{71}$BM 受體材料在可見光區的吸收光譜，採用 PC$_{71}$BM 作為第三組分，加入主體 PTB7－Th：3TT－FIC 主體二元體系中。隨著第三組分 PC$_{71}$BM 的加入，三元共混薄膜的 EQE 曲

線在 300～700nm 範圍內的響應被大幅度提高，進而使得三電子組件獲得 J_{sc} 的進一步提升，達到 27.73mA·cm^{-2}。最終三電子組件獲得最高 13.54% 的 PCE，這也是當時報導的單結裝置的最高裝置效率之一。這些結果就說明了透過合適第三組分的引入可以有效地提升太陽能裝置的 EQE 光譜響應，這也為進一步提升太陽能裝置的轉換效率提供了切實可行的設計策略。隨後，在 2019 年，鑑於上述具有近紅外吸收光的窄能隙小分子受體 3TT－FIC 材料表現出優異的太陽能性能，然而由於該類窄能隙受體材料具有相對低的 LUMO 能階，進而使得該類窄能隙受體材料通常具有相對較低的 V_{oc}。鑑於此，在前期工作基礎上，提出了對中間共軛骨架結構的微小調控策略，實現對材料吸收光譜以及能階結構的微小調控，進而獲得裝置太陽能性能的進一步提升。因此，在 3TT－FIC 分子中間共軛骨架上引入了柔性長烷基側鏈，除了可以增強材料的溶解度之外，也可以進一步抑制末端基團的扭轉，使得分子具有更強的分子共平面性。研究表明：新設計的小分子受體 3TT－OCIC 相比於中間共軛骨架未經過烷基鏈修飾的 3TT－CIC 分子，其在薄膜狀態下的吸收光譜藍移了 25nm，其 LUMO 能階上升了 0.04eV，這就使得基於 3TT－OCIC 的二電子組件會獲得相對提升的開路電壓 V_{oc}。然而隨著窄能隙聚合物供體 PTB7－Th 的加入，基於 3TT－OCIC 的混合薄膜表現出更加紅移和增強的吸收光譜，這可能是由於聚合物供體材料的加入進一步促進了受體分子的堆積，使之變得更有序，這也與其相應的二維掠入射 X 射線（GI-WAXS）數據是一致的。最終，同樣地，當採用 PC$_{71}$BM 作為第三組分加入基於 PTB7－Th：3TT－OCIC 二元體系中時，三電子組件獲得裝置 J_{sc} 和 V_{oc} 協同提升的太陽能裝置，最終基於 3TT－OCIC 的三電子組件效率為 13.13%，高於基於未經烷基鏈修飾的 3TT－CIC 的裝置效率 12.43%。

李建豐教授等設計了三元無規共聚物供體分子 TBFCl50－BDD 與明星小分子受體材料 BTP－4F 搭配作為主體供體材料，首先構築了二電子組件。其中，該二電子組件僅獲得 10.58% 的 PCE，進一步利用 PC$_{71}$BM 作為第三組分添加劑，一方面提升共混薄膜在 300～600nm 範圍內的吸收光，另一方面作為形貌調節劑進一步調節主體二元體系的薄膜形貌。研究發現，當第三組分 PC$_{71}$BM 加入主體二元體系之後，相應的三電子組件獲得 13.15% 的 PCE。這主要是由於第三組分加入活性層體系之後不僅有效地提升了共混體系的活性層形貌，促進了激子的有效傳輸，而且會影響共混薄膜中分子的排列情況，進而改善其結晶性。

5.3.3 基於 SMD：SMA1：SMA2 的三元全小分子太陽能電池

目前，全小分子太陽能裝置的裝置效率普遍要低於其相應的聚合物體系的太陽

能電池，主要是由於小分子材料通常具有相似的化學結構(比如具有 A－D－A 構型的分子)，因此使得小分子材料之間具有較強的相溶性，使得材料在共混之後難以有效地調控共混體系的活性層形貌，獲得合適的相分離。因此，研究者提出可以在主體二元全小分子體系中加入具有強結晶性的第三組分，進一步調控原本二元體系的活性層形貌，可以獲得有效的形貌調控，進而獲得全小分子體系太陽能性能的進一步提升。除了透過不同後處理工藝、挑選合適的供體/受體材料、有針對性地對材料的結構進行調控獲得合適的活性層相分離形貌之外，向主體二元體系中加入第三組分小分子材料，可以有效提升激子擴散、促進電荷傳輸、合理調控共混體系的活性層相分離形貌等，進而獲得三元全小分子太陽能裝置性能的進一步提升。2018年，朱曉張研究員等利用具有互補吸收光譜的活性層材料獲得了當時報導的最高 13.63％的三元全小分子太陽能電池。他們採用具有較強結晶性的明星小分子 BTR 作為供體材料，利用前期報導的具有茚並茚結構的 NITI 分子作為受體材料作為主體供體和受體分子，透過向體系中加入 $PC_{71}BM$ 第三組分，有效地實現了對原本主體二元共混薄膜的活性層調控，獲得了具有垂直分級排布的活性層形貌，進而獲得了三電子組件 J_{sc} 和 FF 同時提升且能量損失最低的三電子組件。這主要是由於三電子組件獲得了共混薄膜相分離和結晶性的平衡，同時第三組分 $PC_{71}BM$ 促使了 NITI 和 BTR 分子形成了合適的網絡形貌結構。

2020 年，Alex K. Y. Jen 教授等採用強結晶性小分子受體 4TIC 作為第三組分加入主體 ZnP－TBO：6TIC 的二元全小分子體系中構築了效率為 14.73％的三元全小分子太陽能裝置。其中 4TIC 分子具有較強的結晶性，同時與 6TIC 分子又具有相似的化學結構。在上述主體二元體系中加入強結晶性 4TIC 分子之後，不僅可以提升原本二元體系共混薄膜的結晶性，而且保持原本共混薄膜多尺度共混形貌中占主導地位的 face－on 堆積取向，可以有效地促進相應三電子組件電荷的解離、降低裝置的電荷複合效應。最終使三電子組件的效率由最初二電子組件的 12.11％提升到 14.73％。當將小分子供體材料換為具有更強結晶性的 ZnP－TSEH 時，可以將相應三電子組件的光電轉換效率進一步提升到 15.88％，這也是當時報導的三元全小分子太陽能電池的最高裝置效率。

安橋石等利用小分子受體 Y7 作為形貌調節劑加入主體 B1：BP－4Cl 體系中，實現了對共混體系合適相分離和分子堆積取向的調控，獲得了有效的電荷再生和較長激子壽命。研究發現，第三組分 Y7 分子與主體 BO－4Cl 受體分子具有較好的相容性，在三元共混薄膜中形成了良好的合金狀結構模型，可以有效地調節體系的能階排布，促進電荷的解離。由於 Y7 和 B1 分子間較好的分子間相互作用，使得兩個分子間具有優異的兼容性，這為供受體分子獲得合適的驅動力，

實現理想的相分離和有序的奈米纖維狀雙連續互穿網絡提供了保障。因此三電子組件獲得有效的電荷分離、傳輸和收集等性能。當加入質量分數為 10％的 Y7 之後，三電子組件獲得高達 16.28％的 PCE，這也是目前報導的全小分子太陽能裝置效率的最高 PCE 之一。

5.4 多元體系的有機太陽能電池

相比於傳統的基於供體－受體材料的二元或者三元體系的有機太陽能電池來說，透過向體系中加入更多組分的活性層材料，構築更多元的太陽能裝置的策略在提升裝置性能，同時保持簡單的裝置製備工藝等方面具有重要的應用價值。多元體系的構築，在協同或者單獨提升裝置太陽能參數方面具有積極的促進作用。

2018 年，顏河教授等報導了具有四元活性層材料的聚合物太陽能電池，向 PBDB－T：IT－M：Bis－PC$_{71}$BM 體系中加入與之具有互補吸收光譜的富勒烯受體 PC$_{71}$BM，來進一步提升原本三元體系的光譜響應範圍。研究發現，由於第三組分的加入四元共混薄膜表現出更強的相分離和結晶性，四電子組件獲得最高 13％的 PCE，高於其相應的三元（12％）和二電子組件（11％）效率。隨後，2019 年，研究工作者也在 PBDB－T：PTB7－Th：FOIC 體系中進一步加入 ITIC 作為第二受體分子，構築了具有合金結構模型的四元聚合物太陽能電池。由於兩個聚合物 PBDB－T 和 PTB7－Th 有較好的兼容性和級聯結構的能階排布。兩個非富勒烯受體 ITIC 與 FOIC 有較好的互溶度，可以形成良好的合金結構模型。因此，四元共混薄膜可以形成更有序的相分離和電荷解離速率，使得相應的四電子組件獲得 12.25％的 PCE，高於相應的二元和三電子組件。

隨著 PM6：Y6 體系的快速發展，研究者也在該體系中協同加入了小分子受體 IDIC 和富勒烯受體 PC$_{71}$BM。由於 IDIC 和 PC$_{71}$BM 較高的 LUMO 能階以及四個材料在可見光區較好地互補吸收，使得四電子組件幾乎獲得了全光譜的相應範圍。當 PM6：Y6：IDIC：PC$_{71}$BM 的質量比為 1：1：0.2：0.1 時，四電子組件的能量轉換效率達到了 17.1％，高於其相應的二元或者三電子組件。彭強教授等也報導了一個高效率的四電子組件，利用 PM6、PTQ10 作為聚合物供體，PC$_{71}$BM 和 N3 作為受體材料。透過形貌研究發現，PTQ10 和 PC$_{71}$BM 有較小的相分離，共混薄膜形成了新型功能化的分級形式的類似於河流或者小溪的活性層形貌，可以有效地抑制電荷複合、延長激子壽命，提升相應裝置的電荷解離和收集效率獲得更平衡的電荷傳輸效率。因此當 PM6：PTQ10：PC$_{71}$BM：N3 的質量比為 0.6：0.4：0.2：1.2 時，四電子組件獲得最佳的太陽能性能，其光電轉

換效率可高達 17.73%，V_{oc} 為 0.852V，J_{sc} 為 26.78mA·cm^{-2}，FF 為 77.74%。

四元或者更多元活性層材料的有機太陽能電池裝置的研究相對較少，這主要是由於很多透過簡單第三組分的加入構築三電子組件即可達到相當的效果。但整體來說對於高效率多電子組件的構築來說，需要打開思路，不止將眼光侷限於三電子組件這方面的研究中。透過合適的材料選擇，透過多組分的添加達到更佳的太陽能性能是有較大研究潛力的。

5.5 三元有機太陽電池的總結與展望

透過上述系統的討論分析可知，具有多重供體－受體對的體系，是克服傳統二元單獨供體－受體對的限制，實現有機太陽能電池裝置性能突破的有效策略。在此，將活性層材料利用多重供體或者受體主要具有以下三點優勢：(1) 獲得互補的吸收光譜，進一步拓寬主體體系的光譜響應範圍，可以最大程度地利用光子輻射，進而有利於獲得 J_{sc} 提升的效果；(2) 調節分子的能階，可能會影響其電荷和能量的動力學，實現同時或者單獨提升太陽能裝置的 V_{oc} 和 J_{sc}；(3) 優化活性層形貌，提升裝置的激子解離和電荷傳輸效率，提升其 J_{sc} 和 FF。因此，結合上述這些優勢，在在些三元太陽能裝置的案例中可以實現三個參數 FF、V_{oc} 和 J_{sc} 的協同提升。

三元有機太陽能電池未來的發展方向必須將重點同時放在裝置效率與穩定性方面。儘管基於效率 Y6 及其衍生物受體材料的三元太陽能電池已經獲得裝置效率超過 19% 的裝置效率，相比於目前發展較好的鈣鈦礦太陽能電池 (超過 25%) 和已經大規模商業化生產應用的矽基太陽能電池 (超過 20%)，其裝置效率仍然相對較低。然而考慮到太陽能裝置未來的大規模商業化生產應用，系統深入地研究裝置的穩定性也是至關重要的，決定著有機太陽能電池未來是否能夠順利地商業化生產應用。這就需要調節材料的能階結構排布的同時，獲得高的裝置 V_{oc}、寬的光譜覆蓋範圍和有效的電荷再生。此外，設計合成獨特的第三組分，保證與主體二元組分發生有效的相互作用，進而有效地優化材料的性質，特別是降低後沉積擴散和進一步提升三電子組件的穩定性。三電子組件最大的優勢就是可以提升主體二元太陽能電池的一個或多個太陽能參數。因此，深入理解限制二電子組件效率的因素對於設計高效率三電子組件意義重大。透過合理設計第三組分提升裝置的太陽能參數，這對於進一步獲得三電子組件性能的提升。

截至目前，大量的研究文獻表明，透過合理地設計第三組分可以獲得大量出乎意料的研究結果，包含優化薄膜形貌和結晶性、提升和平衡裝置的電子和空穴

遷移率、促進激子在介面處有效的電荷解離、降低太陽能裝置的能量損失等。儘管不同的研究團隊針對三電子組件的設計構築已經獲得了許多成功提升三電子組件性能的案例，三電子組件的發展與應用仍然存在一些限制和挑戰，在一定程度上阻礙其進一步的發展。比如：（1）缺乏明確的挑選第三組分的規則，來獲得與主體二元組分的較好匹配度，這還需要進一步的深入研究探索，同時研究三電子組件的工作機理；（2）裝置的 V_{oc} 是太陽能電池中一個關鍵的太陽能參數，深入地理解不同三電子組件的 V_{oc} 差異的內在機制是不可或缺的。因為三電子組件的 V_{oc} 通常與相應兩個二電子組件中 V_{oc} 較小的比較接近或者受到三個活性層材料添加比例的控制，然而這些規律仍然不能解釋有些三電子組件中 V_{oc} 差異的主要原因；（3）三電子組件的膜厚敏感性和大面積太陽能裝置的相對較低的裝置效率也是限制三電子組件進一步大規模生產製備的主要因素，因為三電子組件仍然受到主體二電子組件膜厚、遷移率、吸收光譜、能階結構等的限制，因此設計厚度不敏感，具有較寬的光譜響應範圍和與太陽光譜匹配的活性層材料等仍然是實現商業化生產應用所必需的；（4）高的機械強度、柔韌性和優異的穩定性也是提升有機太陽能電池競爭力的必然選擇。

綜上所述，在當前的研究階段，三元有機太陽能電池機遇與挑戰並存，相信透過研究工作者前赴後繼的努力，基於非富勒烯受體的有機太陽能電池可以獲得令人矚目的研究進展和光明的研究前景。

參考文獻

[1] Ameri T., Khoram P., Min J., Brabec C. J. Organic ternary solar cells: a review[J]. Adv. Mater., 2013, 25(31): 4245－4266.

[2] Chen L.－K., Liu S.－H. Insulating polymer additives for improving the efficiency and stability of organic solar cells[J]. Acta Poly. Sin., 2021, 52(11): 1459－1472.

[3] Chen Y.－C., Hsu C.－Y., Lin R. Y.－Y., Ho K.－C., Lin J. T. Materials for the Active Layer of Organic Photovoltaics: Ternary Solar Cell Approach[J]. Chemsuschem, 2013, 6(1): 20－35.

[4] Cheng P., Yang Y. Narrowing the band Gap: the key to high－performance organic photovoltaics[J]. Acc. Chem. Res., 2020, 53(6): 1218－1228.

[5] Freitas J. N., Goncalves A. S., Nogueira A. F. A comprehensive review of the application of chalcogenide nanoparticles in polymer solar cells[J]. Nanoscale, 2014, 6(12): 6371－6397.

[6] Fu H., Wang Z., Sun Y. Advances in non－fullerene acceptor based ternary organic solar cells[J]. Solar RRL, 2018, 2(1): 1700158.

[7] Gasparini N., Salleo A., McCulloch I., Baran D. The role of the third component in

ternary organic solar cells[J]. Nat. Rev. Mater., 2019, 4(4): 229−242.

[8] He D., Zhao F., Wang C., Lin Y. Non−radiative recombination energy losses in non−fullerene organic solar cells[J]. Adv. Funct. Mater., 2022, 32(19): 2111855.

[9] Jung, S., Cho, Y., Kang, S.−H., Yoon, S.−J., Yang, C. Effect of third component on efficiency and stability in ternary organic solar cells: more than a simple super-position[J]. Solar RRL, 2022, 6(2): 2100819.

[10] Kipp D., Verduzco R., Ganesan V. Block copolymer compatibilizers for ternary blend polymer bulk heterojunction solar cells−an opportunity for computation aided molecular design [J]. Mol. Syst. Des. Eng., 2016, 1(4): 353−369.

[11] Lee J., Lee S. M., Chen S., Kumari T., Kang S.−H., Cho Y., Yang C. Organic photovoltaics with multiple donor−acceptor pairs [J]. Adv. Mater., 2019, 31 (20): 1804762.

[12] Li H., Lu K., Wei Z. Polymer/small molecule/fullerene based ternary solar cells[J]. Adv. Energy Mater., 2017, 7(17): 1602540.

[13] Liao H.−C., Chen P.−H., Chang R. P. H., Su W.−F. Morphological control agent in ternary blend bulk heterojunction solar cells[J]. Polymers, 2014, 6(11): 2784−2802.

[14] Liu X., Yan Y., Yao Y., Liang Z. Ternary blend strategy for achieving high−efficiency organic solar cells with nonfullerene acceptors involved [J]. Adv. Funct. Mater., 2018, 28 (29): 1802004.

[15] Lu H., Xu X., Bo Z. Perspective of a new trend in organic photovoltaic: ternary blend polymer solar cells[J]. Sci. China Mater., 2016, 59(6): 444−458.

[16] Lu L., Kelly M. A., You W., Yu L. Status and prospects for ternary organic photovoltaics[J]. Nat. Photon., 2015, 9(8): 491−500.

[17] Ma Y., Kang Z., Zheng Q. Recent advances in wide bandgap semiconducting polymers for polymer solar cells[J]. J. Mater. Chem. A, 2017, 5(5): 1860−1872.

[18] McDowell C., Abdelsamie M., Toney M. F., Bazan G. C. Solvent additives: key morphology −directing agents for solution−processed organic solar cells[J]. Adv. Mater., 2018, 30 (33): 1707114.

[19] Mishra A. Material perceptions and advances in molecular heteroacenes for organic solar cells [J]. Energy Environ. Sci., 2020, 13(12): 4738−4793.

[20] Mohapatra A. A., Tiwari V., Patil S. Energy transfer in ternary blend organic solar cells: recent insights and future directions[J]. Energy Environ. Sci., 2021, 14(1): 302−319.

[21] Naveed H. B., Ma W. Miscibility−driven optimization of nanostructures in ternary organic solar cells using non−fullerene acceptors[J]. Joule, 2018, 2(4): 621−641.

[22] Song J., Zhang M., Yuan M., Qian Y., Sun Y., Liu F. Morphology characterization of bulk heterojunction solar cells[J]. Small Methods, 2018, 2(3): 1700229.

[23] Wang Q., Qin Y., Li M., Ye L., Geng Y. Molecular engineering and morphology control of polythiophene: nonfullerene acceptor blends for high−performance solar cells[J].

Adv. Energy Mater.，2020，10(45)：2002572.

[24] Wang T.，Liu J.-Q.，Hao X.-T. Recent progress of organic solar cells with insulating polymers[J]. Solar RRL，2020，4(12)：2000539.

[25] Wright M.，Lin R.，Tayebjee M. J. Y.，Conibeer G. Effect of blend composition on bulk heterojunction organic solar cells: a review[J]. Solar RRL，2017，1(3)：1700035.

[26] Xu W.，Gao F. The progress and prospects of non-fullerene acceptors in ternary blend organic solar cells[J]. Mater. Horiz.，2018，5(2)：206-221.

[27] Yoon S.，Shin E.-Y.，Cho N.-K.，Park S.，Woo H. Y.，Son H. J. A molten-salt electrochemical biorefinery for carbon-neutral utilization of biomass[J]. J. Mater. Chem. A，2021，9(44)：24729-24758.

[28] Zhang G.，Zhao J.，Chow P. C. Y. Jiang，K. Zhang，J. Zhu，Z. Zhang J.，Huang F.，Yan H. Nonfullerene acceptor molecules for bulk heterojunction organic solar cells[J]. Chem. Rev.，2018，118(7)：3447-3507.

[29] Zhang S.，Ye L.，Hou J. Breaking the 10% efficiency barrier in organic photovoltaics: morphology and device optimization of well-known PBDTTT polymers[J]. Adv. Energy Mater.，2016，6(11)：1502529.

[30] Zhou D.，You W.，Xu H.，Tong Y.，Hu B.，Xie Y.，Chen L. Recent progress in ternary organic solar cells based on solution-processed non-fullerene acceptors[J]. J. Mater. Chem. A，2020，8(44)：23096-23122.

第6章　有機太陽能電池：疊層

有機太陽能電池在過去的幾年裡發展快速，透過新材料的設計以及裝置的優化，其中單結裝置效率已經超過19%，但是由於有機太陽能材料較低的載流子遷移率，致使其活性層厚度受限(一般約為100nm)，相對薄的活性層厚度限制了其吸收光子的數量。其次，當光子激發活性層材料電子躍遷時，太陽能電池有兩個主要的能量損失途徑，一是光子能量大於活性層材料的光學能隙導致的熱能損失；二是小於活性層材料的光學能隙造成的通過損失。有機太陽能材料較窄的吸收窗口限制了其對太陽光的有效吸收利用，使其穿透損失增大。而疊層裝置是一個有效地解決單層裝置厚度受限導致的光吸收損失，同時平衡這兩種損失的策略。疊層裝置能最大限度地利用有機材料的設計多樣性，設計不同能隙的材料，然後將其透過串聯或者並聯的方式連接在一起，由多重能隙的不同材料來吸收更寬範圍內的太陽光譜輻射能量，從而進一步提升裝置光電轉換效率。疊層太陽能電池透過將兩個或者多個吸收光譜互補的子電池，以串聯或者並聯的方式連接在一起，根據Shockley-Queisser限制(S-Q limit)，單結太陽能電池的理論最大光電轉換效率約為42%，這要比單結裝置的效率高33.8%。熱力學預測的最佳能隙約為1.4eV。除了優化能隙以外，一個較好的太陽能電池材料應該具有較強的光致發光作用。如基於砷化鎵的單節太陽能電池獲得28.8%的光電轉換效率。Heeger等首次報導了可溶液處理的有機串聯疊層太陽能電池裝置，之後越來越多的研究工作者致力於設計新型的太陽能材料及介面層材料來獲得高效的有機疊層太陽能電池。目前疊層裝置效率已經超過20%。

6.1　疊層有機太陽能電池的概述

疊層有機太陽能電池(Tandem Organic Solar Cells，TOSCs)是透過將兩個或者多個具有互補吸收光譜的單結裝置透過串聯或者並聯的方式連接在一起構築的疊層裝置。疊層裝置的構築可以利用寬能隙前電池材料(具有高V_{oc}、低J_{sc})和窄能隙後電池材料(具有低V_{oc}、高J_{sc})解決單結有機太陽能電池由於高能量光子和低能量光子吸收損失和熱損失造成的太陽光能量損失。因此，透過疊層裝置的

方式可以有效地解決單結裝置有限的光子利用效率和低的光電轉換效率的問題。截至目前，在所有類型的太陽能電池中，基於有機太陽能電池的疊層裝置已經獲得超過 20% 的 PCE，疊層有機太陽能電池也獲得了突飛猛進的發展，吸引了學術界和商業界的廣泛關注。

在有機太陽能領域，發展疊層有機太陽能電池可以從兩個大的方向去構思：(1)設計開發串聯疊層有機太陽能電池；(2)設計構築並聯疊層有機太陽能電池(圖 6.1)。在構築串聯疊層有機太陽能電池方面主要需要設計和挑選具有高效率、高匹配性、吸光互補等優勢的單結活性層材料；連接層作為連接上下電池起到傳導電荷完成中間電荷複合中心的關鍵作用。而並聯疊層裝置由於物理連接層的選擇及有效製備仍然存在較大的合成難度，因此基於並聯疊層裝置結構的疊層裝置研究工作相對有限，後續筆者將簡要介紹並聯疊層裝置的發展現狀。

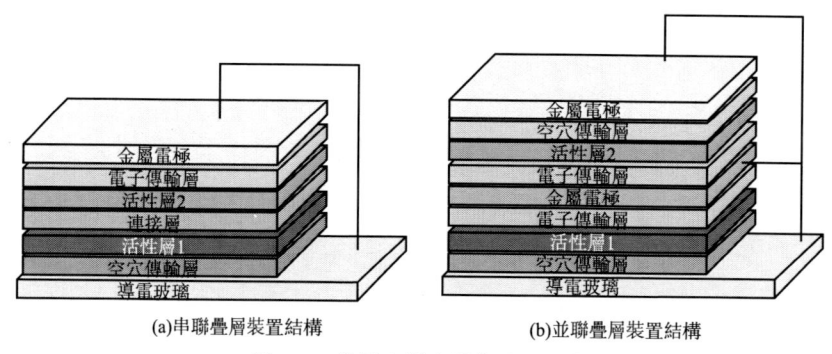

(a)串聯疊層裝置結構　　　　(b)並聯疊層裝置結構

圖 6.1　疊層有機太陽能電池結構

TOSCs 一般包含以下幾個部分：底電極、前電池、中間連接層、後電池、頂電極以及介面層等。為了獲得高效率的疊層電池，每個部分都需要兼顧到，其中，最為重要的有以下幾點：(1)兩個子電池應該具有互補且較寬的吸收，以防止前電池材料會阻擋後電池材料有效地吸收太陽光，使得疊層電池獲得高且前後子電池較為平衡的 J_{sc}；(2)兩個子電池的 V_{loss} 應盡可能得小，以便擷取較高的 V_{oc}，如果在連接層足夠理想、與兩個子電池不存在接觸勢壘等情況下，疊層的 V_{oc} 為兩個子電池的 V_{oc} 之和，因此，只有子電池的 V_{oc} 足夠高，才能提高疊層電池的 V_{oc}；(3)所涉及使用的中間連接層需要能夠與兩邊的子電池形成良好的歐姆接觸，以確保電荷有效地提取，同時在中間層形成良好的電荷複合中心。此外，連接層還需要有足夠好的透光率以避免造成光子的損失，以及足夠強的抗侵蝕能力以保證上層活性層在旋塗過程中溶液不會滲透入下層從而造成侵蝕。

根據 Kirchhoff 理論，串聯疊層裝置的 V_{oc} 理論上等於前後電池的 V_{oc} 之和，而並聯疊層裝置的 J_{sc} 等於前後電池的 J_{sc} 之和。因此對於串聯疊層裝置來說，其

面對的最大挑戰就是受限的 J_{sc} 和相對複雜的處理工藝(需要較多層薄膜材料的製備)。在此主要以串聯疊層裝置為例,系統分析疊層裝置的活性層材料設計挑選策略、中間連接層的設計工藝及發展現狀、裝置結構的設計及後處理工藝等。

6.2 串聯疊層有機太陽能電池

由於單結有機太陽能電池受到電池中單一活性層供受體材料的限制,活性層材料的光譜響應範圍有限,通常難以實現與太陽光輻射光譜的良好匹配,會出現較大的熱損失和通過損失。另外,對於單結裝置來說,當活性層材料為寬能隙材料時,裝置通常會獲得相對較高的 V_{oc},有限的太陽光譜響應範圍,使得該類寬能隙太陽能電池通常具有相對較低的 PCE;對於具有長波長光譜響應範圍的窄能隙活性層材料來說,能隙高於該材料波段的光子不能被吸收。有機半導體材料通常具有相對較低的激子擴散距離和較低的載流子遷移率,所以有機太陽能裝置相對較難實現厚膜裝置的製備。需要對裝置結構進行適當的優化調整以實現對太陽光譜的分波段、因地制宜的協同利用。

在此研究背景下,疊層裝置應運而生,是實現太陽光充分利用的有效策略。疊層裝置的前電池通常採用具有寬能隙吸光範圍的活性層材料,其中材料通常具有相對高的 V_{oc};後電池材料通常採用吸光範圍相對較寬的窄能隙活性層材料,該類裝置通常具有較大的 J_{sc} 和有限的 V_{oc}。使得前電池材料與後電池材料具有較好的吸收光譜互補作用,保證前電池材料充分利用短波長範圍內的太陽光,而後電池充分利用長波長至近紅外光區的太陽光,同時避免前電池材料的吸收光阻擋後電池材料有效地利用太陽光。

無論是單結裝置還是疊層裝置,活性層材料是有機太陽能電池中吸收太陽光完成光電轉換的重要組成部分。在有機太陽能電池中,活性層材料通常由供體材料和受體材料共混組成的本體異質結薄膜構成。活性層材料(包括供體材料和受體材料)的化學結構和分子能階(即能帶結構)決定著相應太陽能裝置的性能。在傳統的有機太陽能體系中,為了保證激子在供受體介面處發生有效的解離,供體與受體 LUMO 間能階差至少需要大於 0.3eV 以保證足夠的驅動力克服激子束縛能。為了獲得更高的 V_{oc},供受體材料需要有合適的 HOMO 和 LUMO 能階。除此之外活性層材料還需要有合適的能階結構,保證前後電池具有較好的吸光互補,實現裝置對太陽光的分波段有效吸收。活性層材料的發展非常迅速,尤其是近幾年來高性能非富勒烯受體材料的發展,在推動單結裝置快速發展的同時,疊層裝置也取得了不斷的突破。目前,疊層裝置已獲得超過 20% 的裝置效率,展

現出較大的發展前景。

2006 年，Blom 教授等報導了第一個疊層有機太陽能電池，採用 PTBEHT：PC$_{61}$BM 作為前電池活性層材料，以 PFDTBT：PC$_{61}$BM 作為後電池活性層材料構築了疊層裝置獲得了 0.57％的裝置效率，該實驗說明了疊層有機太陽能電池製備的可行性。隨後，2007 年，Heeger 教授等利用鋼掺雜導電玻璃（ITO）為基底，以 TiO$_2$/PEDOT：PSS 為中間連接層，分別採用 PCPDTBT：PC$_{61}$BM 為後池活性層材料，P3HT：PC$_{71}$BM 為前電池活性層材料構築了疊層太陽能電池，獲得了裝置效率為 6.5％的里程碑式研究進展。在隨後的時間裡隨著活性層材料的快速發展、中間連接層材料的創新等新技術的開發，不斷推動著疊層有機太陽能電池的向前發展。

在疊層有機太陽能電池研究的初期，大部分的疊層裝置活性層材料都是採用聚合物供體或者小分子供體與富勒烯及其衍生物受體材料匹配，而基於該類活性層材料的疊層裝置效率分別僅獲得 12.7％和 11.6％。在早期，非富勒烯受體材料未獲得廣泛研究與應用時，基於富勒烯及其衍生物受體材料的太陽能裝置中，活性層材料光譜響應範圍、裝置 J_{sc} 的大小主要取決於選擇不同能隙的供體材料，這主要是由於富勒烯及其衍生物受體材料在可見光區吸光範圍非常有限，吸光能力相對較弱。有機半導體本身較窄的吸收窗口不能覆蓋太陽光譜較寬的範圍，較容易導致低且不平衡的光電流。基於富勒烯受體的體系，其開路電壓損失通常較大，不利於疊層裝置獲得較高的 V_{oc}。近幾年來，隨著非富勒烯受體材料的快速發展，早在 2016 年就獲得了可以與富勒烯及其衍生物受體材料相媲美的非富勒烯受體材料 ITIC。隨後，非富勒烯受體材料的創新促使著有機太陽能電池裝置效率的不斷創新。將非富勒烯受體材料應用於疊層裝置活性層材料的研究工作也不斷湧現，持續刷新著有機太陽能電池領域的裝置效率。

從活性層材料的結構單位來看，目前使用的較為廣泛且裝置效率較高的供體材料主要採用具有 BDT 單位的（PBDB－T、PBDB－TF、PTB7－Th 等）、含有 DPP 單位的（PDPP4T－2F）和採用具有聯噻吩構築單位的（PDCBT、P3HT 等）構築單位作為電子供體材料。其中由於具有 D－A 交替共聚的將聚合物，由於具有較強的分子內電荷轉移 ICT(效應)，使材料具有較大的電荷離域範圍和結構可修飾性位點，這類供體材料也逐漸成為近幾年來疊層裝置活性層材料中供體材料的首選。

2013 年，楊陽教授等採用 P3HT：IC$_{60}$BA 作為前電池材料，具有相對較窄能隙的聚合物供體 PDTP－DFBT：PC$_{61}$BM 作為後電池材料，構築了具有前後電池吸光互補的疊層裝置，並獲得 10.6％的裝置效率。P3HT 聚合物供體在可見光區吸光範圍較窄、吸光係數小、具有較高的結合能等特點，使得該類材料不適

合應用於疊層裝置中。隨後基於小分子供體的材料也被應用於疊層裝置中，楊陽教授等利用 SMPV1 作為小分子供體與 PC$_{71}$BM 搭配構築疊層裝置獲得高達 1.72V 的 V_{oc} 和 72% 的 FF。2016 年，陳永勝教授等採用小分子供體材料 DR3TSBDT：PC$_{71}$BM 作為前電池了，DPPEZnP－TBO：PC$_{61}$BM 作前、後電池材料製備了全部採用小分子供體作為供體材料疊層裝置，並且獲得了當時最高的疊層裝置的裝置效率 12.5%。該工作說明了小分子供體材料在疊層裝置中的應用前景。

最近幾年隨著非富勒烯受體材料的發展，採用高性能的非富勒烯受體材料作為疊層裝置的受體材料通常可獲得較高的 J_{sc} 和 V_{oc}。相比於富勒烯體系，非富勒烯受體體系通常容易獲得較高的 V_{oc}，這是因為富勒烯受體通常具有相對較窄的吸光範圍，當與供體材料共混時，通常共混體系中的供體材料起到光吸收的主要作用，同時在富勒烯及其衍生物受體材料體系中，激子在供體與富勒烯受體介面處的解離需要相對較高的驅動力（LUMO 能階差值大於 0.3eV），這就導致該體系常具有較高的能量損失和電壓損失。

2016 年，陳紅征教授等報導了第一個基於非富勒烯受體材料的疊層裝置，分別選用 P3HT：SF(DPPB)$_4$ 和 PTB7－Th：IEIC 作為前、後電池材料，且其 V_{oc} 分別高達 1.1V 和 0.95V，因而所製備的疊層裝置 V_{oc} 達到了 1.97V，獲得了 8.48% 的效率。顏河教授等報導了基於 P3TEA：SF－PDI2 的疊層裝置，前後電池採用相同活性層材料的技術製備了該疊層裝置，其 V_{oc} 高達 2.13V，並獲得 10.8% 的 PCE。彭強教授等利用 PBDTS－TDZ 作為寬能隙聚合物供體，利用明星非富勒烯受體 ITIC 作為受體材料，同樣地構築了供受體材料相同的疊層裝置，其中相比於相應的單結裝置獲得 12.80% 的 PCE 和 1.1V 的 V_{oc} 來說，疊層裝置獲得 13.35% 的 PCE 和高達 2.13V 的 V_{oc}。上述研究結果進一步激勵了更多的研究工作者對疊層裝置的研究構築。

2017 年，侯劍輝研究員等將具有給電子能力的噻吩基團引入到末端缺電子單位中，設計合成了小分子受體 ITCC－M，採用中等能隙的 PBDB－T 作為聚合物供體材料與之搭配作為疊層裝置的前電池材料。值得注意的是該材料具有接近 1V 的高 V_{oc}，是優異的疊層裝置前電池材料選擇。隨後選用具有更寬吸光範圍的窄能隙非富勒烯受體 IEICO 作為後電池材料，獲得了高達 13.8% 的疊層裝置 PCE。該工作以在近紅外光區有較高透光性的中性自摻雜的導電聚合物 PCP－Na 和 ZnO 奈米粒子作為中間連接層。前後電池有較好的吸收光譜互補，獲得了由 300～900nm 範圍內較高的 EQE 響應範圍。2017 年 Alex K Y Jen 教授等報導了以四個噻吩單位稠合的窄能隙小分子受體，其吸收的截止波長可達到

900nm，當採用窄能隙聚合物供體PTB7－Th作為聚合物供體時，單結裝置可獲得10.43％的PCE。當採用PBDB－T：ITIC為前電池材料構築疊層裝置時獲得了12.62％的PCE遠高於其相應的單結裝置。隨後設計合成了具有六個噻吩稠合的小分子受體6TBA，採用硫代巴比妥酸作為末端基團，基於PBT7－Th：6TBA的二電子組件獲得0.98V的V_{oc}和較低的V_{oc}能量損失，僅為0.54V。當以PBDB－R：6TBA為前電池時相比於前期製備的疊層裝置，該裝置獲得13.2％的PCE。隨後，楊陽教授等報導了以六個噻吩稠合(6T)的非富勒烯受體FOIC和F8IC。採用PTB7－Th作為窄能隙聚合物供體材料與之搭配，構築三電子組件作為疊層裝置的後電池材料。同時透過調控兩個非富勒烯受體的比例調節後電池裝置的V_{oc}，進而獲得J_{sc}的平衡。當採用PBDB－T：IT－M作為疊層裝置前電池時，獲得了13.3％的疊層裝置PCE。

侯劍輝研究員等，也透過進一步調節受體分子的化學結構，調控材料的光學及相應太陽能性能。將雙氟取代的INIC(IN－2F)作為末端基團取代原本IEICO分子的末端基團INIC，合成了小分子受體IEICO－4F，使材料的吸收光譜紅移至近1000nm。因此，基於該窄能隙、寬吸光範圍的非富勒烯受體材料作為疊層裝置後電池受體材料，進一步構築了疊層裝置。採用寬能隙聚合物供體J52與非富勒烯受體IT－M搭配作為前電池材料獲得了吸光範圍覆蓋300～1000nm範圍的疊層裝置。最終疊層裝置獲得14.9％的PCE，其J_{sc}提高到13.3mA·cm^{-2}，高於當時獲得的單結裝置效率。

2018年，Forrest教授等報導了基於DTBA：C70為前電池材料，PCE10：BT－CIC為後電池材料的串聯疊層裝置，在一個標準太陽光照射下，獲得了15％的疊層裝置效率。該體系中前電池材料是透過真空蒸鍍的方法製備前電池，然後沉積後電池材料。然而沉積過程中有可能會破壞下層裝置，因此他們在兩個子電池之間設計出一個近乎光學和電學沒有損失的連接層(電荷複合區域)。連接層採用親水性的PEDOT：PSS，用來阻止溶劑侵蝕下層疏水性的電子複合層(真空熱蒸鍍的電子複合層)，同時採用氧化鋅奈米粒子連接形成三明治電荷複合區域。該技術製備的疊層裝置有大於95％的裝置成功率(PCE＝14.3％±0.3％)，同時也適合於製備大面積(1cm^2)的裝置，並且能夠獲得超過11.5％的光電轉換效率。當在其玻璃基底沉積一層減反層，可以獲得超過15％的光電轉換效率。

陳永勝教授研究組報導了基於PBDB－T：F－M為前電池，PTB7－Th：NOBDT為後電池材料的正向疊層裝置。其中前電池體系可以獲得高達0.98V的開路電壓，後電池體系由於其吸光範圍可以達到900nm獲得了19.16mA·cm^{-2}的短路電流密度。前後電池可以很好地光譜互補，最終疊層裝置開路電壓為

1.71V，短路電流密度為 11.72mA·cm^{-2}，並且其光電轉換效率達到 14.11%。隨後經過光學模擬及理論計算，筆者提出一個理論計算模型，當後電池材料吸收光譜範圍到達 1000nm，前電池材料截止吸收在約為 720nm 範圍，FF 等於 0.75，EQE 平均值為 75%，能量損失為 0.6eV 時，疊層裝置效率可超過 20%。因此在目前比較好的近紅外光區材料中，他們採用 PTB7-Th：CO$_i$$_8$DFIC：PC$_{71}$BM 作為後電池材料（截止吸收為 1050nm），選用 PBDB-T：F-M 為前電池材料，製備了反向裝置，獲得了當時最高的疊層裝置效率 17.3%。該工作提出的理論模型，為後續進一步深入地理解並且選擇合適且匹配的前後電池材料獲得高效率的太陽能電池裝置提供理論指導。

2019 年，黃飛教授等設計合成了寬能隙小分子受體 Tfif-4FIC 分子，當採用寬能隙聚合物供體 PM6 作為聚合物供體時，其單結裝置獲得高達 0.98V 的 V_{oc}，76% 的 FF 和 13.1% 的 PCE。該材料具有高的 V_{oc} 和 FF 時優異的疊層裝置前電池材料體系。利用窄能隙受體 IEICO-4F 作為疊層裝置後電池材料，以三元體系 PCE10：Tfif4FIC：IEICO-4F 作為後電池，獲得高達 15.0% 的疊層裝置效率。在此之後，Anthopoulos 教授等設計構築了寬能隙小分子受體 IDTTA，當採用 PBDB-T 作為聚合物供體時，也獲得 0.98V 的 V_{oc}，當以該體系作為疊層裝置前電池，以 PTB7-Th：IEICO-4F 作為後電池材料，構築的疊層裝置也獲得接近 15.0% 的 PCE 和 1.66V 的 V_{oc}。

基於非富勒烯受體材料的 TOSCs 在近幾年已經取得了很大的進步，但總體效率整體還是偏低，最主要的限制因素在於是否能夠挑選出合適的前後電池材料，在前後電池匹配的過程中是否能夠獲得較低的電壓損失和互補的吸收光譜。最近，李永舫院士等採用之前設計非富勒烯受體材料的策略，以 Y6 分子中間核為核心，在兩端各引入一個雙鍵來連接中間電子核心與末端基團，以期進一步拓寬材料的吸收範圍，設計合成了小分子受體 BTPV-4F，其能隙僅為 1.21eV。當採用寬能隙聚合物 PTB7-Th 與之搭配構築基於 PTB7-Th：BTPV-4F：PC$_{71}$BM 的三電子組件時獲得 13.4% 的 PCE。當以此三電子組件作為疊層裝置後電池時獲得 16.4% 的 PCE，其 J_{sc} 達到 14.5mA·cm^{-2}。

眾所周知，疊層裝置中，增加活性層薄膜的厚度是提升光電流的有效措施，然而，隨著活性層薄膜厚度的提升，不可避免會引起電荷複合效應的加重。2021 年，黃飛教授等設計構築了一種有效的中間連接層利用氧化鋅奈米粒子 ZnO NPs：PEI/PEI/PEDOT：PSS，使得疊層裝置具有較高的電導率和抑制的電荷複合效應。研究表明，疊層裝置中前電池最佳的活性層厚度可以透過提升活性層體系中非富勒烯受體的比例降低。該體系所採用的前電池活性層材料中，非富勒烯受體

具有高於相應供體材料的莫耳吸光係數，供體材料與受體材料具有較好的吸收光譜互補，使得共混體系在更薄的厚度下獲得了較好的吸光能力提升，透過這種策略，前電池活性層材料的薄膜厚度獲得降低，裝置的電荷複合效應也相應降低。因此，採用 PM7，具有更低 HOMO 能的聚合物材料與 TfiF-4Cl 搭配作為前電池材料，採用高效率寬吸光範圍的窄能隙受體 COi_8DFIC 構築的基於 PTB7-Th：COi_8DFIC：PC$_{71}$BM 的三電子組件作為後電池材料獲得了疊層裝置光電轉換效率的顯著提升，其裝置效率高達 18.71%（其驗證效率為 18.08%），填充因子高達 78%。這也是當時報導的基於有機太陽能裝置效率的最高值。

最近，侯劍輝研究員與張茂杰教授等合作發展了一種高效率疊層有機太陽能電池，透過優化活性層材料使之獲得較低的電壓損失和發展有效的方法調節活性層材料的光學窗口分布情況，實現了構築高效率疊層裝置的目的。同樣採用具有高 V_{oc} 的材料 PBDB-T：ITCC 作為前電池，以明星非富勒烯受體 BTP-eC9 作為後電池受體材料，製備了基於 PBDB-TF：BTP-eC9 為後電池活性層材料的疊層裝置。透過合理地調節後電池活性層材料的組成和薄膜厚度，當供受體比例為 1：2 時，可以獲得最佳的太陽能裝置，其疊層裝置效率可高達 19.64%（其第三方驗證效率為 19.50%）。這也是當前報導的有機太陽能領域最高的太陽能裝置效率。

隨後，侯劍輝研究員等設計合成了具有完全非稠環結構的非富勒烯受體 GS-ISO，並將其作為前電池材料與 PBDT-TF 搭配，以 PBDB-TF：BDT-eC9 作為後電池材料構築了串聯疊層裝置。研究了前後電池的連接層對疊層裝置的影響。在此選用了電子束蒸發 TiO$_x$/PEDOT：PSS 作為連接層，透過電子束蒸發技術獲得的介面表現出鋒利、平滑和緻密的表面。在蒸發過程中，透過精確地控制氧的流量，在基於 PBDB-TF：GS-ISO/TiO$_{1.76}$ 和 TiO$_{1.76}$/PEDOT：PSS 的體系可以獲得有效的電荷提取和較低的蕭特基限制，可以形成有效的前後子電池的電荷複合中心。最後，再採用 TiO$_{1.76}$/PEDOT：PSS 為連接層的疊層裝置獲得 20.27% 的 *PCE*，這也是目前基於有機太陽能電池的最高裝置效率。

6.3　並聯疊層有機太陽能電池

串聯疊層裝置在過去幾年隨著活性層材料、介面層材料及裝置製備工藝等的進步獲得了巨大的研究突破，目前疊層裝置的最高 *PCE* 已經超過 20%。然而，疊層裝置的最大優勢是裝置的 V_{oc} 理論上是兩個子電池的 V_{oc} 之和，然而其 J_{sc} 卻取決於兩個子電池中 J_{sc} 較小的電池。要求需要嚴格地控制前後電池的活性層材

料，使子電池的電流獲得良好的分配，這樣就極大地限制了不同子電池活性層材料的選擇匹配。在有些需要獲得較高 J_{sc} 的案例中，需要設計構築並聯疊層裝置，因為在並聯疊層裝置中，裝置的 J_{sc} 為前後子電池的 J_{sc} 之和，就不需要考慮前後子電池的電流是否匹配。對於並聯疊層裝置來說，其 V_{oc} 與前後子電池的 V_{oc} 均相關，但也並不完全取決於子電池中 V_{oc} 較小的裝置，因而在疊層裝置中電壓的搭配可以採用相同的活性層材料，透過調控相應共混體系薄膜的厚度來實現疊層裝置 V_{oc} 的匹配。儘管並聯疊層裝置有很大的發展潛力和應用優勢，由於缺乏簡單的製備工藝和切實可行的透明電極，想要獲得高效率的並聯疊層裝置仍然相對困難，相關方面的研究工作也相對較少。接下來將根據現有的調研結果簡要介紹現階段關於並聯疊層裝置的研究進展。

2007 年，Hadipour 教授等採用 Sm：Au/PTrFE/Au：PEDOT 作為中間連接層，分別採用 P3HT：PC$_{61}$BM 和 PTBEHT：PC$_{61}$BM 分別製備了串聯和並聯疊層裝置。在並聯裝置中獲得 9.20mA·cm^{-2} 的 J_{sc} 遠高於想用的串聯疊層裝置的 J_{sc} 為 1.63mA·cm^{-2}，同時並聯裝置的 V_{oc} 為 0.59V，與相應單結裝置最高的 V_{oc}(0.6V)接近。Inganäs 教授等設計構築了將多個半透明太陽能裝置並聯的並聯疊層裝置。研究結果表明，並聯疊層裝置的 J_{sc} 遠高於相應串聯裝置的 J_{sc}，且其開路電壓大約為多個子電池的電壓平均值，最終該並聯疊層裝置獲得 5.29% 的 PCE。

2014 年 Alex K Y Jen 教授等利用超薄銀作為陽極電極構築了高效率並聯疊層裝置，兩側分別採用 ITO 和銀作為陰極，當時並聯裝置的 J_{sc} 可達到 16.10mA·cm^{-2}，此外，其 V_{oc} 也較高(為 0.88V)，因此，該並聯疊層裝置的 PCE 高達 9.20%，這也是當時報導的並聯疊層裝置的最高裝置效率。隨著高效率非富勒烯受體材料的出現，特別是基於 ITIC 等明星稠環受體材料的報導，使有機太陽能電池的研究向 A—D—A 型小分子受體材料的研究方向邁進。2017 年，他們繼續利用他們報導的高效率窄能隙小分子受體 4TIC 作為受體材料製備了並聯裝置，分別採用 PTB7-Th：ITIC 和 PTB7-Th：4TIC 作為相應的子電池。兩個子電池均顯示較高的 FF 和較低的電荷複合損失，由於 4TIC 紅移的吸收光譜，疊層裝置最終獲得 20.81mA·cm^{-2} 的 J_{sc} 和超過 11% 的 PCE，高於相應的單結裝置效率，同時也是目前基於並聯疊層裝置的最高裝置效率。

儘管目前基於並聯疊層裝置的研究相對較少，並聯疊層裝置的效率(超過 11%)也遠低於相應的基於串聯疊層裝置的效率(超過 19.6%)，串聯疊層裝置對活性層子電池材料的匹配與選擇要求較高，並聯疊層裝置對子電池 J_{sc} 的限制較少。因此，發展新的高性能介面連接材料，結合目前發展優異的非富勒烯受體材

料，並聯疊層裝置在未來的發展中有很大的潛力實現裝置效率的持續刷新。

6.4 疊層有機太陽能電池的連接層

中間層在疊層裝置中扮演著重要的角色，是前後電池的電荷複合中心，也是連接前後電池的重要部件，起到降低電荷傳輸勢壘的作用、保護前電池材料，防止後電池在旋塗製備的過程中穿過介面層侵蝕前電池材料。鑑於此，在設計製備介面層材料時需要考慮以下因素：（1）介面層首先要具有較高的透光率保證後電池材料可以有效地吸收和利用太陽光；（2）能夠為前後電池提供良好的電荷複合中心，減少空間電荷產生的機率；（3）中間層需要連接前後電池，需要有合適的能階結構，保證能夠同時與前後電池形成良好的歐姆接觸；（4）具有良好成膜性，同時最好不能溶於常規的溶劑如氯仿、氯苯、THF等溶劑中，保證在製備後電池材料時不會出現溶劑洗脫的情況，以至於後電池溶液處理製備時侵蝕前電池活性層薄膜。

中間連接層材料通常由電子傳輸層和空穴傳輸層材料組成，主要包含一些有機聚合物和小分子類材料（如PEDOT：PSS等）和金屬氧化物（氧化鋅等）兩大類。在2004年，黃飛教授等報導了聚合物電解質材料PFN和PFN－Br等，這些聚合物電解質材料在目前翻轉單結裝置或者疊層裝置中均具有良好的應用。Bazan教授等在2013年也報導了基於CPE－K和CPEPh－Na為中間層連接層材料的聚合物電解質。隨後Heeger等利用CPEPh－Na為中間連接層，並將其功函數調節到5.2eV構築了疊層裝置。採用CPEPh－Na修飾帶有陰離子或者陽離子基團的聚合物可以在基地上產生偶極作用，對調節材料的功函有重要作用。此外，採用一些金屬氧化物如ZnO、MoO_3、V_2O_5等也可以作為疊層裝置的連接層材料。

除了合成新型的中間連接層以外，也可以透過對中間連接層進行極性基團的修飾實現，增強材料與基地之間的偶極作用，實現對基底功函數的調控的作用。如PFS、PCP－Na等都可以增大ITO基底的功函數，而TFO、PDINO等可以對鋁金屬表面的功函數實現降低的作用，金屬銀與PFS可以發生偶極作用，改善銀的功函數達到所需的效果。除了介面修飾，也可以採用組裝的方式，在中間層引入一些低功函金屬。如Parisi等在中間層引入超薄金屬金，有效促進了介面處電荷的複合作用；Martorell等在中間層引入超薄金屬銀作為電荷複合中心，獲得了較好的裝置性能；Brabec等在中間層引入了金屬氫氧化物$Ba(OH)_2$，實現了減少表面缺陷，降低激子淬滅和複合的作用，大幅度提升了疊層裝置的穩定

性；楊陽教授等也在中間連接層引入乙醯丙酮鋯替代原本的氧化鋅作為中間連接層獲得了更佳的太陽能裝置性能。

透過上述的簡要分析可知，透過新型中間連接層材料的設計，介面層的修飾以及引入其他低功函金屬或者氧化物等對中間層材料的修飾可以實現疊層裝置效率的進一步提升。

6.5　疊層有機太陽電池的機遇與挑戰

整體來說，在過去二十幾年隨著有機太陽能電池領域的快速發展，活性層材料、介面層材料以及裝置製備工藝的不斷提升，有機太陽能電池的裝置效率已經從最初的不到1％，提升至目前超過20％的 PCE。隨著高效率非富勒烯受體的發展，疊層裝置活性層材料的選擇範圍也越來越多，疊層裝置的效率也獲得突飛猛進的提高。儘管疊層裝置已取得很多令人矚目的研究成果，然而相比於目前研究較多、研究相對透徹的活性層材料來說，中間連接層的數量和種類相對有限。隨著研究工作的不斷深入，活性層材料、介面層材料、裝置製備工藝等技術的不斷進步，筆者相信疊層裝置必將獲得更快速的研究進展。在未來的研究工作中還需要深入研究探討以下幾個方面的工作。

(1)中間連接層方面，還需要開發新型高效的中間連接層材料，同時使之具有更優異的成膜性、緻密性和耐受性，以獲得更優異的光電性質和可加工特性，同時為疊層裝置的大規模生產製備提供保障。

(2)新型活性層材料的開發與應用方面，縱觀有機太陽能電池的發展歷史可知，有機太陽能領域每一次的重大技術突破都離不開優異活性層材料的開發與應用，在設計製備新型材料的同時，需要兼顧光電性質、材料成本、合成路線等幾個成本方面的問題，隨著研究工作的不斷深入，必將會出現新型的低成本、高效率有機光電材料。

(3)裝置製備工藝方面，目前疊層裝置的製備工藝相對於單結裝置來說，工藝相對煩瑣，想要實現未來有機疊層太陽能的大規模生產製備，開發出更加簡單的，兼具高效率的疊層裝置製備工藝至關重要。

參考文獻

[1] Adebanjo O., Maharjan P. P., Adhikary P., Wang M., Yang S., Qiao Q. Triple junction polymer solar cells [J]. Energy Environ. Sci., 2013, 6(11): 3150−3170.

[2] Ameri T., Dennler G., Lungenschmied C., Brabec C. J. Organic tandem solar cells: A review [J]. Energy Environ. Sci., 2009, 2(4): 347−363.

[3] Ameri T., Li N., Brabec C. J. Highly efficient organic tandem solar cells: a follow up review [J]. Energy Environ. Sci., 2013, 6(8): 2390−2413.

[4] Choudhury B. D., Ibarra B., Cesano F., Mao Y., Huda M. N., Chowdhury A. R., Olivares C., Uddin M. J. The photon absorber and interconnecting layers in multijunction organic solar cell [J]. Solar Energy, 2020, 201: 28−44.

[5] Fei H. Improving current and mitigating energy loss in ternary organic photovoltaics enabled by two well−compatible small molecule acceptors [J]. Acta Polym. Sin., 2018, 9: 1141−1143.

[6] Li G., Chang W.−H., Yang Y. Low−bandgap conjugated polymers enabling solution−processable tandem solar cells [J]. Nat. Rev. Mater., 2017, 2(8): 17043.

[7] Lu S., Ouyang D., Choy W. C. H. Recent progress of interconnecting layer for tandem organic solar cells [J]. Sci. China Chem., 2017, 60(4): 460−471.

[8] Rao A., Friend R. H. Harnessing singlet exciton fission to break the Shockley−Queisser limit [J]. Nat. Rev. Mater., 2017, 2(11): 17063.

[9] Rasi D. D. C., Janssen R. A. J. Advances in solution−processed multijunction organic solar cells [J]. Adv. Mater., 2019, 31(10): 1806499.

[10] Shi Z., Bai Y., Chen X., Zeng R., Tan Z. Tandem structure: a breakthrough in power conversion efficiency for highly efficient polymer solar cells [J]. Sustaina. Energy Fuels, 2019, 3(4): 910−934.

[11] Sista S., Hong Z., Chen L.−M., Yang Y. Tandem polymer photovoltaic cells−current status, challenges and future outlook [J]. Energy Environ. Sci., 2011, 4(5): 1606−1620.

[12] Tavakoli M. M., Si H., Kong J. Suppression of Photovoltaic Losses in Efficient Tandem Organic Solar Cells (15.2%) with Efficient Transporting Layers and Light Management Approach [J]. Energy Technol., 2021, 9(1): 2000751.

[13] Wang W., Wang J., Zheng Z., Hou J. Research progress of tandem organic solar cells [J]. Acta Chim. Sin., 2020, 78(5): 382−396.

[14] Xu X., Li Y., Peng Q. Recent Advances Toward Highly Efficient Tandem Organic Solar Cells [J]. Small Struct., 2020, 1(1): 2000016.

[15] Yin Z., Wei J., Zheng Q. Interfacial Materials for Organic Solar Cells: Recent Advances and Perspectives [J]. Adv. Sci., 2016, 3(8): 1500362.

第 7 章　有機太陽能電池：形貌調控

有機太陽能電池的活性層形貌主要是指共混體系薄膜中分子的堆積和相分離情況，共混體系的活性層形貌是影響有機太陽能電池裝置太陽能性能最重要的因素之一。隨著近幾年來高效率非富勒烯受體材料的不斷湧現，推動著有機太陽能電池裝置性能的快速提升。影響共混體系活性層形貌的因素眾多，其中包括材料結構、後處理工藝、三電子組件等三個方面。鑑於活性層形貌對太陽能裝置相應太陽能性能巨大的影響，特別是對裝置 FF 的影響，下面將主要介紹在有機太陽能領域中，活性層形貌對裝置太陽能性能的影響；系統分析活性層形貌的調控策略，包括透過材料的化學結構的調控、不同後處理工藝(加熱退火、溶劑蒸汽退火等)、三元策略等三個方面著手闡述形貌的調控策略；最後將簡要總結活性層形貌調控策略的總結及未來的展望。

7.1　活性層形貌與裝置太陽能性能關係概述

活性層薄膜的奈米尺度本體異質結(BHJ)薄膜對裝置的太陽能性能有重要的影響。對於給定的太陽能體系，獲得最佳共混體系薄膜形貌是獲得有效的載流子再生與電荷傳輸的重要前提。然而，對於有機太陽能體系的共混體系，包含供體材料(常為聚合物供體材料)、受體材料(常為小分子非富勒烯受體材料)、溶劑分子和添加劑等多重組分。透過單一機理來解釋該類多組分、複雜體系共混薄膜的形貌相對困難，需要從動力學和熱力學兩個角度出發，探討共混體系的活性層形貌。從熱力學角度來說，供受體材料之間的相互作用、溶解度參數、結晶性(或者聚集行為)等都會影響材料在形膜過程中的相分離行為和奈米尺度的堆積結構。對於聚合物材料來說，分子的擴散係數、分子量以及在溶液中的黏度都會影響材料在形成 BHJ 薄膜時的質量傳輸。在 BHJ 薄膜的形成過程中，伴隨著溶劑的揮發，需要考慮相關的動力學因素，包含旋塗條件和處理溶劑本身的揮發特性。因此，從動力學和熱力學角度深入理解 BHJ 薄膜的形成機理，系統分析有機太陽能材料，特別是材料結構、後處理條件、三元等策略對理解有機太陽能領域的研究現狀至關重要。

為了進一步深入理解有機太陽能電池領域活性層共混形貌對裝置太陽能性能的影響，首先需要明確有機太陽能電池的工作機理。有機太陽能電池的工作機理主要包含以下五個部分：(1)光吸收；(2)激子的產生；(3)激子的擴散(擴散到供體/受體介面)；(4)激子分離為自由的載流子；(5)載流子的傳輸和收集。其中，最後三個過程與共混體系的活性層形貌息息相關。一般情況下，要求共混薄膜的奈米尺度互穿網絡結構在 10～20nm 是理想的，使之與激子的擴散長度可以有效地匹配。有機太陽能的裝置性能主要依賴於太陽能裝置的三個參數：J_{sc}、V_{oc} 和 FF。其中，V_{oc} 主要與活性層材料中供體材料的 HOMO 能階和受體材料的 LUMO 能階之間的差值成正比，同時也與裝置由於輻射和非輻射複合能量損失造成的能量損失成反比，其中合適的薄膜表面形貌有助於減少這些損失。裝置的 J_{sc} 主要取決於光子到電子的轉換過程，包含共混體系活性層形貌的相分離尺度和混合薄膜相的特徵。共混體系具有合適的相分離，獲得優異的電子/空穴傳輸通道，進而獲得較低的陷阱輔助複合損失。裝置的 FF 與相應裝置的製備工藝和材料性質有重要的關係，同時與有機太陽能電池工作機理的最後三個過程息息相關。一個高且平衡的電子/空穴遷移率有利於降低太陽能裝置的電荷複合機率。而太陽能裝置的遷移率與陷阱輔助複合，即與本體異質結的縱向形貌骨架有關係。其中共混薄膜中具有合適的相區尺寸是首先需要考慮的因素，此時大多數的載流子可以找到合適的傳輸通道將相應的電子或者空穴傳輸到相應的電極。傳輸的相區特性，特別是結構有序和連續的相區，有利於降低地尺度和深層尺度的陷阱態。在載流子從共混體系提取到傳輸通道的過程中，需要特別注意抵消郎之萬(Langevin)複合。結晶性能較好的共軛聚合物對於誘導空穴擴散，離開 n－型半導體擴散離去，可以提供額外的機理。考慮上述因素，裝置的 FF 和 J_{sc} 均與共混體系的活性層形貌相關，透過活性層形貌的優化可以有效地提升裝置相應的太陽能參數，進而提升太陽能電池的裝置效率。

一般情況下，材料本身的結晶性、共混體系的結晶性、結晶取向、分子堆積情況、水平和垂直方向的相分離等均影響共混薄膜的活性層形貌，可以使裝置獲得較高的載流子傳輸和收集效率，進而獲得優異的裝置光電性質。

透過對太陽能裝置活性層相關特性的調控，同時搭配具有匹配的活性層材料分子能階和吸收光譜等性質可以獲得高效率的有機太陽能電池。總之，活性層形貌對裝置的 J_{sc} 和 FF 有重要的影響，透過合適的形貌調控可以獲得性能不斷提升的太陽能裝置。

7.2 活性層形貌調控的策略

活性層形貌具有奈米尺度的本體異質結(BHJ)形貌會影響太陽能裝置的太陽能性能。因此，透過合理地調控共混體系的活性層形貌，可以獲得性能進一步提升的太陽能電池。系統研究影響活性層形貌的關鍵因素，如供受體之間的互溶度、共混薄膜活性層的相分離等因素對深入理解影響共混體系活性層形貌，進而獲得性能進一步提升的太陽能裝置至關重要。最後將總結相應的有機太陽能電池本體異質結活性層薄膜形貌調控的策略。

7.2.1 BHJ 薄膜的互溶度

活性層材料中供體/受體材料之間的互溶度是決定最終本體異質結薄膜相分離程度的重要指標。當共混材料之間具有較差的互溶度時，會導致共混體系出現較大的相分離，將會導致無效的激子解離和電荷再生。相反地，當共混體系出現較好的共混結構，也會展現出較差的電荷傳輸性能和一定程度的電荷複合。因此，系統優化 BHJ 薄膜的形貌，選擇具有合適互溶度的供體和受體材料，獲得最高的 PCE 是非常重要的。對於具有一定組成比例的兩個材料 1 和 2 的吉布斯自由能(ΔG_{mix})，可以透過 Flory－Huggins 相互作用參數(χ)表述：

$$\Delta G_{mix} = RT[n_1 \ln \Phi_1 + n_2 \ln \Phi_2 + n_1 n_2 \chi_{12}]$$

式中，R 是氣體常數；T 是絕對溫度；n_1 和 n_2 分別是材料 1 和材料 2 的莫耳數；Φ_1 和 Φ_2 分別是它們各自的體積分數；χ 是互溶度，受到供體和受體材料的化學結構和分子質量的影響。

在早期對 BHJ 薄膜的研究中，主要透過研究聚合物供體材料，Gomez 教授等透過二維掠入射 X 射線衍射(GIWAXS)和場發射透射電子顯微鏡(TEM)研究了基於 P3HT：$PC_{61}BM$ 體系中富集 $PC_{61}BM$ 區域的形貌演變過程，探究具有無定型結構的 P3HT 聚合物材料與 $PC_{61}BM$ 之間的互溶度。研究了 P3HT－$PC_{61}BM$ 的 χ 參數和 Flory－Huggins 相圖，預測了 P3HT 的互溶度體積分數超過 0.42。同時還發現，透過增加聚合物和富勒烯相超過極限值，同時利用加熱退火作用可以實現誘導聚合物材料的結晶。隨後，Ade 教授等首次報導了在一個確定的處理溫度下確定 $\chi(T)$ 的方法，其中 $\chi(T)$ 值是透過繪製無定型聚合物/富勒烯共混體系模型相圖獲得的。利用盡可能多的太陽能裝置包括富勒烯受體和非富勒烯受體的高性能和低性能共混體系，繪製了 $\chi(T)$ 和 FF 之間的關係，獲得了它們之間定量的「constant－kink－saturation」關係。研究結果表明，一個裝置具有

較高的 FF（即高的太陽能性能），可以透過獲得足夠大的 χ(T) 值，保證有效的相分離，同時具有較高的共混相純度時獲得。

隨著新型非富勒烯受體材料的發展，關於裝置活性層共混形貌的熱力學，在近幾年獲得了廣泛的關注。很多有代表性的研究工作表明了 χ 是如何影響基於非富勒烯受體的有機太陽能裝置的太陽能性能。如 Ade 教授等發現，與受體 IT－DM 相比，聚合物 PBDB－T 和 IT－M 有較差的相溶性，同時發現基於 IT－M 的共混體系，相比於 IT－DM 具有更大的 χ 值。相比於基於 PBDB－T：IT－DM 共混體系，基於 PBDB－T：IT－M 的共混薄膜獲得提升的平均相純度。相純度的提升有利於有效地抑制雙分子複合，進而提升裝置的 J_{sc} 和 FF。最近，侯劍輝研究員等發展了新型的受體 ZY－4Cl，基於 P3H4：ZY－4Cl 的共混薄膜，由於供受體材料之間過度的相溶性被有效地抑制，獲得了合適的相分離，相應的太陽能裝置獲得更高的裝置效率。此外，葉龍教授與李森森教授等也總結了基於聚噻吩體系活性層形貌的調控機制。以聚合物供體 PDCBT－Cl 為例，基於 PDCBT－Cl 和 Y6 的體系具有較高的互溶度（其 χ 值為 0.19），因此共混體系保持單相狀態，就使得共混體系獲得較差的相區純度和較差的分子堆積。其結果是基於 PDCBT－Cl：Y6 的 OPV 裝置獲得較低的 J_{sc} 和 FF。正相反，具有單氟原子取代末端基團的受體 ITIC－Th1 和聚合物受體 PDCBT－Cl 保持合適的互溶度和相分離。因此，基於 PDCBT－Cl：ITIC－Th1 的太陽能裝置在合適的裝置後處理之後，獲得合適的相純度和超過 12％ 的裝置效率。

7.2.2 BHJ 薄膜的相分離機理

在太陽能裝置的製備過程中，很多後處理策略被用來調控共混體系的活性層形貌，如 SVA、TA、SVA 與 TA 結合使用等。而在最初利用溶液處理的方式，旋塗法製備共混薄膜階段，兩個主要的過程會控制由最初無定型溶液相向基底塗覆過程的相分離：（1）透過分節分解的液態－液態（L－L）相分離；（2）由於供體或者受體組分達到它們溶解度極限進而凝固導致的固態－液態（S－L）相分離。由於 S－L 引起的相分離通常會同時伴隨著成核和結晶的長大。考慮到不同的材料和後處理過程，兩種機理中的其中一種完全超越另外一種或者兩種機理同時出現的情況都有可能存在。在很多案例中，其中某一種相分離機理不會主要出現，BHJ 共混薄膜可能會展現出同時存在的共混形貌。下面將簡要從部分案例中介紹兩種不同的相分離機理。

1. L－L 相分離機理

L－L 的分層通常出現在一個最初無定型的單相情況下，然後緊接著分離為

兩相。這個相分離過程會強烈地受到供體和受體之間作用參數的影響。因此，一個具有較低相互兼容性的供體和受體會出現較大尺度的相分離。相反地，具有較高相容性的供體—受體對在溶劑揮發的過程中會表現出混合的狀態；當溶劑的比例較低時，形貌演變在相分離完全之前停止是由供體材料與受體材料之間相互作用變得更強，同時分子表現出低的遷移率的原因引起的。此外，供體或者受體材料會變得過飽和，隨時準備凝固的情況，這也就有利於促進形成 S—L 型的相分離，而不會出現分節分解的現象。

在傳統的基於富勒烯及其衍生物受體的體系中，富勒烯相的過大尺寸通常會發生在基於聚合物/富勒烯體系的薄膜中，該類體系會出現 L—L 的相分離。富勒烯受體，特別是像 $PC_{61}BM$ 和 $PC_{71}BM$，相比於聚合物材料來說，通常具有較大的表面能。大多數包含烷基鏈的聚合物供體材料可以有效地提升相應聚合物材料的溶解度，提升其可溶液加工特性，這些促進溶解的基團有時會導致聚合物表面能的降低。引入到聚合物骨架結構中的功能化基團也會引起聚合物供體材料 HOMO 能階的降低，進而提升相應太陽能裝置的 V_{oc}，有時也會改變聚合物供體材料的表面能。比如，聚合物供體材料中引入氟原子取代，可以有效地控制分子的能量水準，但同時會降低其表面能，會導致聚合物供體氟富勒烯衍生物受體相溶性的降低。俞陸平教授等構築了一系列基於噻吩並噻吩與苯並二噻吩共聚的，利用氟原子在骨架不同位置的聚合物供體。在噻吩並噻吩單位上單氟原子的取代會降低材料的 HOMO 能階，在激發態時誘導產生較強的偶極矩躍遷，會提升相應裝置的 V_{oc} 和光電流。因此，裝置的 PCE 從基於 PTBF0 的 5.1% 提升到基於 PTBF1 的 6.2%。當有更多的氟原子取代時，聚合物供體材料與富勒烯受體 $PC_{71}BM$ 展現出顯著降低的相溶性，產生較大尺度的相分離大約 50～200nm 和降低的 PCE（僅為 2.7%）。也有研究發現，當在烷基側鏈的終端引入更多的氟原子時會降低聚合物的表面能，進而提升相應聚合物與富勒烯衍生物受體體系 BHJ 薄膜的相分離。其結果是基於 C6F13 全氟取代鏈的聚合物的 PCE 降低到 1.98%。

在合成具有高分子量的聚合物，同時兼顧可溶液處理需要時，在體系中引入合適的烷基側鏈對提供有效的聚合物溶解度有重要作用。然而，在聚合物材料中引入大位阻側鏈會導致 BHJ 薄膜產生較大尺度的相分離形貌。在形成 BHJ 薄膜的過程中，不同於聚合物共軛骨架具有的剛性共軛骨架結構，受體分子可以透過具有大尺度三維動態體積的靈活龐大的脂肪鏈移動，這使得受體分子更容易聚集並在薄膜中形成大的相區。為了同時提升體系的互溶度和溶解度，Son 等發展了包含二氯苯側鏈單位的聚合物供體，該功能化的側鏈單位可以和富勒烯受體產生

較好的相互作用,有效地提升供體和受體材料之間的兼容性。最終,基於該材料的太陽能裝置,當採用非鹵溶劑時獲得 6.07% 的 *PCE*,同時參比裝置僅獲得 4.11% 的 *PCE*。在有些實驗案例中,合成的富勒烯受體衍生物 PyF5,引入吡咯烷功能化基團修飾受體分子來提升供體和受體的互溶度,相比於參比受體分子 $PC_{61}BM$ 來說,該材料顯示出降低的溶解度參數,因此與聚合物供體 PTB7-Th 表現出較好的兼容性。最終基於 PyF5 的太陽能裝置相比於基於 $PC_{61}BM$ 的裝置,在 140℃ 加熱下表現出良好的形貌穩定性。

對於基於非富勒烯受體材料的太陽能材料中,非富勒烯受體材料與聚合物供體材料之間的兼容性差異主要依賴於材料本身的化學結構,對於富勒烯受體材料來說,基於富勒烯及其衍生物受體的材料,它們的溶解度參數幾乎都分布在一個相似的範圍內。充分理解聚合物供體與非富勒烯受體材料間的相分離現象和形成 BHJ 薄膜的機理是非常困難的。需要透過對一些經典案例的研究情況和理論方法,分析非富勒烯受體材料的相應功能化官能團對其混溶性的影響,系統研究非富勒烯受體材料 BHJ 薄膜的形貌演變過程。從文獻調研結果可知,供體聚合物材料中的長烷基側鏈溶解基團通常會降低聚合物材料的表面能。透過增加骨架結構中氟原子的比例,同時引入更短的烷基側鏈,材料的表面能會出現降低。如 PTAZ-TPD10 聚合物具有高於 $PC_{71}BM$ 表面能的性質,同時表面能會隨著降低烷基側鏈的長度而降低,這是由於此時骨架中氟原子的比例提升引起的。因此,當材料中烷基鏈長度增長時,相應材料與 $PC_{71}BM$ 的混溶度會降低。一些非富勒烯受體材料如 N2200 和 ITIC 也會表現出不同的性質,相比於 $PC_{71}BM$,它們的表面能要更大。因此,具有長烷基鏈的聚合物由於其具有相對高的表面能,會與非富勒烯受體表現出提升的混溶性。隨著烷基鏈長度由 C6 提升到 C10,基於 $PC_{71}BM$ 裝置的 *PCE* 會相應由 6.3% 降低到 2.9%,而基於 ITIC 的裝置 *PCE* 會隨著烷基側鏈的有 C6 增加到 C10,由 5.5% 提升到 8.8%。

聚合物供體材料中的功能化基團會強烈地影響供體與非富勒烯受體材料分子間的相互作用。侯劍輝研究員等利用四類不同的非富勒烯受體材料,透過不同的氟取代,對比了材料間的相互作用參數。發現,隨著在受體分子末端基團 IN 上引入更多的氟原子,體系的 χ 值逐漸降低。AFM 和 TEM 圖像顯示受體材料分子中氟原子數量的增加,當與聚合物 PBDB-TF 共混時,BHJ 薄膜形貌混溶性增加。提高的分子間相互作用會導致提升的活性層薄膜電荷轉移態(Charge Transfer State,CT 態),有利於獲得更有效的電荷分離,最終太陽能裝置獲得高達 16.7% 的 *PCE*,而沒有氟原子取代的非富勒烯受體材料在同等條件下的太陽能裝置效率僅為 8.2%。

除了材料的末端基團以外，非富勒烯受體材料的中心核結構也會影響表面能。唐衛華教授等在IT－4F分子的芳環共軛骨架中引入甲基或者甲氧基來降低材料的表面能，獲得了非富勒烯受體材料與聚合物供體PM6提升的混溶性，相比於原本基於IT－4F的非富勒烯受體獲得12.80%的PCE，基於IM－4F的太陽能裝置獲得高達14.17%的PCE，相比於IT－4F的太陽能裝置來說，該體系獲得更小的V_{oc}能量損失。陳永勝教授等發現在共軛骨架中引入烷氧基團，對控制受體材料與聚合物供體J52之間的混溶性十分重要。受體分子UF－EH－2F的相互作用參數主要是基於2－乙基己基側鏈基團，要比它的類似物，基於線性辛基烷基鏈或者1－乙基己基更高。較大的相互作用參數導致材料具有抑制的混溶性和相應更高的相區純度。基於UF－EH－2F的太陽能裝置獲得高達13.56%的PCE，高於基於1－乙基己基的裝置效率為10.05%。基於2－乙基己基取代側鏈的UF－EH－2F的太陽能裝置展現出更優異的熱穩定性，這是由於基於該材料的太陽能裝置可以形成熱力學穩定的BHJ薄膜形貌，而採用其他烷基側鏈取代的材料表現出動力學的不穩定狀態。同時，黃飛教授等透過在ITIC受體材料中間核心的側鏈單位上引入寡聚乙烯氧基團設計合成了小分子受體ITIC－OE。當採用PBDB－T作為聚合物供體材料時，基於ITIC與PBDB－T材料分子間的自聚集被有效地抑制。

2. S－L相分離機理

當供體或者受體材料在達到它們本身的溶解度極限或者在沉積溶劑中過飽和之後，開始出現聚集，會發生S－L型的相分離。S－L相分離主要受到聚集相的形核和長大過程的熱力學和動力學影響。無論是供體材料還是受體材料，材料具有較強的結晶趨勢時，相對來說更易於形核，很容易誘導產生S－L分層，其結果是在溶液中就會出現聚集現象。相反地，當材料由於具有較高的活化能勢壘，而具有較低趨勢的結晶性時，會顯示較弱的S－L相分離。溶劑揮發動力學和晶體的成核與長大過程在確定體系形成S－L相分離程度方面有重要的作用。對於低沸點的溶劑、一個快速的旋塗速度或者使用較高溫度的處理條件等，都會出現快速的溶劑揮發現象，這樣的揮發過程會打破有效的聚集或者結晶性，會降低體系S－L相分離的程度。在BHJ溶液塗覆在基底表面時通常會同時存在L－L和S－L型的相分離情況，兩者會相互競爭。在BHJ溶液中，L－L型相分離會不斷地受到S－L型相分離的影響，這是由於固化作用的存在會改變溶液中供體和受體材料的組成和濃度引起的。

顏河教授等以苯並噻二唑單位和寡聚噻吩單位組成具有D－A交替共聚的聚合物供體PffBT4T－2OD，當採用不同的溶液處理溫度時會出現不同程度聚集行

為。基於PffBT4T－2OD的聚合物供體,當與不同種類的富勒烯及其衍生物受體共混時均獲得超過10%的裝置效率,主要得益於該材料較高的結晶性和高的電荷遷移率。其共混薄膜會受到溶液處理溫度和旋塗速度的強烈影響,當旋塗速度低於700r/min或者溶液或基底溫度較低時,共混體系的結晶相尺度顯著增大,這是由於在溶劑揮發完之前聚合物材料有足夠的時間形成堆積結構。正相反,當旋塗速度或者處理溫度比較高時,薄膜形貌會出現動力學的淬滅。因此,BHJ薄膜的形貌受到前驅體溶液中聚合物材料聚集結構和不同處理溫度導致的成膜熱力學控制,而不受材料表面能的控制。與此同時,Brabec教授等利用PffBT4T－2OD：$PC_{61}BM$體系獲得的光電流顯示出反常的強烈老化損失。在黑暗和外界環境下裝置保存5天之後出現30%～40%的光電流密度損失,主要是由於供體和受體材料之間具有較差的相溶性,在儲存過程中會經歷進一步的相分離。

Cho教授等透過控制聚合物供體材料的結晶性和表面能,研究了基於$PC_{61}BM$共混體系的垂直相分離。相比於基於$PC_{61}BM$共混體系的相互作用參數,無定型的聚合物P3HT－RA具有相對較小的相互作用參數0.39,而相應地具有91%局部有序的聚合物P3HT－RR91,儘管兩個聚合物具有完全相同的化學組成,該體系具有較高的相互作用參數0.63。基於P3HT－RR91的共混體系有較大的相互作用參數,經歷著在垂直方向上的相分離,同時聚合物透過L－L相分離現象,在薄膜狀態表現出較低的表面能。當局部有序的聚合物進一步增加到98%(即聚合物P3HT－RR98)時,材料展現出提升的結晶性和進一步增加的相互作用參數,為0.66。然而,由於聚合物表現出較高的結晶性和低的溶解度,S－L型相分離變為主要的相分離過程,會抑制相互作用驅動力的相分離參數,導致相分離現象被很大程度的抑制。

Ade等研究了利用不同添加比例聚合物PDPP3T與$PC_{71}BM$體系研究了BHJ體系的相分離。聚合物材料的表面能會隨著聚合物分子量的增加不斷增加,與$PC_{71}BM$之間的相互作用參數也會隨著分子量的增加進一步增加。因此,具有高分子量為102 KDa的聚合物供體PDPP3T,當與$PC_{71}BM$共混時主要採用L－L型的相分離。然而,當加入3%體積比的1,8－二碘辛烷(DIO)之後,由於聚合物材料受限制的溶解度會主要進行S－L型的相分離模式,這會導致聚合物在固態狀態下降低的有序性和降低的相純度,對裝置的太陽能性能是不利的。

葉龍教授等研究了基於聚噻吩聚合物供體材料等於不同種類非富勒烯受體材料共混形貌的形成過程。在不同的非富勒烯受體材料中,Y6由於與聚合物供體PDCBT－Cl具有較低的相互作用參數和低的結晶性,使得Y6與聚合物PDCBT－Cl的顯示單一的相分離共混薄膜形貌,具有高結晶性的非富勒烯受體ITIC－

Th1 和 IDIC 與供體材料的相互作用參數較大，在供受體材料兩相中會形成互相滲透的形貌結構。在溶劑蒸汽退火 1h 之後，強結晶性的非富勒烯受體 ITIC－Th1 和 IDIC 在共混薄膜中展現出增長的相區尺寸，而基於 Y6 的 BHJ 共混薄膜沒有表現出明顯的變化。這些共混形貌的差異主要來源於基於強結晶性的非富勒烯受體 ITIC－Th1 和 IDIC 由於產生 S－L 型的相分離，形成了動力學淬滅的共混形貌，會使得在長時間 SVA 退火處理之後熱力學穩定態形貌的改變。魏志祥研究員等透過中間核心單位的調控來改變材料的化學結構研究了，基於聚合物供體 PTQ10 與不同種類非富勒烯受體的 BHJ 薄膜。發現弱結晶性的 IT－4Cl 和 m－ITIC－OR－4Cl 顯示較好的互溶度，主要得益於它們與聚合物供體具有較低的相互作用參數引起的。相反地，對於具有強結晶性的非富勒烯受體，ID－4Cl 和 Y7 分子會在共混薄膜中更好地保持自身的結晶性。特別是 Y7，儘管 Y7 體系相比於其他的非富勒烯受體體系具有更低的相互作用參數，其共混體系會形成較大尺寸的片狀結晶區域為 125nm 和 9nm 厚度的區域。主要是由於基於 Y7 分子的共混 BHJ 薄膜形貌涉及了由於 Y7 分子的結晶性誘導的 S－L 型相分離引起的。

通常情況下，當聚合物共混薄膜經歷 S－L 型共混的淬滅過程和由於較低溶解度採取的較高處理溫度時，強結晶性的聚合物供體會具有高的太陽能性能。研究者也發展了無規共聚的方式來解決這些限制，因為無規共聚的方法會降低聚合物材料的結晶性、提升其溶解度，這會誘導產生低的處理溫度。So 等研究了基於 O－IDTBR 和利用 5，6－二氟－2，1，3－苯並噻二唑與四噻吩或者三噻吩任意聚合的聚合物搭配，研究了共混薄膜的活性層形貌。非富勒烯受體 O－IDTBR 與無規共聚物之間的相互作用參數隨著在聚合物共軛骨架中引入更多的 3T 重複單位而增大。因此，PffBT4T－OD 和 PffBT4T90－co－3T10 與 O－IDTBR 具有較好的互溶度。PffBT4T－OD 和 PffBT4T90－co－3T10 由於其較強的結晶性和聚集的傾向，使該體系透過 S－L 型相分離形成較大尺度相區的 BHJ 薄膜。

相反地，PffBT4T50－co－3T50 和 PffBT3T－2OD 主要表現為 L－L 型的相分離，會產生高的相區純度。其結果是，基於 PffBT3T－2OD 的太陽能裝置由於過度的相分離，僅獲得 1.8% 的 *PCE*，而基於 PffBT4T90－co－3T10 的太陽能裝置獲得高達 8.7% 的 *PCE*。隨後，Son 等透過在基於 PffBT4T－2OD 的共聚物中引入 BDT－Th 單位也開發了無規共聚物。當 BDT－Th 的加入比例增加時，聚合物與 $PC_{71}BM$ 之間的相互作用參數逐漸增大。最終聚合物 BDT－Th30，即包含 30% 的 BDT－Th 單位的聚合物顯示較強的 L－L 相分離和高的相區純度。相比於 BDT－Th30 含有 10% 的 BDT－Th 單位的共聚物 BDT－Th10 同時顯示與富勒烯受體較高的互溶度和強的結晶性，使得儘管在室溫條件下進行後處

理，共混體系表現出合適的 BHJ 形貌、抑制的自聚集。最終，基於 BDT－Th10 的大面積模組裝置顯示提升的太陽能性能，其 PCE 為 7.74％。

在多元體系中，當活性層材料中包含超過兩種材料時，共混體系形貌的形成機理主要受到 L－L 或者 S－L 型相分離的控制。儘管不同的案例中，不同的相分離現象會有不同的貢獻，在很多案例中，兩種相分離的現象會同時出現。因此，在設計活性層供受體材料時需要綜合考慮其物理性質，包括在相同或者相異分子間的相互作用、材料的結晶性和溶解度、熱穩定性等。如果供受體材料間的相互作用參數過大，會出現過大的相分離，會產生有效的相分離，卻會導致受限制的電荷再生。聚合物材料在具有過度的結晶性能時通常會產生由於 S－L 型相分離引起的淬滅共混形貌，有利於在結晶聚合物相的電荷傳輸，也會導致較差的活性層形貌長期的穩定性。

因此透過不同的策略有效調控共混體系的活性層形貌獲得有效的激子解離、電荷傳輸和電荷再生性能是獲得高效率有機太陽能電池的關鍵，下面將簡要透過材料化學結構設計及後處理技術等方面介紹活性層形貌的調控技術。

7.2.3 基於 IDT 結構的非富勒烯受體太陽能裝置形貌提升的關鍵

ITIC 分子是基於 IDT 單位稠環小分子受體材料的關鍵發現，從 ITIC 分子的發明開始 OSCs 裝置的效率獲得了持續的發展。其中具有 A－D－A 結構的小分子材料具有較強的分子內推拉電子結構，有助於材料獲得較強且寬的吸收光譜，光電流密度進一步提升。這類具有 A－D－A 結構的小分子受體通常具有一個稠環中心核，可以連接兩端的末端基團和側鏈單位，這樣的化學結構設計可以使得分子的電子結構和薄膜形貌具有高度的可調節性質。

對於 BHJ 薄膜來說，材料之間的混溶度會強烈地影響共混薄膜的形貌，這主要涉及上述介紹的 Flory－Huggins 相互作用參數 χ。對於窄能隙聚合物/富勒烯衍生物受體體系中，通常會出現過度的相分離，其 χ 值較大，這對於激子的解離是不利的。在供體與非富受體材料之間的 χ 值可以很小，使得材料之間具有較好的互溶度，產生相對較弱的相分離，進而導致嚴重的載流子複合現象。唐本忠院士等設計合成了一系列非富勒烯受體 TPIC－X，利用不同鹵素原子取代的末端基團作為末端基團。採用接觸角的方式計算了 TPIC－X 與聚合物 PM7 之間的相互作用參數。研究表明，當非富勒烯受體材料具有更多的鹵素原子時，與聚合物 PM7 具有較差的互溶度，會誘導產生增長的相區尺寸和更優異的太陽能裝置性能。在太陽能裝置中，合適的相分離會提高電荷傳輸，降低雙分子複合，進而獲得提高的 J_{sc} 和 FF。因此 So 等透過改變聚合物共軛骨架中噻吩單位的含量

第7章 有機太陽能電池：形貌調控

有效地調節聚合物供體與非富勒烯受體材料間聚集與相溶性，最終獲得的最佳的相區尺寸和相純度有效提升了共混薄膜的電荷再生和傳輸性能。首先要明確的一點是 χ 值主要在形膜的熱力學過程起作用，對於非平衡態的 OSCs 共混薄膜，尤其是在相結構和組分不確定時，在邏輯上進行直接連繫是不合理的。一種可能的形成機制是合適的互溶度會降低大尺度的相分離，L－L 相分離在合適的尺度時可以純化供體和受體相區，進而發生材料結晶以固定形貌和濃縮薄膜。文獻報導了大量透過控制材料互溶度調節薄膜形貌的案例，在一些極端的案例中顯示，結晶性可以打破在微觀相分離聚合物中的旋塗沉積相分離。在很多太陽能裝置體系中，平衡材料的互溶度與結晶性之間的平衡仍是獲得更好滲透相區的關鍵挑戰。

目前針對 IDT 單位的非富勒受體材料化學結構的調控，已經獲得大量高效率的有機太陽能電池。隨著有效地調節材料的化學結構和採用合適的薄膜後處理技術可以有效控制分子的堆積性質和受體材料的結晶性，以獲得更優異的相分離。李永舫院士等發展了側鏈間位烷基鏈取代的 m－ITIC 分子，這種化學結構的微小調控可以有效地提升材料的結晶性。當與聚合物供體 J61 共混，m－ITIC 在面外（OOP）方向上展現出較強的 π－π 堆積，同時體系獲得了合適的相區尺寸。占肖衛教授等透過利用烷基噻吩側鏈為側鏈單位替代 ITIC 分子中烷基苯側鏈，設計合成了小分子受體 ITIC－Th。研究表明，ITIC－Th 分子表現出緊密的 π－π 堆積和更好的結晶性。與此同時，當將 ITIC 與 ITIC－Th 共混時，體系的結晶行為發生改變，ITIC/ITIC－Th 共混體系的骨架有序性進一步提升，進一步拓寬了體系的電荷傳輸路徑，提升了電子遷移率，獲得了高效的 OSCs 裝置。

三電子組件也被認為是簡單有效的提升裝置性能的策略。三電子組件不僅可以有效拓寬材料的吸光範圍，而且可以提升共混體系的活性層形貌，可以獲得更有效的電荷傳輸和激子解離。在三電子組件中，三個組分可以形成它們各自的純相，也可能會形成結晶相。依據不同材料的相互作用行為，每個組分的無定型部分可能會形成複雜的混合相。然而，這種影響可能是很細微的，因為這種情況下的結晶能力可能比 L－L 相分離更大。因此，可以簡單地簡化，將其簡化為簡單的混合相，這會將其他組分約束在一起。對於三電子組件來說，從裝置方面看可以將其機理分為級聯結構和合金模型。需要指出的是，在極少情況下，兩種成分尤其是受體材料，由於一種組分及其結晶結構可以容納另一種組分，使之具有共晶特性並表現出較好的材料混溶性。這種方法就好比採用物理方法合成了一種新材料，同時不能透過上述提到的機械模型簡單地分析。對於三元共混薄膜的相貌有一些詳細的分類，主要依靠第三組分的作用，比如第三組分嵌入或者溶解在供

體或者受體相中，處在供體和受體相之間，或者與供體或者受體產生共晶。事實上三元共混薄膜的形貌更加複雜，需要建立多個形貌模型來進行全面了解。如彭小彬教授等在經典的 PBDB－T：ITIC 二元體系中加入寬能隙受體 IDT－T，發現第三組分 IDT－T 作為一個能量傳遞中間體。兩個非富勒烯受體具有相似的化學結構使之具有較好的互溶度，在原本二元體系中加入 IDT－T 可以誘導 ITIC 的結晶，獲得有效的激子再生，降低的雙分子電荷複合和提升的電荷傳輸性能。第三組分 IDT－T 的多重功能協同作用可以顯著提升三電子組件的太陽能性能。朱曉張研究員等的設計合成了以茚並茚結構為中心核的非富勒烯受體 NITI，並將其作為第三組分加入 BTR：$PC_{71}BM$ 二元體系中，使共混體系具有更加互補的吸收光譜，並且形成了垂直結構的活性層形貌。其中 MTR 與 NITI 具有較高的互溶度，形成了較小的相分離結構，這對於電荷分離是有效的。而 $PC_{71}BM$ 在兩者共混相周圍形成了較大尺度的相分離，這對於進一步促進有效的電荷傳輸是有利的。最終，三電子組件獲得最佳的載流子再生和傳輸性能及高的裝置光電轉換效率。

一般情況下，引入第三組分的主要作用是為了調控共混體系的活性層形貌，獲得提升的載流子遷移率、降低的電荷複合和促進的電荷分離。在很多案例中，活性層的共混形貌並不只是簡單的互穿網絡結構，而是一種更複雜的多尺度形貌。有一個大規模的相分離總結了單個或者多個純相傳輸通道以確保載流子的有效傳輸，同時可以具有互補的小尺寸相分離來提升電荷分離和載流子擴散，可以有效地利用 BHJ 的骨架來平衡載流子的再生和傳輸。在這樣的情況下，需要綜合考慮材料電子結構的差異以及結晶性質，以提供一種積極的形貌框架，以獲得最佳的光擷取能力和載流子提取能力。

7.2.4　基於 Y6 及其衍生物材料的活性層形貌

自 2019 年鄒應萍教授等報導的 Y6 分子以來，有機太陽能領域裝置效率的不斷突破，大多來自基於該類材料的設計與開發。這類具有 A－DA′D－A 結構的非富勒烯受體材料在可見光範圍具有較好的光吸收能力和合適的前線軌道能階結構，可以與中等能隙的聚合物供體材料實現良好的能階匹配。基於 Y6 分子，透過烷基鏈的優化、鹵素或者硒原子的取代和受體稠環核心結構的調控等策略設計合成了一系列具有優異太陽能性能的非富勒烯受體材料，並使得單結裝置的效率已獲得超過 19％的 PCE。這些功能可以強烈地影響共混體系的活性層薄膜形貌。然而與基於 IDT 系列的非富勒烯受體材料不同的是，基於 Y6 結構的非富勒烯受體體系通常不會產生較大尺度的相分離，材料優異的結晶結構可以構築多尺度的

共混形貌，以調節激子和載流子的本徵性質，進而獲得有效的裝置效率。

這類具有香蕉狀彎曲結構的 Y6 分子的堆積模式是首次報導的情況，同時這類材料的堆積性能也是十分重要的。從其單晶結構數據中可以發現，一個 Y6 分子可以透過雙氰基茚滿二酮(IC)端基形成扭曲的以為傳輸通道，沿立方體面對角線的方向延伸。另外一個 Y6 分子形成另一個一維通道，會佔據相立方面對角線的晶格，形成具有橫切面的傳輸通道，這與早期的基於 ITIC 體系的受體材料的晶格堆疊方式是完全不同的。在非富勒烯受體體系的太陽能裝置中，$\pi-\pi$ 堆積被認為形成獨特晶體結構的最大驅動力。當採用氯仿溶液處理 BHJ 薄膜時，Y6 分子在基底表面上傾斜，使兩個立方體面對角聚合物在裝骨架(100)半垂直於基底表面。這樣的空間排布結構有利於促進載流子的傳輸獲得更有效的激子解離和較高的電子遷移率。

從最近的研究中可以看出，採用層層處理的方式(Layer-By-Layer，LbL)成為非常有價值的方式來調節太陽能材料在垂直方向上的相分離，並用來構築具有 p-i-n 結構的裝置結構。採用層層處理的方式理論上是很容易控制其活性層形貌的，其中供體和受體組分可以被分開進行優化，協同的處理方式對結構的改善提供了另外一種方法。LbL 方式可以有效促進基於 Y6 體系的太陽能性能，獲得優異的太陽能性能，甚至超過相應的具有 BHJ 結構的太陽能裝置。其中裝置底部的聚合物供體層不包含受體分子，也不會受到其他組分晶界的影響，因此可以獲得優異的相互交錯的聚合物纖維結晶結構。第二層 Y6 材料的製備可能會打破底部聚合物供體材料的表面形貌。透過選擇合適的溶劑體系可以很好地或者部分地溶解無定型的聚合物，會將 Y6 引入到聚合物纖維網絡中，並且形成存在於兩層之間的電子傳輸通道，其中 Y6 的晶體被聚合物纖維限制在特定的環境區域內，主要出現 face-on 的堆積取向，可以形成獨特的 n-型垂直傳輸通道。這種第二次的結晶過程也會促進混合區域形成較好排列的貫穿供體和受體的傳輸區域，降低的相區尺寸可以保證有效的載流子擴散，並減少複合作用。除此之外，利用溶劑添加劑處理 Y6 第二層，會控制聚合物層的玻璃化，其表面誘導成核和成長的精細鏈排列可以進一步改善結晶纖維的形貌，這也是 LbL 策略的另一優勢。整體來說，這種構築 BHJ 薄膜過程中將材料優化的方式轉變為形貌優化的方法，減少了以往難以超越的嚴重問題。對於採用 LbL 結構的裝置中，聚合物材料的批次差異性變得並不那麼敏感，這是由於纖維的形成過程沒有複雜的異質相互作用。預先形成的纖維網絡層和後續沉積的非富勒烯受體層可以形成穩定的形貌結構，並且產生優異的裝置性能。陳紅征教授等利用 LbL 方法獲得了裝置效率超過 18% 的單結裝置。加入的第三組分 BTP-S2 與聚合物供體 PM6 具有較

低的混溶度可以避免在 LbL 製備過程中產生的供體和受體分子的過度混溶，因此，可以形成較好的垂直相分布，使得供體主要分布在陽極而受體主要分布在陰極，中間的內部擴散層主要確保有效的電子過程。透過形貌分析可知，相比於 BHJ 方式處理的薄膜材料，採用 LbL 的方法可以有效地利用材料高的結晶性、緊密的分子堆積和合適的相分離，進而獲得高的 J_{sc} 和 FF。黃飛教授等基於寬能隙供體 P2F－EHp 和高結晶性非富勒烯受體 M4－4F 的太陽能裝置，利用正交溶劑採用 LbL 的方法構築了效率高於相應 BHJ 的太陽能裝置。

透過合理地調控材料的中間核心、側鏈單位和末端基團是非常有效的優化材料獲得高效率裝置的策略。材料的設計最大的考慮就是平衡光吸收和 V_{oc} 之間的制約關係，合理調節材料的結晶性質來更好地匹配相應的供體材料。得益於結構調控的材料化學結構的相似性，就能階與混溶性來說，可以與 Y6 分子獲得較好的匹配。對於多元組分來說，三元或者四元體系，也可以充分地利用每個組分的優勢，保持材料本身的形貌框架。劉烽教授和張永明教授等充分利用了三電子組件與 LbL 的優勢報導了一種基於 Y6 分子的合金混合物，可以獲得裝置 J_{sc} 的進一步提升。利用了具有相似的化學結構，但是不同的電子結構的非富勒烯受體。在薄膜中溶劑揮發，薄膜固化乾燥的過程中，具有相似結構的非富勒烯受體材料會形成類似於溶劑中存在形勢的緊密混合物，進而結晶分離為純相。體系最初的結晶驅動力來自 π－π 堆積，可以促進體系形成微小的結晶。在相似材料的混合物中，材料的進一步消耗會阻礙晶體的三維膨脹，早期形成的晶體會根據表面能和晶體生長尖端的相似性，找到它們可容忍的相似物進行堆積和凝聚，從而產生共晶層狀的纖維，同時在基於 PM6：Y6：Y6－BO 三元共混體系中可以看到更加明顯的纖維網絡狀形貌結構。因此三元共混體系獲得優異的確定結晶，具有提升的結晶性和晶體質量，這樣的共混形貌可以獲得低密度的缺陷和降低的雙分子複合損失。張福俊教授等也利用同樣的策略利用兩個兼容性的具有較小介面能的 Y6 衍生物受體分子構築三電子組件，並且獲得高達 17.59％ 的 PCE。

除了利用兩個具有相似化學結構的非富勒受體材料構築三電子組件以外，富勒烯衍生物，如 $PC_{61}BM$、$PC_{71}BM$ 等也是第一代的主流使用的受體材料。富勒烯衍生物受體材料具有明顯的 n 型和無定型的性質，可以有效地用作形貌調節劑，控制共混體系多尺度的相分離形貌，在富勒烯與非富勒烯搭配的體系中，非富勒烯受體的結晶性可以確保有效的激子解離和載流子傳輸，而富勒烯衍生物受體分子可以促進形成更好的電子結構，促進電子傳輸。在基於 Y6 體系的 BHJ 系統中，不平衡的電子和空穴傳輸通常會阻礙進一步提升相應裝置的轉換效率。為了解決這一難題，向體系中引入富勒烯受體獲得平衡的電荷傳輸是非常高效的設

計策略。相比於 Y6 分子單線態能量態，富勒烯受體高的 CT 態可以抑制雙分子複合，並且充分利用 CT 態。張福俊教授等利用拉曼掃描來繪製 BHJ 薄膜的形貌，以便於深入理解 PCBM 第三組分的工作機理。研究發現，第三組分 $PC_{71}BM$ 的加入，甚至在 $PC_{71}BM$ 的比例增加時，第三組分也會傾向於與 Y6 分子混合，並且不會聚集。劉烽教授等也利用相似的策略向二元體系中加入 $PC_{71}BM$ 作為第三組分優化體系的能階排布和薄膜形貌。除了三元策略優化活性層形貌之外，四元策略應用 PM6/PM7 作為雙供體與 Y7 和 $PC_{71}BM$ 作為雙受體製備太陽能裝置。隨著 $PC_{71}BM$ 加入量的增加，四元共混薄膜的散射特徵逐漸從駝峰演變為沒有位置偏移的明確散射峰，說明 $PC_{71}BM$ 在混合相中呈現散射分布。這樣的混合方式使其與其他無定型的組分產生緊密的相互作用，並在此產生一種獨特的電子結構，獲得了提升的電子傳輸通道，使供體中激發態的電子可以有效傳輸到混合相區的 LUMO 能階並被快速地提取。儘管 $PC_{71}BM$ 的 HOMO 能階比 Y6 的更深，同質的混合相可以提供與供體材料較好的連繫，由 $PC_{71}BM$ 和 Y6 獲得激子擷取。這種透過多元組分的調控，協同利用 PM6/PM7－Y6 誘導產生確定的多尺度形貌共同產生了 V_{oc}、J_{sc} 和 FF 的提高，使裝置效率提高到 18.07%。整體來說，獲得高效率太陽能裝置的主要設計策略就是透過一種合理有效的方法優化活性層形貌和電子結構。

7.2.5 透過添加劑控制活性層形貌

在旋塗製備薄膜，溶劑揮發的過程中，添加劑可以影響 BHJ 薄膜的形貌。在活性層薄膜的前驅體溶液中加入少量的添加劑，在基底表面塗覆和潤溼的過程中會改變溶劑乾燥的動力學和乾燥時間。採用溶劑添加劑具有比其他方式更多的優勢，比如，透過選擇具有不同物理和化學性質的各種溶劑添加劑，可以輕鬆實現對活性層形貌的調控，從而有效控制供體/受體純相的分子堆積和取向以及相應的相分離程度。最近的研究表明，溶劑添加劑不僅可以優化基於富勒烯體系的 BHJ 薄膜形貌，而且可以有效地提升基於非富勒烯受體體系 BHJ 薄膜的奈米尺度形貌。縱觀目前獲得的高效率太陽能裝置，大部分都是採用了溶劑添加劑。當然侯劍輝研究員等也開發了一系列利用揮發性固體添加劑加入活性層前驅體溶液中來有效調控共混體系活性層形貌的策略。下面，將簡要討論添加劑對共混體系活性層形貌的影響和不同的工作機理。同時也會簡要介紹採用添加劑的方式獲得高效率太陽能裝置的最新研究進展。

1. 溶劑添加劑調節形貌

一般情況下，添加劑是加入主體溶劑體系中具有高沸點並且可以選擇性溶解

供體或者受體材料的溶劑。因此，溶劑添加劑一般會在BHJ薄膜形貌形成的過程中保留在薄膜中，因為它與BHJ薄膜中的有機活性層材料保持某種特定的相互作用。這種相互作用會強烈地影響BHJ薄膜形成和薄膜中材料相區的奈米結構。在BHJ薄膜中溶劑添加劑的影響和工作機理已經在基於聚合物：富勒烯受體體系獲得了廣泛的研究，由於富勒烯受體具有特有的分子結構，當與窄能隙聚合物共混時，富勒烯通常會保持相似的行為。溶劑添加劑的一個重要作用就是改變供體/受體共混薄膜相分離的路徑。在共混薄膜中，加入添加劑可以有效地抑制形成過大的富勒烯相，過大的富勒烯相區在L－L型相分離中經常會出現。比如在基於PDPP5T：$PC_{71}BM$體系中，當使用氯仿溶劑旋塗薄膜時，在富勒烯富集的相區通常會具有100nm附近的相區尺寸。

　　有許多溶劑添加劑被用來提升聚合物供體材料的堆積結構，用來提升相應相區的晶體尺寸和相區純度，被提升的堆積結構在BHJ相分離過程會驅動S－L型混合機理，溶劑添加劑可以降低聚合物晶體成核和生長的勢壘。因此，在供體和受體緊密混溶的情況下，溶劑添加劑實際上可以用於誘導共混薄膜的相分離。Hexemer教授等利用原位GIWAXS檢測了P3HT：$PC_{61}BM$的異質結薄膜形成過程。研究發現，當僅採用氯苯(CB)為溶劑時，共混薄膜顯示較弱的聚合物堆積。當向氯苯溶劑中加入3%體積比的1,8-辛二硫醇(ODT)時，P3HT顯示現象的聚合物增長和聚合物堆積結構，並且出現了明顯的聚合物層狀堆積峰，這是由於第三組分ODT的加入，降低了成核和生長的勢壘引起的。Woo等報導了基於PPDT2FBT：$PC_{71}BM$的OPV裝置，在活性層厚度為290nm時，獲得了較強的光吸收能力，因此獲得高的J_{sc}，同時其V_{oc}和FF沒有隨之降低。這主要得益於聚合物鏈高度有序的堆積形成奈米纖維結構。二苯醚(DPE)添加劑可以使活性層材料保持部分溶解，使$PC_{71}BM$擴散為更寬廣的區域，可以促進聚合物鏈的自組裝為高度有序的結構。最終，採用DPE為添加劑的太陽能裝置獲得提升的載流子遷移率和J_{sc}為15.73mA·cm^{-2}。

　　與基於富勒烯受體的太陽能裝置類似，非富勒烯受體本身的剛性骨架和共平面性結構，也會出現過度聚集的情況，很容易使活性層出現滲透混合的情況。在非富勒烯受體體系，溶劑添加劑在優化共混薄膜形貌方面有重要的作用，它們可以透過控制活性層材料的結晶控制其相分離，同時抑制活性層材料的自聚集。非富勒烯受體材料結構的多樣性，就需要採用不同的溶劑添加劑獲得高效率的OSCs裝置。其中，DIO可以促進供體或者受體材料的成核和生長，進而誘導結晶。比如基於PDI的受體與p－DTS(FBTTh)$_2$搭配時，在沒有任何添加劑時，共混體系顯示紊亂的結構和較弱的相分離。相反地，當共混體系中加入DIO時，

p-DTS(FBTTh)$_2$和PDI展現出提升的結構有序性和相分離,裝置效率(3.1%)遠高於未加入添加劑的情況(0.13%)。同樣的現象也出現在基於PTB7-Th:ATT-1體系中,當向體系中加入DIO,會導致薄膜中的ATT-1受體材料的相分離和結晶性提升,進而獲得性能進一步提升的太陽能裝置。

目前的研究表明,高沸點溶劑添加劑有利於實現有機太陽能裝置效率的進一步提升,但在未來OPV大規模商業化生產製備的過程中,溶劑添加劑仍會帶來很大的弊端,比如溶劑添加劑會導致裝置的不穩定性以及不可重複性等問題。因此,在未來的材料設計合成中應不僅關注太陽能裝置活性層材料的光學性質和電子結構,而且需要設計合成出合適混溶性的活性層材料對,在無添加劑後處理的太陽能裝置中也可以獲得合適的分子堆積性質。

2. 固體添加劑調節形貌

最近,不同的固體添加劑,包括揮發性和非揮發性的固體添加劑被成功地應用於調節活性層的形貌。具有高沸點的溶劑添加劑在裝置製備之後會保留在BHJ薄膜中,這是OPV太陽能裝置形貌不穩定和性能不穩定的重要影響因素。在基於非富勒烯受體材料的BHJ薄膜中加入可揮發性固體添加劑調節共混形貌,可以提升分子間的π-π堆積和受體分子的堆積結構,有利於提升裝置的電荷傳輸。侯劍輝研究員等設計開發了一系列揮發性的固體添加劑(如SA-1),與非富勒烯受體分子的末端基團具有相似的化學結構。採用此類添加劑,在140℃加熱退火處理之後,共混薄膜表現出提升的分子間π-π堆積和提升的電子遷移率。固體添加劑SA-1的加入可以有效促進基於IT-4F體系自組裝,獲得有序的分子排列,同時添加劑SA-1又可以透過對活性層薄膜的加熱退火處理除掉。當加入17.3%質量比的固體添加劑SA-1之後,基於IT-4F的共混薄膜展現出提升的電子遷移率和高達76%的FF。

除了揮發性固體添加劑以外,非揮發性固體添加劑也被用來調控共混薄膜的活性層形貌,楊楚羅教授等利用具有高介電常數的非揮發性固體聚合物添加劑調節BHJ薄膜的形貌。利用氟取代的聚苯乙烯(PPFS)作為添加劑,降低原本共混體系的晶體相干長度獲得供受體材料間提升的分子間混溶性,獲得了降低的薄膜粗糙度。固體添加劑的加入,使裝置獲得了有效的激子分離和電荷傳輸。最終,加入PPFS的裝置獲得提升的激子解離和平衡的載流子遷移率,進而獲得J_{sc}和PCE的進一步提高。

3. 後處理調節共混形貌

對於有機太陽能裝置來說,目前使用最廣泛的就是利用旋塗的方式在基底表

面塗覆活性層材料，而採用這種方式製備的薄膜，速度非常快，因此製備的薄膜材料通常會顯示出動力學的陷阱態，不能形成有序的分子堆積結構和有效的相分離。很多研究結果不能完全反映供體和受體材料的物理性質，包括它們的結晶性和分子間的互溶度等。因此，未經任何後處理的薄膜通常不能獲得最佳的活性層形貌。比如基於 P3HT 的 OSC 裝置在未經任何後處理時，由於在供受體的共混態中無定型的聚合物相區具有低的電子遷移率，而表現出較差的 OPV 性能。在 OPV 太陽能裝置中，合適的後處理可以進一步優化 BHJ 薄膜內在的形貌缺陷（包括結晶性、相區尺寸、相純度和垂直相分離等）進而獲得進一步提升的 OPV 性質。其中 TA、SVA、溶劑後處理等常被用來優化基於 NFA 體系的太陽能裝置形貌。下面，簡要介紹幾種不同的後處理技術在優化 BHJ 薄膜共混形貌及相應裝置太陽能性能方面的作用。

TA 被認為是一種簡單有效的優化基於聚合物體系活性層形貌的措施，其中根據 TA 處理順序的不同可以分為前退火和後退火的方法。前退火主要是指加熱退火的處理主要發生在 BHJ 薄膜塗覆於基地表面之後，後退火主要是指在所有裝置製備完成之後再進行的加熱退火，稱之為後退火。其中，前退火可以增加供受體材料的相分離，改變其奈米尺度形貌和結晶性。在基於 P3HT：$PC_{61}BM$ 的 BHJ 薄膜中，TA 可以增加 P3HT 的結晶性，促進 $PC_{61}BM$ 擴散到無定型的 P3HT 區域中。在 TA 後處理之後，共混薄膜出現了奈米尺度的互穿 BHJ 網絡，裝置獲得了有效的電荷分離和傳輸，最終獲得了裝置性能的提升。除了上述提到的傳統的 TA 退火方式以外，張福俊教授等利用顛倒熱退火（DTA）的方式對 BHJ 薄膜形貌進行處理之後（圖 7.1），其面外（OOP）以及面內（IP）方向的衍射峰均向更高的衍射峰方向移動，說明經過 DTA 處理之後，活性層材料的堆積距離（$d-sapcing$）均減小，其 $\pi-\pi$ 堆積變得更加緊密，這對於提升裝置的 J_{sc} 和 FF 是有利的。除此之外，還利用了高沸點溶劑添加劑，使 BHJ 薄膜的活性層材料得以重新分配，最終活性層薄膜獲得最佳的垂直相分離，基於 PffBT4T－2OD：$PC_{71}BM$ 的太陽能裝置獲得更高的 J_{sc} 為 $19.23 mA \cdot cm^{-2}$，除了上述提到的傳統的 TA 以及顛倒的 DTA 熱退火處理之外，後退火的技術也廣泛應用於太陽能裝置的構築中，以提升金屬電極和活性層之間的介面粗糙度，進而提升介面面積。而這類提升的介面面積有利於提升相應裝置的電荷收集效率和內部光子反射和電荷收集，進而獲得提升的裝置效率。

第7章　有機太陽能電池：形貌調控

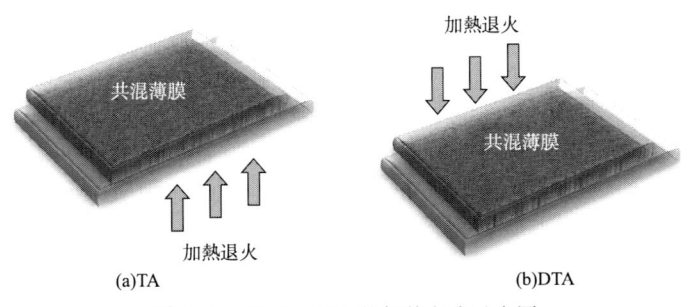

(a)TA　　　　　　　　(b)DTA

圖 7.1　TA 和 DTA 的加熱方式示意圖

　　與基於富勒烯受體材料體系不同的是，大部分的聚合物/非富勒烯受體體系的 TA 後處理策略的機理中，非富勒烯受體利用共混薄膜中供體/受體介面處聚合物供體作為成核位點進行重排，進而形成半結晶結構。然而在傳統的基於富勒烯受體體系中，富勒烯受體通常在 TA 處理後透過無定型的聚合物相區擴散到 BHJ 薄膜。因此，TA 後處理有助於提升 BHJ 薄膜的結晶性，可以透過誘導臨近 NFA 晶體的成核，使 BHJ 薄膜形成高度結晶和更精細的受體相區。經過 TA 後處理後，這些 NFA 重新分配有助於促進激子解離和電荷傳輸。在很多研究中，TA 與溶劑添加劑通常是協同使用的，可以有效抑制 BHJ 薄膜的過度結晶和活性層材料的自聚集。

　　TA 後處理策略也經常用來誘導聚合物供體與非富勒烯受體的相分離。唐衛華教授等發現基於 PTB7－Th：ITIC 體系，利用熱溶液旋塗加上 TA 的策略可以有效地優化 OPV 裝置的效率。從熱溶液中獲得的聚集的 NFAs 有利於形成雙連續的奈米尺度互穿網絡結構，透過合適的 TA 後處理可以獲得合適的相分離。由於獲得合適的相分離和提升的 π－π 堆積，該裝置獲得高達 15.13mA·cm^{-2} 的 J_{sc} 和 0.72 的 FF。TA 後處理可以有效控制活性層形貌，提升材料的結晶性，選擇合適的熱退火溫度至關重要。Upama 等在較高的熱退火溫度下使基於 PBDB－T：ITIC 的共混體系產生了較強的聚集和相分離，使得 BHJ 薄膜的部分形態具有不同的能隙，因此相關 OPV 裝置獲得較低的內建電場。從 BHJ 薄膜的阻抗譜的 Nyquist 曲線可知，高溫下的熱退火有一個較大的低頻率弧線，說明在供受體介面有嚴重的電荷積累，這主要是由於在 BHJ 薄膜表面的形貌擾動引起的。因此，在 OPV 太陽能裝置活性層材料的後處理中，選擇合適的熱退火溫度對 TA 後處理至關重要。

　　除了 TA 熱退火處理之外，溶劑蒸汽退火（SVA）是將活性層薄膜與溶劑蒸汽放置於一個密閉體系中進行的。由於旋塗法製備 BHJ 薄膜的過程中溶劑的揮發

速度非常快，沒有足夠的時間形成供體受體共混薄膜。對共混薄膜進行SVA處理，有利於使得共混體系獲得更優異的BHJ形貌，獲得提升活性層材料的分子排列，在密閉體系中進行溶劑蒸汽處理可以使共混薄膜有足夠的時間控制活性層薄膜形貌。在採用SVA條件對活性層薄膜進行後處理時，影響SVA的重要因素主要包括選擇溶劑的種類和SVA的時間。在聚合物：富勒烯體系，比如P3HT：PC$_{61}$BM體系中，選擇一個好的溶劑可以提升供體材料的堆積結構和電荷遷移率，對提升裝置的J_{sc}和PCE是非常有利的。然而，SVA的後處理過程有時候會產生過度的大尺度相分離，進一步抑制電荷在供受體介面處的解離。同時，利用對供體材料溶解度較差的溶劑，會使得基於P3HT：PC$_{61}$BM體系的相分離達到合適的尺度，其相應的相區尺寸不會超過激子的擴散長度，相應的裝置會獲得更高的J_{sc}（11.44mA·cm^{-2}），高於採用氯仿（CF）作為SVA溶劑的裝置J_{sc}（8.22mA·cm^{-2}）。

與富勒烯體系不同的是，在非富勒烯體系中採用對供受體材料均具有較好溶解度的溶劑作為SVA溶劑對提升共混薄膜形貌也非常有效。針對基於PTB7-Th：ITIC體系，王濤教授等採用兩種不同的溶劑二硫化碳（CS$_2$）和丙酮作為SVA的溶劑，研究了不同溶劑SVA對裝置太陽能性能的影響。其中CS$_2$和丙酮均具有較低的沸點和高的蒸氣壓。然而，CS$_2$可以很好地溶解PTB7-Th和ITIC分子，而丙酮對兩種分子的溶解度都較差。根據形貌研究可知，具有較好溶解度的CS$_2$可提升聚合物PTB7-Th在面內IP方向的層間堆積和面外方向上供體和受體材料的π-π堆積，這可以直接提升裝置的載流子遷移率。相反，採用具有較差溶解度的丙酮時，會降低分子的有序性，同時對相區尺寸和堆積距離有較小的影響。會產生不平衡的載流子遷移率，降低相應裝置的太陽能性能。Ade教授等也對D18：Y6體系進行了SVA研究，採用CF作為SVA溶劑，研究其對分子堆積性質的影響。當對D18：Y6體系利用CF進行SVA處理5min時，聚合物供體D18的π-π堆積進一步提升，π-π堆積距離進一步降低，使得共混體系的空穴遷移率進一步提升，基於D18：Y6裝置的J_{sc}由23.97mA·cm^{-2}提升到27.14mA·cm^{-2}，其PCE進一步提高到17.6%。

TA和SVA後處理可以有效增強聚合物供體和非富勒烯受體體系的堆積結構，然而在有些時候，有效地控制供體或者受體材料的單獨結晶，獲得供體和受體材料晶體生長速度的平衡是非常困難的。特別是聚合物供體與小分子受體在相分離過程的動力學行為完全不同，主要是由於其較大的相對分子質量差異引起的。在成膜的過程中預先形成的聚合物網絡可以抑制小分子受體在TA處理過程的擴散。選擇一個對共混體系中供體和受體材料均具有較好溶解度的溶劑作為

SVA 的溶劑，使得共混體系中材料的結晶和重組可以同時發生。由於聚合物材料較大的分子質量，聚合物鏈在分子重組過程中的移動會打破非富勒烯受體材料的晶體生長。後續採取混合後處理的方法可以控制活性層材料的結晶，這對提升裝置 OPV 性能也是十分有利的。韓艷春教授等報導了利用 SVA 和 TA，分步法後處理的方式控制 PBDB－T：ITIC 體系的結晶性。其中，THF 可以選擇性地溶解 ITIC，被用作 SVA 溶劑。對共混薄膜採用 THF 作溶劑的 SVA 後處理，ITIC 分子可以自由地擴散進入到無定型的共混體系相區，因此 ITIC 分子的形核和生長會優先發生。當將共混薄膜再進行後續的 TA 處理時，PBDB－T 分子鏈間較強的分子間相互作用會產生 PBDB－T 分子增強的 $\pi-\pi$ 堆積，使供體和受體材料的結晶性均獲得提升。透過兩步法後處理的方式使裝置效率由最初的 8.14％提升至 10.95％。

整體來說，透過對活性層材料不同分子結構、三元策略、不同後處理條件等技術的使用，可以實現對 BHJ 薄膜活性層形貌的有效調控，獲得提升的激子解離、電荷傳輸和電荷再生性質，使太陽能裝置的效率獲得進一步的提升。對太陽能裝置共混薄膜活性層形貌的調控也是實現裝置太陽能性能進一步提升的最簡便方式之一。

7.3　形貌調控的總結與展望

總結來說，在有機太陽能裝置中，活性層相貌對 OPVs 裝置的太陽能性能有重要的影響。BHJ 薄膜的形成通常經歷一個複雜的機理，最終 BHJ 共混薄膜的自組裝不僅受到材料本徵性質的影響也會受到溶液處理過程的影響。因此，想要深入地理解形貌的形成過程，需要充分地考慮 BHJ 薄膜形成過程的熱力學及動力學過程參數。動力學的過程主要包括裝置處理溶劑的種類、旋塗的方法、溶劑乾燥過程等，而供受體材料的相互作用參數和結晶性主要控制薄膜的熱力學過程。隨著近幾年非富勒烯受體材料的快速發展，相比於富勒烯受體材料，非富勒烯受體材料的結構多種多樣也更加的複雜，其 BHJ 薄膜的形成過程也更難預測。共混體系的活性層薄膜對相應太陽能裝置的分子堆積結構、激子解離、電荷再生和載流子傳輸等性能有重要的促進作用，因此研究太陽能裝置共混薄膜形貌的形成及影響規律至關重要。

對共混體系活性層形貌的調控主要包括材料化學結構、供體受體材料的匹配、三元、不同後處理技術等策略。其中，溶劑添加劑、SVA、TA 是目前應用

最廣泛，效果最顯著的共混薄膜形貌調控技術。針對有機太陽能的快速發展，考慮到有機太陽能未來的大規模生產製備，研究基於非富勒烯受體體系 BHJ 薄膜形貌的穩定性是十分重要的。儘管目前有機太陽能裝置效率獲得持續突破，大部分的太陽能裝置在持續的高溫以及光照下，其相應的 BHJ 薄膜經歷著重要的形貌變化，這是因為有些活性層材料容易發生變化使共混薄膜並未處在熱力學的穩定態。考慮到需要優化活性層形貌獲得最佳的太陽能性能，研究工作者需要持續研究太陽能裝置的衰減機理發展更簡便高效穩定的光活性層處理工藝，以獲得同時提升的裝置效率、形貌穩定性和裝置穩定性。

參考文獻

[1] Zhang H., Li Y., Zhang X., Zhang Y., Zhou H. Role of interface properties in organic solar cells: from substrate engineering to bulk－heterojunction interfacial morphology[J]. Mater. Chem. Front, 2020, 4(10): 2863－2880.

[2] Zhu L., Zhang M., Zhong W., Leng S., Zhou G., Zou Y., Su X., Ding H., Gu P., Liu F., Zhang Y. Progress and prospects of the morphology of non－fullerene acceptor based high－efficiency organic solar cells[J]. Energy Environ. Sci., 2021, 14(8): 4341－4357.

[3] Yoon S., Shin E.－Y., Cho N.－K., Park S., Woo H. Y., Son H. J. Progress in morphology control from fullerene to nonfullerene acceptors for scalable high－performance organic photovoltaics[J]. J. Mater. Chem. A, 2021, 9(44): 24729－24758.

[4] Ma Y.－F., Zhang Y., Zhang H.－L. Solid additives in organic solar cells: progress and perspectives[J]. J. Mater. Chem. C, 2022, 10(7): 2364－2374.

[5] Du B., Yi J., Yan H., Wang T. Temperature induced aggregation of organic semiconductors[J]. Chem., 2021, 27(9): 2908－2919.

[6] Qiu D., Adil M. A., Lu K., Wei Z. The crystallinity control of polymer donor materials for high－performance organic solar cells[J]. Front Chem, 2020, 8: 603134.

[7] Wang Q., Qin Y., Li M., Ye L., Geng Y. Molecular engineering and morphology control of polythiophene: nonfullerene acceptor blends for high－performance solar cells[J]. Adv. Energy Mater., 2020, 10(45): 2002572.

[8] Agarwal S., Greiner A., Wendorff J. H. Functional materials by electrospinning of polymers[J]. Prog. Polym. Sci., 2013, 38(6): 963－991.

[9] Brabec C. J., Heeney M., McCulloch I., Nelson J. Influence of blend microstructure on bulk heterojunction organic photovoltaic performance[J]. Chem. Soc. Rev., 2011, 40(3): 1185－1199.

[10] Cavaliere S., Subianto S., Savych I., Jones D. J., Roziere J. Electrospinning: designed

architectures for energy conversion and storage devices[J]. Energy Environ. Sci., 2011, 4 (12): 4761-4785.

[11] Chen G., Agren H., Ohulchanskyy T. Y., Prasad P. N. Light upconverting core-shell nanostructures: nanophotonic control for emerging applications [J]. Chem. Soc. Rev., 2015, 44(6): 1680-1713.

[12] Cheng P., Yang Y. Narrowing the band gap: the key to high-performance organic photovoltaics[J]. Acc. Chem. Res., 2020, 53(6): 1218-1228.

[13] Collins S. D., Ran N. A., Heiber M. C., Thuc-Quyen N. Small is powerful: recent progress in solution-processed small molecule solar cells[J]. Adv. Energy Mater., 2017, 7 (10): 1602242.

[14] Gurney R. S., Lidzey D. G., Wang T. A review of non-fullerene polymer solar cells: from device physics to morphology control[J]. Rep. Prog. in Phy., 2019, 82(3): 36601.

[15] Hu H., Chow P. C. Y., Zhang G., Ma T., Liu J., Yang G., Yan H. Design of donor polymers with strong temperature-dependent aggregation property for efficient organic photovoltaics[J]. Acc. Chem. Res., 2017, 50(10): 2519-2528.

[16] Jacobs I. E., Moule A. J. Controlling molecular doping in organic semiconductors[J]. Adv. Mater., 2017, 29(42): 1703063.

[17] Kang H., Lee W., Oh J., Kim T., Lee C., Kim B. J. From fullerene-polymer to all-polymer solar cells: the importance of molecular packing, orientation, and morphology control[J]. Acc. Chem. Res., 2016, 49(11): 2424-2434.

[18] Laipan M., Yu J., Zhu R., Zhu J., Smith A. T., He H., O'Hare D., Sun L. Functionalized layered double hydroxides for innovative applications[J]. Mater. Horiz., 2020, 7 (3): 715-745.

[19] Li C., Li Q., Kaneti Y. V., Hou D., Yamauchi Y., Mai Y. Self-assembly of block copolymers towards mesoporous materials for energy storage and conversion systems[J]. Chem. Soc. Rev., 2020, 49(14): 4681-4736.

[20] Liao H.-C., Ho C.-C., Chang C.-Y., Jao M.-H., Darling S. B., Su W.-F. Additives for morphology control in high-efficiency organic solar cells[J]. Mater. Today, 2013, 16(9): 326-336.

[21] Liu C., Cheng Y.-B., Ge Z. Understanding of perovskite crystal growth and film formation in scalable deposition processes[J]. Chem. Soc. Rev., 2020, 49(6): 1653-1687.

[22] Liu F., Gu Y., Jung J. W., Jo W. H., Russell T. P. On the morphology of polymer-based photovoltaics[J]. J. Polym. Sci. Part B—Polym. Physics, 2012, 50(15): 1018-1044.

[23] Liu J., Woell C. Surface-supported metal-organic framework thin films: fabrication methods, applications, and challenges[J]. Chem. Soc. Rev., 2017, 46(19): 5730-5770.

[24] Liu W., Xu X., Yuan J., Leclerc M., Zou Y., Li Y. Low－bandgap non－fullerene acceptors enabling high－performance organic solar cells[J]. ACS Energy Lett., 2021, 6(2): 598－608.

[25] McDowell C., Abdelsamie M., Toney M. F., Bazan G. C. Solvent additives: key morphology －directing agents for solution－processed organic solar cells[J]. Adv. Mater., 2018, 30(33): 1707114.

[26] Reiss P., Couderc E., De Girolamo J., Pron A. Conjugated polymers/semiconductor nanocrystals hybrid materials－preparation, electrical transport properties and applications[J]. Nanoscale, 2011, 3(2): 446－489.

[27] Ullattil S. G., Narendranath S. B., Pillai S. C., Periyat P. Black TiO_2 Nanomaterials: A Review of Recent Advances[J]. Chem. Eng. J., 2018, 343: 708－736.

[28] Yu R., Wu G., Tan Z. Realization of high performance for PM6: Y6 based organic photovoltaic cells[J]. J. Energy Chem., 2021, 61: 29－46.

[29] Zhang J., Tan H. S., Guo X., Facchetti A., Yan H. Material insights and challenges for non－fullerene organic solar cells based on small molecular acceptors[J]. Nat. Energy, 2018, 3(9): 720－731.

[30] Zhao F., Wang C., Zhan X. Morphology control in organic solar cells[J]. Adv. Energy Mater., 2018, 8(28): 1703147.

第 8 章　有機太陽能電池：穩定性

得益於非富勒烯受體材料的快速發展，有機太陽能電池在過去的幾年裡發展快速，其單結裝置效率已超過 19％，疊層裝置效率已超過 20％。這主要得益於活性層材料的創新、裝置製備工藝的進步、介面層材料的發展等多方面技術的進步。其中，穩定性是限制有機太陽能大規模商業化生產製備的重要因素之一。有機太陽能裝置存在的不穩定因素主要來源於活性層形貌的準穩態、電極與緩衝層之間的擴散、機械強度、空氣中的水和氧、光照射、加熱等各方面外界因素。為了持續推動有機太陽能的進一步發展，研究有機太陽能裝置的穩定性，需要研究者們充分理解上述因素對裝置穩定性的影響規律。

本章將討論不同因素對有機太陽能裝置穩定性的影響，包括材料化學結構的設計、活性層形貌的穩定性和裝置結構對太陽能裝置穩定性的影響規律。最後，從總體上分析有機太陽能電池的發展現狀、面臨的挑戰及未來的發展趨勢。

8.1　有機太陽能電池穩定性概述

一般情況下，對於 OPV 模組其相應的有機太陽能分子的工作壽命至少是 10 年，而太陽能裝置的工作壽命與其製備成本是成正比的。因此，系統研究太陽能裝置的穩定性對於推動有機太陽能的大規模生產製備至關重要。楊陽教授等表示在有機太陽能領域中低成本、高效率和高穩定性是限制有機太陽能進一步發展的黃金三角（圖 8.1）。目前大部分 OPV 的研究主要集中在發展高效率有機太陽能材料和優化太陽能裝置處理方法。

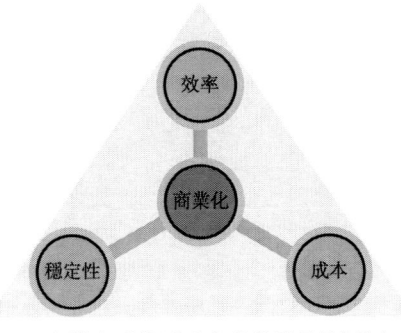

圖 8.1　有機太陽能電池商業化發展的「黃金三角」

在有機太陽能的發展歷程中，裝置的穩定性與提升裝置效率是具有同等重要的研究方向。有機材料，包含一些共軛聚合物、非富勒烯受體等均具有紫外光照射下的光洗脫和在空氣中的水、

氧、金屬氧化物等也會發生化學結構的衰變。這是由於空氣中的水或者氧在裝置製備的過程中，或者在裝置運轉過程中會被吸附進入到活性層材料和電荷傳輸層中。BHJ 薄膜的形貌是處於動力學陷阱態的，難以長久保持。因此，在裝置的製備過程中，處理條件(溫度升高)、活性層材料，特別是一些有機小分子和聚合物分子，會在到達熱力學平衡態前進行緩慢的擴散或者再結晶。其結果是，處於熱力學平衡狀態的裝置有時會表現出與最佳裝置性能相關的 BHJ 形貌大不相同的情況。目前也有很多工作研究了太陽能裝置的性能衰退機理。裝置的穩定性和性能衰變是非常難解釋清楚的，這主要是因為大多數有機材料本身就經歷著嚴重的化學結構或者熱降解。另外，裝置的衰減機理不僅與有機材料的化學結構有關，也與裝置的處理條件和相鄰的電荷傳輸材料相關。隨著非富勒烯受體材料的出現，由於材料化學結構的可調節範圍獲得巨大提高，很大程度上提升了有機太陽能裝置性能進一步提升的空間。材料的多樣性在提升太陽能裝置性能的同時，也為研究裝置穩定性和衰減機理增加了難度，使之變得更加複雜。

目前發展起來的大面積卷對卷(roll－to－roll)印刷製備為獲得高產量、柔性大面積裝置模組提供了極大的便利。在大面積柔性 OPV 模組中，由於 PEDOT：PSS 的吸水性和酸性會降低塑膠基板的阻隔性能。在很多太陽能裝置，尤其是大面積裝置中，很多不同種類的裝置連接層是導致裝置穩定性下降的最主要因素。在有機太陽能裝置中，裝置壽命的表徵最直觀的是透過對裝置效率的衰退來表徵。通常採用室內模擬加速衰退測試的方式實現，不採用室外的方式主要是由於室外的測試方式太過耗時。室內模擬條件下的裝置衰退機理的研究，並不能完全準確地反映室外自然條件下的裝置衰減機理，室內衰減測試會改變很多動力學條件。因此，實際情況下的室外裝置衰減機理並不能被完全預測。近期，也有些研究者開展了一些室外真實環境下的太陽能裝置模組穩定性研究。

整體來說，隨著有機太陽能裝置性能的持續提升，太陽能裝置效率不斷攀升，基本達到可以大規模商業化生產製備的性能要求。要提升有機太陽能的商業化競爭力，除了材料本身的價格成本及合成難度以外，深入研究太陽能裝置的穩定性，探究有機太陽能裝置衰減機理是降低生產成本非常重要的策略之一。下面，將從活性層材料化學結構穩定性、裝置(裝置結構、形貌等)穩定性、連接層穩定性等方面的內容闡述有機太陽能電池裝置穩定性，並在一定程度上揭示太陽能裝置的衰減機理。最後，也會簡要闡明有機太陽能未來發展過程面臨的機遇與挑戰，及太陽能裝置未來的發展展望。

8.2 有機太陽能材料穩定性

有機太陽能的穩定性研究，除了通常所講到的最直觀地研究太陽能裝置效率的衰減之外，裝置所採用的本徵活性層材料的穩定性研究。比如相比於傳統的基於富勒烯及其衍生物受體材料的太陽能具有相對較差的形貌穩定性之外，近幾年發展起來的非富勒烯受體材料顯示出優異的穩定性。基於非富勒烯受體的太陽能裝置獲得了較好的太陽能裝置穩定性，而有機半導體材料在光照下很容易出現光漂白和光照下的化學分解。在紫外光照射下，氧分子會擴散進入裝置中，產生超氧自由基，這種具有較強氧化性的超氧自由基會持續氧化有機半導體，導致太陽能材料不可逆的光漂白效應。

隨著高性能非富勒烯受體材料的出現，有機半導體材料的光穩定性獲得較大程度的提高。以明星受體分子ITIC及其衍生物為例，在空氣中，使ITIC分子的純膜暴露在光照下，薄膜的顏色會逐漸褪色，而$PC_{71}BM$的純膜會保留大部分的衰減係數。相比於$PC_{71}BM$薄膜，ITIC的吸收峰會出現明顯的降低和藍移。這主要是由於ITIC分子比$PC_{71}BM$分子具有更多的光氧化反應活性位點，比如供體和受體中間的雙鍵連接基團、側鏈單位等。在這些活性位點上會發生一些不可逆的氧化反應，打破分子本身的骨架結構。這就會使共混薄膜出現更多的陷阱態，更高的能量損失，特別是非輻射複合能量損失。

透過非富勒烯受體分子化學結構的合理設計，可以獲得穩定性進一步提升的NFAs。對於末端基團來說，非富勒烯受體材料中，相比於氟原子取代的末端基團，採用氯原子取代的末端基團具有提高的太陽能裝置光穩定性。比如具有相同共軛骨架結構，不同鹵素原子取代末端基團的IDIC－4Cl、IDIC－4F和IDIC分子，其每小時的光吸收強度損失分別為0.04％、0.08％和0.4％。正相反，採用甲基取代基的末端具有降低的光洗脫穩定性。因此基於IDIC－DM的太陽能裝置展現出較強的光照損失，其J_{sc}和FF均出現大幅度的降低，而基於ITIC－2F的太陽能裝置在相同的條件下展現出較強的裝置穩定性。基於ITIC－4F的太陽能裝置在裝置的80％衰減期(T_{80}，衰減至最初效率的80％所用時間)時可以持續工作11000h，這對於促進有機太陽能的發展具有重要作用。基於PTIC為受體材料的太陽能裝置在持續光照50h後仍可保持最初裝置效率的70％，在同等條件下基於稠環受體ID－4F的太陽能裝置僅可保持最初裝置效率的25％。

透過對材料化學結構的調控獲得高效率太陽能裝置方面的工作，南開大學的陳永勝教授等取得較好的裝置穩定性。2020年，透過對基於二噻吩並環戊二烯

為橋聯基團的非稠環受體材料中間苯環核心上烷基側鏈的調控,獲得了當時非稠環受體材料裝置的最高效率13.56%,同時獲得了穩定的活性層形貌。研究了材料化學結構與形貌之間的關係以及材料結構對裝置效率和穩定性之間的影響規律。發現,透過精確地平衡分子聚集和堆積形貌不僅是高性能太陽能裝置必須的,也可以同時獲得高的裝置穩定性。其中,採用2-乙基己基為側鏈的UF-EH-2F分子具有最佳的側鏈分子尺寸和空間位阻效應,在相應的太陽能裝置中形貌的「有效態」和「穩定態」的完美重合,因此獲得了最佳的太陽能裝置效率和最佳的穩定性。針對當前研究較充分的稠環受體材料,在前期研究基礎上設計構築了一種簡單且高效的分子設計策略,在中間稠環共軛骨架兩端引入兩個柔性烷基側鏈實現了對材料性能的調控。研究發現,隨著化學結構的微小調控,基於3TT-OCIC的材料在保持原本較寬近紅外吸收光譜範圍的同時,獲得了提升的LUMO能階和V_{oc}。最終,基於3TT-OCIC的太陽能裝置獲得高達13.13%的單結裝置效率,在氮氣氛圍下裝置保存44天後仍保持最初97%的太陽能裝置效率,表現出了良好的裝置穩定性。而在同樣條件下,未經過烷基鏈修飾的3TT-CIC分子僅獲得最初裝置效率的86%。

在隨後的研究中具有A-D-A'-D-A結構的Y6及其衍生物受體材料的出現極大地推動了太陽能裝置的效率,而Y6分子的中間共軛骨架也採用了長烷基鏈的修飾,在保證材料溶解度的同時可以有效調控材料的結晶性,同時使相應裝置具有較高的太陽能裝置穩定性。

整體來說,隨著非富勒烯受體材料的興起,使太陽能裝置的轉換效率獲得較大的提高。研究者透過對材料化學結構的調控也獲得了太陽能裝置穩定性的大幅提升。透過對材料化學結構的調控、結合活性層形貌的優化、介面層材料及裝置結構的協同優化可以獲得有機太陽能裝置穩定性的大幅提升。

8.3 有機太陽能電池裝置穩定性

要想進行有機太陽能裝置的穩定性研究,就需要先熟悉太陽能裝置的製備過程。實驗室中採用的裝置製備技術主要包括旋塗法、狹縫擠出、手工刮塗和常應用於大面積柔性裝置製備的卷對卷大面積印刷製備技術。而在實驗室使用最廣泛的當屬旋塗法製備薄膜的技術。為了充分理解有機太陽能裝置的穩定性,筆者將從裝置的衰減機理、活性層形貌、薄膜的處理、介面連接層等方面對裝置穩定性的影響規律入手簡要介紹有機太陽能裝置的穩定性。

第8章　有機太陽能電池：穩定性

1. 基於裝置衰減機理的研究對穩定性的提升

本部分將簡要介紹有機太陽能電池裝置的衰減機理和相應太陽能裝置的最新研究進展。對於有機太陽能來說，裝置的不穩定性主要來源於光照的不穩定性，這也是有機光電材料的主要缺點之一。針對太陽能裝置活性層材料的光衰減機理主要可分為兩種主要的途徑：(1)由於外部環境水和氧的存在產生的外部衰變；(2)由於光照下活性層有機材料本身發生的內部衰減，比如光照下可能會發生的分子間光反應導致的內部衰減。

外部衰減的發生主要來源於在光照或者黑暗條件下，外界環境中的水或者氧滲透進入到裝置內部產生的裝置性能的衰減。兩個占主導地位的外部衰減機理是金屬電極或者介面層材料的被氧化和活性層材料的光氧化反應等。活性層材料的不可逆光漂白發生在氧氣存在的條件下，透過激發態供體或者受體的 LUMO 能階到氧分子的電子轉移形成了具有強氧化性的超氧自由基($\cdot O^{2-}$)。對於富勒烯及其衍生物受體材料體系來說，隨著材料電子親和能(EA)的降低，其光漂白效應會逐漸地提升。一般來說採用具有較強 EA 的富勒烯受體材料會有效地抑制活性層材料的光漂白效應。據研究，富勒烯材料具有自由基淬滅劑的作用。加入鎳螯合劑作為抗氧化劑也可以有效地抑制活性層材料的光漂白效應。在活性層材料中加入抗氧化劑可以透過清除活性氧物種(比如超氧自由基、過氧化氫、單形態氧和氫氧自由基等)以達到穩定活性層材料的作用。

研究表明，即使完全排除氧和水的滲透，活性層材料的光化學反應也會發生降解，就比如經過封裝後的太陽能裝置依舊會發生活性層材料的光化學反應，發生降解；光照下富勒烯受體發生二聚化也是典型的案例。其二聚反應的形成和分解主要依賴於溫度、光照射和共混組分的組成等。光二聚的活化能為 0.021eV，要遠小於分解能為 0.96eV，這與分解需要在較高的溫度下進行是一致的。PCBM 的二聚化會拓寬其能隙，會導致提升的 PCBM 材料 HOMO 和 LUMO 能階的紊亂度。二聚體與單聚體的比例達到穩態時，意味著它與基於 PCBM 的 OPVs 在老化後穩定的長期壽命密切相關。

對於富勒烯及其衍生物受體材料來說，為了避免其二聚化和對 OPV 的危害作用，$PC_{71}BM$ 或者非富勒烯受體材料可以解決這一難題。最近，非富勒烯受體材料因其自身具有的優異太陽能性能逐漸取代了富勒烯及其受體材料。相應地，深入地研究基於非富勒烯受體材料太陽能裝置的穩定性是十分必需的。對於非富勒烯受體裝置的穩定性來說，分子結構和構象對穩定性具有重要的影響。Kim 教授等針對非富勒烯受體的太陽能裝置提出了三個階段的衰減過程：(1)最初的光誘導構象變化；(2)緊接著光氧化和碎片化打破分子的生色基團；

(3)最終導致生色基團的完全漂白。從中可知，最初的構象轉變是發生後續進一步裝置性能衰減的先決條件。在基於 IDTBR 和 IDFBR 的非富勒烯受體體系中，其中完全扭轉的 IDFBR 更容易出現衰減的情況。研究結果表明，小分子受體材料共軛骨架的平面性和結晶性，在薄膜厚度為 50～100nm 時，對裝置的光穩定性非常有利。這些研究結果與早期的研究結果是相一致的，即具有強結晶性的薄膜具有比非結晶薄膜更穩定的性質。

2. 介面層對裝置穩定性的影響

近期，研究者發現在氧化鋅電子傳輸層和非富勒烯受體材料間的介面層在光照下會危及裝置的穩定性。周印華教授等對基於 IT－4F 的裝置分別採用 ZnO 或者 SnO_2 對比研究了相應太陽能裝置的光穩定性，發現基於 PBDB－T：IT－4F 的裝置在採用 SnO_2 電子傳輸層時展現出更好的光穩定性。Son 等發現，在封裝的翻轉太陽能裝置中採用 ZnO 作為電子傳輸層時會促進內在的自由基誘導受體 ITIC 在介面處 5～10nm 範圍內發生光氧化反應。這也與早期的研究結果一致，基於 PBDB－T：$PC_{71}BM$ 體系具有更好的裝置穩定性。在 ZnO 表面的紫外光激發會產生來自水的氫氧自由基，會使非富勒烯受體材料發生降解。為了抑制由於光催化 ZnO 層導致的非富勒受體材料的降解作用，在 ZnO 表面插入薄層介面，或者進行介面修飾已經獲得廣泛的應用，比如採用鋰摻雜、鋁摻雜、鎂摻雜、C_{60} 自組裝單分子層、芘 BODIIPY 染料、水溶性的共軛聚電解質 $PF_{EO}SO_3Li$ 等。氧化鋅電子傳輸層的表面修飾會降低介面的陷阱輔助複合損失，提升其長期的壽命，使裝置的 T_{80} 可達到 20 年以上。

高沸點的溶劑添加劑常被用來作為添加劑加入活性層體系中調節共混薄膜的活性層形貌，如 DIO 的沸點可達到 332.5℃。然而裝置中殘留的 DIO 被證明對於裝置的長期壽命具有不利的影響。特別是在紫外光照射下，DIO 可以產生碘自由基和氫碘酸，會加速基於 PBDTTT－E/PBDTTT－ET：$PC_{71}BM$ 太陽能裝置的衰減效率。透過形貌分析可知，在基於 PTB7－Th：$PC_{71}BM$ 的體系中加入 DIO，持續光照下會降低其相區尺寸。手工刮塗法可以降低基於 PBDB－T 和 ITIC 體系的分子堆積程度，因此，手工刮塗技術可以部分地取代 DIO 添加劑的少部分添加起到的作用。因此，透過手工刮塗技術也可以獲得基於 PBDB－T：ITIC 體系高達 10.03％的 PCE，同時獲得更佳的裝置穩定性，而在同等條件下採用旋塗法包含 1％DIO 添加劑的太陽能裝置僅獲得 9.41％的 PCE。

在 OPV 中也會存在一些缺陷位點，比如聚合物鏈的末端和合成製備過程中鹵化物的殘留等，都可以作為激子－淬滅位點或者自由基誘導的本徵光降解反應的起始位點。據報導，來自 ITO 導電基底的銦會被在裝置中通常所採用的酸性

PEDOT：PSS侵蝕而擴散進入到活性層中，產生缺陷位點。此時，具有高結晶性和高純度的小分子材料對裝置的長期壽命穩定性是極其不利的。Forrest教授等利用小分子活性層材料和MoO₃作為空穴傳輸層，在37個標準太陽光照射下，裝置表現出超長的固有使用壽命。據推測，這些OPVs的使用壽命可超過1萬年，這也是目前報導的OPV太陽能裝置中使用壽命最久的。上述研究結果表明，有機太陽能具有實現太陽能利用的嚴苛穩定性要求。

3. 活性層形貌對裝置穩定性的影響

共混薄膜體系中具有雙連續的互穿網絡BHJ薄膜形貌是獲得高效率太陽能裝置的基礎，但是該薄膜形貌又是熱力學不穩定的。因此，透過對薄膜的熱退火，形成的形貌分層和聚集很容易發生形貌改變。供受體薄膜的微觀相分離會降低其激子擴散效率，使裝置的J_{sc}降低。因此，採用的材料既可以保持形貌的穩定性，具有高的玻璃轉變溫度和結晶性，對於阻止其破壞共混薄膜在熱退火處理下的微觀相分離是十分必要的。最近，研究工作者也報導了一種具有較高熱穩定性的小分子供體和小分子受體材料。經典的高性能小分子供體通常由於其自身較強的分子間相互作用表現出較強的結晶性，這會導致較大尺度的相分離。採用小分子供體的OPV裝置，透過引入大的空間位阻可以抑制分子骨架之間的π－π堆積，使裝置表現出提高的熱穩定性，活性層在180℃條件下持續熱退火7天，其裝置效率認可保持最初89%的裝置效率。

共軛聚合物材料的交叉偶聯是另外一種保持共混薄膜形貌穩定性的策略。當採用具有交叉偶聯的聚合物材料與小分子受體IT－4F共混時，由於具有最佳的奈米尺度相分離的晶體和小的相區，使裝置獲得了有效的電荷再生。加入少量含有氫鍵的添加劑可以提升裝置的熱穩定性。如加入質量分數為5%的1，4－哌啶，可以與主體聚合物表現出較好的混溶度，並且形成分子間的氫鍵，可以改善供受體材料間結構的不相容性，使裝置穩定性獲得顯著提高。而當在PBDB－T：BTTT－2Cl體系中加入質量分數為1%的聚合物添加劑PZ1時可以獲得較好的形貌熱穩定性，並且使其裝置效率提升至15.10%，同時具有提升的空穴遷移率和載流子壽命。另外，當將裝置在150℃的加速老化條件下處理800h時，裝置仍可保持最初的效率。為了解決OPV太陽能裝置內在的不穩定因素，單組分有機太陽能電池，使供體與受體材料同時修飾在一個分子骨架上，也獲得了快速的發展，目前基於單組分的太陽能裝置也獲得超過8%的PCE。同時單組分裝置展現出優異的熱穩定性，同時可抑制大規模的相分離。

除了後處理條件對共混薄膜活性層形貌穩定性的影響之外，所採用的活性層材料的化學結構也會影響他們的結晶性和形貌，進而影響其裝置的穩定性。分子

結構－結晶性－裝置穩定性之間的構效關係目前尚不明確。下面，從形貌穩定性與供體/受體材料混溶度和三元策略出發簡要介紹有機太陽能裝置的形貌穩定性。

從熱力學角度出發，要想獲得優異的共混薄膜穩定性，供受體材料的混溶度(χ)和組分比例(Φ)同時達到最佳時，以達到滲透閾值，是獲得高效率 OPV 的重要標準。然而，對於大部分共混薄膜體系來說，由於兩個參數(χ，Φ)的不同其差別非常大。此外，有不同沸點的溶劑、溶解度和極性會增加平衡混溶度與組分比例之間滲透閾值的難度。比如，PTB7－Th 與 ITIC/IDIC 分子之間較弱的混溶性，導致在光老化實驗的過程中形貌的不穩定性，這也是裝置 J_{sc} 和 FF 降低的主要來源。供受體材料間的混溶性提升會產生更穩定的形貌，使基於 PTB7－Th：EH－IDT 的裝置表現出高效率和優異的光照穩定性。基於 EH－IDT 的裝置的 T_{80} 在持續老化測試 2132h 後表現出比基於 ITIC(221h)和 IDIC(558h)更高的穩定性能。

三電子組件被認為是提升裝置熱穩定性和儲存穩定性非常常用的策略。而如何去選擇合適的第三組分，透過熱力學的方式達到穩定主體二元共混薄膜的穩定性，仍是一項難題。Ade 教授等提出了獲得穩定高效非富勒烯受體 OSCs 的形貌設計原則：理想的第三組分需要擁有與主體聚合物較好的混溶性或者具有更高的滲透閾值，同時需要能部分與非富勒烯受體混溶。例如基於 PTB7－Th：IEICO －4F 體系不穩定的二元形貌會導致裝置在激子解離效率的衰減、增加自由載流子複合、提升裝置的內衰退速率。然而，當加入理想的第三組分 $PC_{71}BM$，共混薄膜的穩定性獲得顯著的穩定，當裝置在保存 90 天後，裝置效率由二元的保持最初 75%，到三元的保持最初裝置效率的 90%，其穩定性獲得顯著提升。

另外，第三組分需要有高的玻璃轉變溫度。透過淬滅三元共混薄膜到玻璃轉換區域，來提升 OSC 裝置的熱穩定性。在 D：A1：A2 體系中，透過混合多種受體分子提升體系的熵變，來降低體系相分離和結晶的速率，進而匹配一個高的玻璃轉變溫度促進玻璃化。以 P3HT：IDTBR：IDFBR 三元體系為例，受體分子 IDTBR 在二元體系中很容易結晶。然而，引入第三組分 IDFBR 之後，會降低 IDTBR 趨向於有序的排列。三元薄膜形成了玻璃態、在較高 IDFBR 比例時呈現紊亂態分布，可以獲得較高的儲存壽命(T_{80} 為 1200h)。因此，無論是從熱力學還是動力學角度出發，三電子組件都有望成為提升裝置穩定性的有效措施。從穩定性的角度出發，第三組分應與供體聚合物一定的混溶性或者具有高於其滲透閾值的性質，可以部分地與結晶受體混溶，達到穩定活性層形貌的作用，進而具有較高的玻璃轉變溫度獲得提升的熱穩定性。

除了外側的相分離以外，垂直相分離也會影響裝置的穩定性。所以層層塗布(LBL)技術和偽平面異質結結構相比於 BHJ 結構的裝置表現出不一樣的穩定性。

對於 J71：ITC6-IC 裝置來說，相比於相應的 BHJ 薄膜來說，採用 LBL 技術的薄膜顯示出顯著不同的垂直相分離，獲得了提升的裝置穩定性。透過光-時間二次離子譜(TOF-SIMS)分析可知，BHJ 薄膜具有供體富集的表面形貌。而對於 LBL 共混薄膜來說，J71 供體主要富集在底部，受體分子主要富集在表面。從其穩定性表徵結果可知，相比於 BHJ 薄膜來說，LBL 薄膜表現出較強的抑制退化現象，這主要得益於合適的垂直相分離獲得了提升的供體核受體聚集。LBL 薄膜具有較好的形貌穩定性，也表現出較好的熱穩定性。相比於 BHJ 薄膜來說，LBL 裝置在 120℃ 老化實驗 1500h 後形貌幾乎未發生變化。另外，LBL 裝置也表現出優異的彎曲穩定性，在連續彎折 2000 圈，彎曲半徑為 6mm 時，裝置仍可保持最初 92% 的裝置效率。因此，合適的垂直相分離也是提升裝置穩定性的重要因素。因此，持續關注如何控制裝置獲得合適的垂直相分離，無論是對裝置效率還是裝置穩定性來說都是十分迫切的。

4. 介面連接層對裝置穩定性的影響

裝置的介面連接層和裝置結構都會影響裝置的穩定性，因為緩衝層和電極展現遷移率。例如，空穴傳輸層聚(3,4-乙烯二氧噻吩)-聚(苯乙烯磺酸)(即 PEDOT：PSS)可以擴散進入到活性層；ITO 導電玻璃裡面的銦可以擴散到 PEDOT：PSS 和活性層中。元素在介面和電極上的擴散會降低裝置的穩定性，主要是改變了其介面能排布，形成電荷複合的陷阱態。對於非富勒烯 OSCs 來說，其介面和裝置的結構是裝置不穩定的因素，需要更多的關注。在正向裝置的 PBDB-T：ITIC 體系中，受體分子 ITIC 會與空穴傳輸層 PEDOT：PSS 反應，會導致裝置性能的逐漸衰減，嚴重影響其裝置的衰減性能(在空氣中老化測試，其性能會降低 58%)。而透過向介面層材料中摻雜 MoO_3，可以延緩這種衰減。在對裝置進行老化測試時，能夠持續保持垂直相分離的活性層形貌，使 PBDB-T 供體主要富集在頂部、而 ITIC 受體分子主要富集在底部。因此基於 PBDB-T：ITIC 的太陽能裝置，它的翻轉裝置結構的穩定性要遠高於相應的正向裝置的穩定性，在空氣中對裝置進行老化測試 50 天後，翻轉裝置僅表現出 2.4% 的裝置性能降低。

整體來說，透過對材料化學結構、活性層形貌、裝置結構及介面層材料的調控，都可以獲得裝置穩定性的進一步提升。在未來進一步的研究中，設計合成路線更短、成本更低的活性層材料，調節活性層薄膜形成合適的垂直相分離結構，獲得優異的形貌穩定性等都是進一步研究太陽能裝置穩定性的重要研究方向。

8.4 穩定性測試手段

合適的測試和矯正等級是正確理解、對比和提升有機太陽能裝置穩定性不可或缺的因素。本節主要討論各種不同的裝置穩定性測試方式和 ISOS 評價標準。

1. 不同的穩定性測試技術

在有機太陽能的發展歷程中，湧現出大量研究有機太陽能穩定性的實驗，進一步提升裝置的穩定性。而這些裝置穩定性測試條件、測試時間、壽命基線等基本條件多種多樣。因此，在不同實驗室、不同的測試條件，裝置的穩定性指標很難進行有效的對比，也很難去評價這些裝置穩定性的結果的有效性。

根據過去幾年對裝置穩定性方面的研究工作，總體上有幾種常見的裝置穩定性的測試條件。在光穩定性測試實驗中，常用的測試條件有三種，主要是包括：

(1)在大氣中，一個標準太陽光照射下的測試；(2)在惰性氛圍下，模擬一個標準太陽能下的測試；(3)在一個模擬太陽光照射下，包含紫外光或者不包含紫外光的條件下進行測試。在以上三種不同條件下進行測試，對裝置的穩定性影響是各不相同的，裝置的衰變機理也是各不相同的。另外，在光穩定性測試實驗中，不同實驗室不同工作對溫度的控制也是不同的。在沒有溫度控制、控制溫度在室溫條件下、控制裝置溫度在工作溫度(80℃)條件下對裝置的影響也是不同的。因此在進行光穩定性的測試實驗中，最好需要標註溫度，統一採用一個標準溫度進行測試，以達到不同研究工作之間光穩定性測試實驗的可對比性。

在熱穩定性測試實驗中通常包含兩種不同的溫度條件：(1)在低於 100℃ 的低溫下進行的穩定性測試；(2)在大於 100℃ 條件下進行的高溫穩定性測試實驗。眾所周知，在採用高溫穩定性測試實驗時，高溫可以促使有機分子的成核和結晶，然而低溫條件下進行的測試不會產生該類現象。因此，在裝置熱穩定性的測試實驗中，不同的溫度對裝置穩定性測試的影響機理是不同的。

針對裝置的儲存穩定性測試實驗中通常包含三類不同的儲存條件：(1)在大氣氛圍下進行未封裝的裝置儲存；(2)在大氣氛圍下使裝置在封裝條件下進行儲存；(3)在惰性氛圍下的裝置儲存。由於在不同的儲存穩定性測試條件下溼度是不同的，因此對裝置穩定性的影響也是各不相同的。在機械穩定性測試方式，彎折測試實驗時常用來測試裝置機械穩定性的主要測試手段。然而，目前尚沒有標準的彎折測試標準，比如彎折實驗的彎折半徑和彎折的次數等。也有研究結果表明，一些張力的測試實驗比僅進行一些彎折實驗更具說服力，因為不同的薄膜厚度和楊氏模量，即使給予相同的彎折圈數也會產生不同的應變能。此外，對於柔性電子裝置來說，將裝置固定在中性應變位置，也會降低其應變值。

整體來說，對於裝置的穩定性測試來說，不同的實驗室、不同的研究工作都會採用不同的穩定性測試標準。穩定性測試的時間跨度從小時到月等時間跨度各不相同。因此，不同的研究工作報導的裝置穩定性測試數據是各不相同的。大多數的研究工作僅僅會報導在最終測試裝置衰減性能的裝置穩定性數據。只有少部分的研究工作會採用標準的壽命基準，比如 T_{80} 或者 T_{50}。在後續的研究工作持續推進的過程中，研究人員需要制定確定的太陽能裝置衰減基準，系統研究裝置的穩定性，為不同的研究工作提供相應的可比性。

2. ISOS 測試指標

為了持續研究有機太陽能裝置的穩定層，2011 年，ISOS 制定了裝置穩定性測試的標準。ISOS 被認為是太陽能裝置穩定性研究工作發展歷程中的重要里程碑。ISOS 標準制定了有機太陽能裝置穩定性測試的不同測試標準，比如黑暗條件下、室內環境、室外環境和熱循環耐受性測試。ISOS 標準強調的三個測試標準，其複雜性和設備要求各不相同，以滿足不同研究實驗室的不同需要。對 ISOS 測試實驗中選擇的級別越高，實驗的準確性也越高。

鑑於太陽能裝置穩定性測試實驗發展得相對遲緩，在過去十年來，僅有少部分的研究工作採用了特定的 ISOS 標準開展相應的穩定性測試工作。很多對於裝置穩定性的測試實驗都是採用的惰性氛圍或者沒有紫外光照射下進行的，條件相對溫和。實際上在惰性氛圍下進行的穩定性測試不能真實地研究裝置實際運行環境時可能具有的穩定性潛能。對於沒有紫外光的穩定性測試實驗，穩定性測試數據對室內光穩定性研究是有價值的。因為紫外光是實際的太陽光中不可或缺的組成部分，會產生太陽能裝置內在的衰減，因此想要研究裝置在真實的運轉環境下的穩定性，就需要採用具有紫外光外部條件的 ISOS 穩定性測試條件。有趣的是，一些研究工作表明，裝置在沒有紫外光照射的情況下，可以擺脫光照引起的老化退化。近幾年，儘管有非常多關於裝置穩定性研究工作，很多工作也發展了提升裝置穩定性的設計策略，但各種研究工作所採用的穩定性測試條件各不相同，要做一個關於穩定性研究的系統總結還是有一定難度。比如一些高溫的測試條件，如大於 150℃ 的熱穩定性測試，實際上不是必需的，因為在裝置實際的工作中不可能會達到如此高的溫度，一般維持在 85℃ 附近是比較接近實際環境的。儘管 ISOS 測試標準還有一些限制，比如它們不包含一些機械穩定性，室外的測試可能會受到地理環境和季節變化的影響。

目前針對太陽能裝置穩定性的測試工作是公認的非常重要和迫切的研究方向。隨著有機太陽能的持續發展，未來的穩定性研究工作需要更多地依靠一個國際公認的標準，因此 ISOS 標準被認為是非常高效的裝置穩定性測試標準。

8.5　有機太陽能電池裝置穩定性總結與展望

　　隨著有機太陽能裝置的不斷發展，裝置的光電轉換效率已經不再是限制裝置未來大規模生產製備的主要因素。相比於傳統的無機太陽能裝置，如矽基太陽能電池、銅銦鎵硒等太陽能電池，有機太陽能目前面臨的主要問題是裝置的成本和相應的裝置穩定性。有機太陽能裝置相對較短的裝置壽命也是導致裝置高成本的主要因素之一，因此深入研究有機太陽能裝置的穩定性、確定合適的穩定性實驗測試標準、實現有機太陽能裝置「效率－穩定性－成本」之間黃金三角的最佳比例，仍然是未來有機太陽能持續發展的重要要求。

　　對於有機太陽能電池來說，由於有機半導體材料本身獨有的光物理及電化學性質，使材料本身具有相對差的光穩定性，主要包括光照下的結構轉變、紫外光照射下產生的一些活性自由基導致的裝置性能退化等。本部分內容從材料、形貌、介面層、穩定性測試標準等方面入手簡要總結有機太陽能電池發展過程中關於穩定性方面的研究工作。

　　1. 材料設計方面

　　目前發展效率最好的有機太陽能裝置幾乎都是基於具有 Y6 及其衍生物稠環受體材料的受體材料，對於合成成本、合成路線、原料的價格等方面仍是 OPV 領域面臨的重要調整。針對目前研究發展的具有簡單化學結構、合成路線簡單、成本低廉等的具有非稠環結構的受體材料具有較大的研究成果，特別是具有寡聚噻吩單位的材料。透過對材料化學結構的系統優化、搭配合適的供體材料，相信非稠環受體材料具有與稠環受體材料相媲美的研究價值。此外，有機太陽能材料的不穩定因素主要集中在末端基團與中心核之間的雙鍵連接基團，設計合成一些具有單鍵鍵連的末端基團取代傳統的採用雙鍵鍵連的分子設計策略也是非常有價值的研究方向。

　　2. 裝置結構方面

　　目前常用的太陽能裝置結構包括傳統的正向裝置（空穴傳輸層在底部、電子傳輸層在頂部）和翻轉裝置結構（電子傳輸層在底部、空穴傳輸層在頂部）。除了旋塗法製備的具有 BHJ 結構的裝置結構以外，目前具有 LBL（層層塗布）技術有效地實現了共混薄膜的垂直相分離形貌，獲得了裝置穩定性的進一步提升。目前，採用較多的介面層、金屬電極等製備方式常採用金屬蒸發源沉積技術，一方面該技術能耗較大，另一方面所需條件較苛刻，對相應技術的未來大規模生產製

備也是巨大的限制。因此，在後續的研究中兼顧太陽能裝置高效率高穩定性的同時，設計開發更加簡便高效的太陽能裝置結構也是未來一大發展方向。

3. 介面層

常用的介面層材料，比如空穴傳輸層 PEDOT：PSS，是水系的，具有弱酸性，可能會侵蝕電極，也可能會擴散進入到活性層等，都會對裝置的穩定性產生不好的影響。目前研究發現的一些對介面層材料的合適元素或者合適化合物的摻雜技術，對裝置的穩定性都具有一定的提升作用。因此，在未來的研究中，介面層材料的摻雜、設計研發出新型高效率、高穩定性的介面層材料也是發展方向。

4. 裝置製備工藝

對於有機半導體材料本徵的性質來說，實驗室常用的裝置製備工藝包括，活性層材料的旋塗法、手工刮塗法、狹縫擠出法等方式，還有目前製備大面積裝置所採用的卷對卷印刷技術等都是活性層材料的主要製備技術。對於光機半導體裝置的大面積柔性生產製備來說，卷對卷的印刷是未來發展的主流。對於技術電極的真空蒸發來說，如果能夠設計出可替代的高效金屬電極製備技術也是縮短裝置製備成本的主要途徑。

參考文獻

[1] Cheng P., Zhan X. Stability of organic solar cells: challenges and strategies[J]. Chem. Soc. Rev., 2016, 45(9): 2544-2582.

[2] Duan L., Uddin A. Progress in stability of organic solar cells[J]. Adv. Sci., 2020, 7(11): 1903259.

[3] Jorgensen M., Norrman K., Gevorgyan S. A., Tromholt T., Andreasen B., Krebs F. C. Stability of polymer solar cells[J]. Adv. Mater., 2012, 24(5): 580-612.

[4] Sondergaard R., Hosel M., Angmo D., Larsen-Olsen T. T., Krebs F. C. Roll-to-roll fabrication of polymer solar cells[J]. Mater. Today, 2012, 15(1-2): 36-49.

[5] Sorrentino R., Kozma E., Luzzati S., Po R. Interlayers for non-fullerene based polymer solar cells: distinctive features and challenges[J]. Energy Environ. Sci., 2021, 14(1), 180-223.

[6] Mateker W. R., McGehee M. D. Progress in understanding degradation mechanisms and improving stability in organic photovoltaics[J]. Adv. Mater., 2017, 29(10): 1603940.

[7] Ryu H. S., Park S. Y., Lee T. H., Kim J. Y., Woo H. Y. Recent progress in indoor organic photovoltaics[J]. Nanoscale, 2020, 12(10): 5792-5804.

[8] Sun K., Zhang S., Li P., Xia Y., Zhang X., Du D., Isikgor F. H., Ouyang J. Review

on application of PEDOTs and PEDOT：PSS in energy conversion and storage devices[J]. J. Mater. Sci. —Mater. Electron. ，2015，26(7)：4438—4462.

有機太陽能電池材料與裝置

作　　　者：	高歡歡
發 行 人：	黃振庭
出　版　者：	崧燁文化事業有限公司
發　行　者：	崧燁文化事業有限公司
E - m a i l：	sonbookservice@gmail.com
粉 絲 頁：	https://www.facebook.com/sonbookss
網　　　址：	https://sonbook.net/
地　　　址：	台北市中正區重慶南路一段 61 號 8 樓

8F., No.61, Sec. 1, Chongqing S. Rd., Zhongzheng Dist., Taipei City 100, Taiwan

電　　　話：	(02)2370-3310
傳　　　真：	(02)2388-1990
印　　　刷：	京峯數位服務有限公司
律師顧問：	廣華律師事務所 張珮琦律師

-版 權 聲 明-

本書版權為中國石化出版社所有授權崧燁文化事業有限公司獨家發行繁體字版電子書及紙本書。若有其他相關權利及授權需求請與本公司聯繫。

未經書面許可，不可複製、發行。

定　　價： 399 元
發行日期： 2025 年 01 月第一版
◎本書以 POD 印製

國家圖書館出版品預行編目資料

有機太陽能電池材料與裝置 / 高歡歡 著 . -- 第一版 . -- 臺北市：崧燁文化事業有限公司 , 2025.01
面；　公分
POD 版
ISBN 978-626-416-245-6(平裝)
1.CST: 太陽能電池 2.CST: 工程材料
337.42　　　　　113020631

電子書購買

爽讀 APP　　　　臉書